Die schönste Gleichung aller Zeiten

Hans-Dieter Rinkens · Katja Krüger

Die schönste Gleichung aller Zeiten

Von mathematischen Grundkenntnissen zur eulerschen Identität

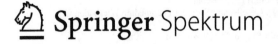 Springer Spektrum

Hans-Dieter Rinkens
Institut für Mathematik
Universität Paderborn
Paderborn, Nordrhein-Westfalen
Deutschland

Katja Krüger
Fachbereich Mathematik
Technische Universität Darmstadt
Darmstadt, Hessen
Deutschland

ISBN 978-3-658-28465-7   ISBN 978-3-658-28466-4   (eBook)
https://doi.org/10.1007/978-3-658-28466-4

Die Deutsche Nationalbibliothek verzeichnet diese Publikation in der Deutschen Nationalbibliografie; detaillierte bibliografische Daten sind im Internet über http://dnb.d-nb.de abrufbar.

Planung/Lektorat: Ulrike Schmickler-Hirzebruch, Kathrin Maurischat
Springer Spektrum ist ein Imprint der eingetragenen Gesellschaft Springer Fachmedien Wiesbaden GmbH und ist ein Teil von Springer Nature.
Die Anschrift der Gesellschaft ist: Abraham-Lincoln-Str. 46, 65189 Wiesbaden, Germany

Vorwort

Es geht um die fünf „wichtigsten" Zahlen: Außer 0 und 1 gibt es kaum wichtigere Zahlen als π, i und e.

- Die Kreiszahl π ist nicht nur eine Sache der Geometrie: Sie taucht in nahezu allen Gebieten der Mathematik auf. Bekanntes wird aufgefrischt und Erstaunliches (hoffentlich) hinzugelernt.
- Die imaginäre Einheit i befreit uns von der Rechenstörung, aus negativen Zahlen nicht die Wurzel ziehen zu dürfen/können. Sie verschafft neue Einblicke in die Welt der Zahlen und stellt verblüffende Zusammenhänge her.
- Die eulersche Zahl e liegt fast allen Wachstums- und Zerfallsprozessen zugrunde: Die e-Funktion ist wohl die wichtigste mathematische Funktion überhaupt.

In diesem Buch geht es um eine bemerkenswerte Beziehung zwischen diesen fünf Zahlen:

$$e^{i\cdot\pi} + 1 = 0.$$

In der Gleichung kommen nur die elementaren Operationen Addieren, Multiplizieren und Potenzieren vor. Auf den ersten Blick muss diese Gleichung erstaunen.

π und e sind reelle Zahlen, deren Dezimalbruchdarstellung unendlich ist. Näherungswerte sind $\pi \approx 3{,}14159$ und $e \approx 2{,}71828183$. Eine Potenz der positiven reellen Zahl e soll negativ sein?

Potenziert man e mit einer beliebigen reellen Zahl, z. B. mit π oder mit $-\pi$, erhält man wieder eine positive Zahl. Dass $e^{i\cdot\pi}$ negativ ist, muss an der imaginären Einheit i liegen, und dass der Wert gerade -1 ist, wohl an der Kreiszahl π. Aber wie gelangt man zu dieser Erkenntnis?

Manche Mathematiker geraten angesichts der Gleichung $e^{i\cdot\pi} + 1 = 0$ geradezu ins Schwärmen, wie man beim Surfen im Internet feststellen kann. Der britische Mathematiker und Wissenschaftsjournalist Keith J. Devlin hält sie für die schönste mathematische Gleichung aller Zeiten, *„das mathematische Äquivalent zu Da Vincis Mona Lisa oder Michelangelos David"*[1].

© Guilherme Checchia / Getty
Images/iStock

© Künstler: Leonardo da Vinci "Mona Lisa",
Louvre Paris / Fotograf: C2RMF

Er schreibt weiter:

> *„Fünf verschiedene Zahlen verschiedenen Ursprungs, basierend auf sehr verschiedenen mentalen Vorstellungen, erfunden, um ganz verschiedene Themen anzusprechen. Und doch kommen sie alle zusammen in einer herrlichen, komplizierten Gleichung, verschmelzen und verbinden sich, jede auf perfekter Tonhöhe spielend, um ein einziges Ganzes zu bilden, das weit größer ist als jedes seiner Teile. Eine perfekte mathematische Komposition."* Wow!

Die Einsicht in die Richtigkeit der „schönsten Gleichung aller Zeiten" liegt nicht auf der Hand. Wir müssen uns daher etwas eingehender mit den Zahlen π, i und e beschäftigen.

Die Kreiszahl π beschreibt in jedem Kreis sowohl das Verhältnis vom Umfang zum Durchmesser als auch das Verhältnis vom Flächeninhalt zum Radiusquadrat. Um ihren Wert aus bekannten geometrischen Gegebenheiten herzuleiten, haben die Griechen zum einen den Kreis durch regelmäßige Vielecke mit wachsender Eckenzahl und bekanntem

---

[1]*Devlin's Angle,* October 2004, übersetzt von hdr. Devlin schreibt eine monatliche Kolumne, gesponsert von der Mathematical Association of America: https://web.stanford.edu/~kdevlin/.

Umfang approximiert. Zum anderen haben sie versucht, mit Zirkel und Lineal eine Strecke zu konstruieren, die gleich lang zum halben Kreisumfang ist („Rektifizierung des Kreises"). Äquivalent dazu ist die Aufgabe, ein Quadrat zu konstruieren, das flächengleich zum Kreis ist, was als „Quadratur des Kreises" zur Metapher für ein unlösbares Problem geworden ist.

Die Zahl π als Verhältnis von Kreisumfang zu Kreisdurchmesser hilft bei der Beschreibung beliebiger Winkel: Jeder Mittelpunktswinkel in einem Kreis lässt sich durch das Verhältnis der zugehörigen Bogenlänge zum Radius, das sogenannte Bogenmaß, charakterisieren. Der Vollwinkel hat demnach das Bogenmaß 2π, der gestreckte Winkel das Bogenmaß π. Diese Art der Winkelbeschreibung ist der erste Schlüssel zur Gleichung $e^{i\cdot\pi} + 1 = 0$.

Will man aus gegebenen Stücken eines Dreiecks die übrigen berechnen, bedient man sich der Trigonometrie. Wie man von der Definition von Sinus und Kosinus am rechtwinkligen Dreieck mithilfe des Einheitskreises schließlich zur Sinus- und Kosinusfunktion mit ihren Eigenschaften kommt, wird am Ende von Kap. 1 beschrieben. Und wieder kommt π ins Spiel, diesmal als die Stelle, an der die Sinusfunktion den Wert 0 und die Kosinusfunktion den Wert -1 annimmt. Das ist ein weiterer Schlüssel zur Gleichung $e^{i\cdot\pi} + 1 = 0$.

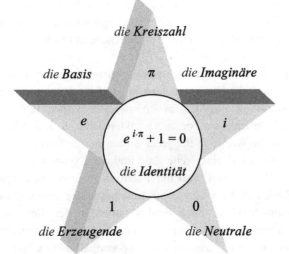

In der Gleichung $e^{i\cdot\pi} + 1 = 0$ spiegeln sich zwei bedeutsame Begriffsentwicklungen wider. Das ist zum einen die Entwicklung des Zahlbegriffs von den natürlichen Zahlen (z. B. 0 und 1) über die reellen Zahlen (z. B. e und π) bis zu den komplexen Zahlen (z. B. i). Durch Störungen beim Rechnen und Messen („geht nicht") und den Drang, sie zu beheben, kommt es zu Erweiterungen des Zahlbegriffs. So führt schließlich der Wille, auch aus negativen Zahlen die Wurzel ziehen zu können, zur Einführung der imaginären Einheit i.

Mit den Zahlbereicherweiterungen einher geht die begriffliche Erweiterung der Rechenoperationen. Dabei soll das Rechnen mit den neuen Zahlen möglichst ausnahmslos nach denselben Regeln erfolgen wie mit den alten. Dieses Prinzip heißt Permanenzprinzip. Wendet man das Permanenzprinzip auf die reellen Zahlen unter Hinzunahme der imaginären Einheit an, erhält man die komplexen Zahlen. Diese Entwicklung wird im Kap. 2 beschrieben.

In der Gleichung $e^{i \cdot \pi} + 1 = 0$ wird potenziert. Potenzieren ist, gleich welcher Sorte von Zahl die Basis ist, zunächst nichts anderes als fortgesetztes Multiplizieren dieser Basis. Der Exponent ist folglich eine natürliche Zahl. Aus dieser Begriffsbildung folgt unmittelbar das Potenzgesetz „Potenzen mit gleicher Basis werden multipliziert, indem man die Exponenten addiert". Dieses Potenzgesetz legt die Erweiterung des Potenzbegriffs auf negative Zahlen als Exponenten nahe. Mit dem Permanenzprinzip können wir auch Potenzen mit gebrochenen Exponenten erklären, indem wir einen Zusammenhang zum Wurzelziehen herstellen. Das geht nicht ohne Probleme bei negativen Zahlen als Basis. Klammert man allerdings negative Zahlen als Basis aus, kann man fortschreiten bis zu reellen Exponenten, also z. B. erklären, was man unter 2^{π} verstehen soll. Die Potenz 2^x ist dann für jeden reellen Exponenten x definiert. Wir können damit von der arithmetischen Betrachtung in die funktionale Sichtweise wechseln und z. B. $f(x) = 2^x$ als reelle Funktion, als sogenannte Exponentialfunktion, ansehen – ein folgenschwerer Schritt, wie wir noch erkennen werden. Diese Entwicklung beschreiben wir am Beginn von Kap. 3.

Wir verfolgen die funktionale Sichtweise weiter und untersuchen eine spezielle Klasse von Funktionen, die Wachstumsfunktionen. Eine Wachstumsfunktion lässt sich als Exponentialfunktion $f(x) = q^x$ mit positiver reeller Basis q schreiben. Es gibt aber auch noch andere Möglichkeiten, sie zu charakterisieren, u. a. durch eine Potenzreihe. Das ist eine unendliche Reihe, in der jeder Summand die Form $a_n \cdot x^n$ hat, wobei der Koeffizient a_n der Potenz x^n eine reelle Zahl und der Exponent n eine natürliche Zahl ist. In der Potenzreihe kommen also nur Potenzen in ihrer ursprünglichen Definition mit natürlichen Zahlen als Exponenten vor. Eine besondere Funktion ist die sogenannte natürliche Wachstumsfunktion. Ihren Funktionswert an der Stelle 1 bezeichnen wir mit e. Wir können nun die Zahl e auf verschiedene Weisen berechnen. Die natürliche Wachstumsfunktion lässt sich zum einen als Exponentialfunktion $f(x) = e^x$, zum anderen als Potenzreihe schreiben. Dies alles geschieht im Kap. 3.

Eine Funktion als Potenzreihe zu schreiben, ist der letzte Schlüssel zum Verständnis der geheimnisvollen Gleichung $e^{i \cdot \pi} + 1 = 0$. Im Kap. 4 wenden wir den Potenzreihenansatz auf die Sinus- und die Kosinusfunktion an, die wir in Kap. 1 kennengelernt haben. Die Potenzreihen der beiden Funktionen weisen einen frappierenden Zusammenhang zur Potenzreihe der e-Funktion auf. Ein Blick auf die Potenzen der imaginären Einheit i hilft ihn zu präzisieren. Es gilt $e^{i \cdot x} = \cos x + i \cdot \sin x$ (eulersche Formel).

In der eulerschen Formel $x = \pi$ zu setzen und das Wissen über π und die trigonometrischen Funktionen zu nutzen, führt zu der Gleichung $e^{i \cdot \pi} + 1 = 0$. Das Geheimnis
um „die schönste Gleichung aller Zeiten" ist gelüftet.

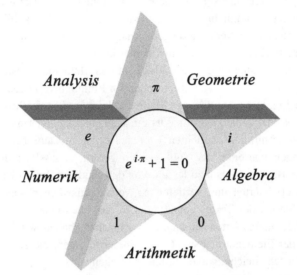

Unser Weg hat durch zentrale Gebiete der Mathematik geführt: Geometrie einschließlich
Trigonometrie, Arithmetik und Algebra sowie Analysis mit einem Blick in die Numerik.
Nicht die Systematik dieser Gebiete hat dabei im Vordergrund gestanden, sondern die
grundlegenden Ideen, die zum Verständnis der Gleichung $e^{i \cdot \pi} + 1 = 0$ beitragen.

Am Ende des Weges angekommen, der ganz auf das Verstehen der „schönsten Glei-
chung aller Zeiten" fokussiert war, lohnt sich ein Rückblick, um als Ernte unserer
Bemühungen das Wissen über die drei Zahlen π, i und e zu erweitern. Wir haben der
Potenz $e^{i \cdot \pi}$ einen Sinn gegeben. Was aber ist 2^i oder i^i? Die Antwort hält noch einige
Überraschungen bereit.

Wissenswertes über die Kreiszahl π steht am Anfang des Buches, so zum Beispiel,
dass der Wert von π zwischen $3\frac{10}{71}$ und $3\frac{10}{70}$ liegt, wie Archimedes mit elementaren geometrischen Überlegungen herausgefunden hat. Nun lernen wir noch faszinierende For-
meln für π in Form von unendlichen Summen oder Produkten oder von unendlichen
Kettenbrüchen kennen. Das Kapitel „Finale" schließt mit der Erkenntnis, warum der
antike Wunsch nach der Quadratur des Kreises nicht in Erfüllung gehen kann.

Noch ein Wort zur Entstehung dieses Buches:

Auf dem Weg zu einer Tagung fiel einem der Autoren in einem Londoner Duty-free-
Shop das quadratische(!) Büchlein *The Joy of π* von David Blatner (Penguin Books

1997) in die Hände. Köstlich! Wie wäre es mit einer Vorlesung nur über π? „Nur über π" lässt sich so vieles sagen. Das ist ja gerade das Faszinierende. Was aber soll man nehmen, um diese Faszination zu vermitteln? So wurde die „schönste Gleichung aller Zeiten" zum Kern der Vorlesung.

Die Zielgruppe waren und sind Studierende in höheren Semestern (heute im Master-Studium) für das Lehramt in der Sekundarstufe (Klassen 5 bis 10), also ohne die traditionellen Erstsemester-Veranstaltungen Analysis I und II etc., wohl aber mit elementarmathematischen Kenntnissen in Geometrie, Arithmetik und Analysis. Dort gilt es also anzusetzen. Vor allem aber gilt es das Bild von Mathematik als einer lebendigen Wissenschaft zu vermitteln, die von überraschenden Einfällen vorangetrieben wird – bis auf den heutigen Tag. Denn das Bild von Mathematik hat großen Einfluss auf die Art und Weise, mit der eine Mathematiklehrerin oder ein Mathematiklehrer Unterricht gestaltet.

Die Veranstaltung mit dem schlichten Titel „π i e" ist im Laufe der Jahre auch dank der Rückmeldungen vonseiten der Studierenden gereift, sodass wir uns entschlossen haben, daraus ein Buch entstehen zu lassen. Von den Studierenden zu bearbeitende Aufgaben, die dem erweiterten und vertiefenden Verständnis dienen sollen, sind an den entsprechenden Stellen des Textes eingefügt. Um das Buch einem weiteren Leserkreis von mathematisch Interessierten zugänglich zu machen, haben wir in einem Anhang die Grundlagen der Elementarmathematik zusammengetragen, die zum Verständnis des Weges zur „schönsten Gleichung aller Zeiten" beitragen.

Wer gleich mehr zu π, i und e erfahren will, dem empfehlen wir:

zu π

David Blatner, π – *Magie einer Zahl.* rororo Sachbuch 2001.

Das ist mathematische Unterhaltungsliteratur vom Feinsten und dazu noch ein bibliophiles Kleinod.

Jean-Paul Delahaye, π – *die Story.* Birkhäuser 1999.

Jörg Arndt & Christoph Haenel, π – *Algorithmen, Computer, Arithmetik.* Springer 2000.

Die Bücher sind anspruchsvoller, das erste ist unterhaltsam geschrieben mit schönen Illustrationen.

zu e (und ein bisschen π und i)

Eli Maor, *Die Zahl e – Geschichte und Geschichten.* Birkhäuser 1996.

Was Delahaye für π, ist Maor für e, nur nicht so schön illustriert.

zu i

Heinz-Dieter Ebbinghaus et al., *Zahlen* (3. Aufl.), Springer 1992.

Hier sind die von Reinhold Remmert verfassten Kap. 3 „Komplexe Zahlen" und 4 „Fundamentalsatz der Algebra" von Interesse.

zu π, i, e

Fridtjof Toennissen, *Das Geheimnis der transzendenten Zahlen. Eine etwas andere Ein-führung in die Mathematik.* Spektrum 2010.

Anspruchsvoll, aber toll geschrieben. Spricht viele Themen dieses Buchs vertieft an.

Schließlich möchten wir uns ganz herzlich bei Marco Hill und Markus Menge für die Erstellung der Abbildungen bedanken. Soweit nicht anders angegeben, sind die Abbildungen des Buchs eigene Grafiken, erstellt mit Cinderella oder GeoGebra. Gerda Werth hat dieses Buch mit einigen schönen Fotos bereichert. Ihr und Marcel Sackarendt danken wir für das sorgfältige Korrekturlesen des Manuskripts.

Paderborn   Katja Krüger
November 2019   Hans-Dieter Rinkens

Inhaltsverzeichnis

Die Kreiszahl π

π ist der Name für eine Zahl, die (fast) jeder kennt: „Das hat was mit dem Kreis zu tun, mit dem Umfang und mit dem Flächeninhalt eines Kreises." Aber wie ist die Kreiszahl π definiert? Welchen Wert hat sie? Welche Gedanken sich die Menschen von alters her darüber gemacht haben, davon erfahren wir einiges in Abschn. 1.1.

Umfangs- und Flächenberechnung von Rechtecken, Dreiecken, allgemein von geradlinig begrenzten Figuren ist ein relativ einfaches Geschäft. Nicht so von Kreisen. Wie man die Kenntnis über geradlinig begrenzte Figuren nutzen kann, um einen möglichst genauen Wert für den Kreisumfang zu erhalten, wusste schon Archimedes vor über 2200 Jahren. Wie er und einige andere vorgingen, wird in Abschn. 1.2 beschrieben.

„Quadratur des Kreises" ist eine Metapher für ein schier unmöglich zu lösendes Problem. Was es bedeutet und wie die alten Griechen versucht haben, es (trotzdem) zu lösen, schildern wir in Abschn. 1.3. Dass eine Lösung nicht möglich ist, liegt an einer Eigenschaft der Zahl π, die erst Ende des 19. Jahrhunderts nachgewiesen wurde. Aber das war eine Sache der Algebra, nicht der Geometrie. Wie beides zusammenhängt, skizzieren wir in Abschn. 4.5. So bildet die Kreiszahl π den Anfang und das Ende des Buches.

Ziel dieses Buches ist es, den Weg zu der „schönsten Gleichung aller Zeiten" zu beschreiben: $e^{i\cdot\pi} + 1 = 0$. Welche Eigenschaft von π ist es, die hier ins Spiel kommt? Es ist der Zusammenhang mit dem Winkelbegriff. Wenn sich ein Punkt in gleich bleibendem Abstand um einen festen Punkt dreht, dann kann man die Drehung durch einen Winkel beschreiben. Der Punkt bewegt sich auf einem Kreis. Zu dem Drehwinkel gehört also ein Teil des Umfangs des Kreises. Mit der Zahl π kann man den Umfang, aber auch Teile des Umfangs eines Kreises und damit einen Winkel beschreiben.

Die Disziplin, die sich anstelle des Konstruierens ebener Figuren mit deren Berechnung beschäftigt, indem sie Strecken und Winkel zueinander in Beziehung setzt, ist die Trigonometrie. Mit der Rolle von π in der Trigonometrie befassen wir uns in Abschn. 1.4. Sie liefert einen wichtigen Schlüssel zu der Gleichung $e^{i\cdot\pi} + 1 = 0$.

© Springer Fachmedien Wiesbaden GmbH, ein Teil von Springer Nature 2020
H.-D. Rinkens und K. Krüger, *Die schönste Gleichung aller Zeiten*,
https://doi.org/10.1007/978-3-658-28466-4_1

1.1   Definition von π

Von alters her will man den Kreis vermessen. Messen heißt vergleichen: Längen misst
man durch Vergleich mit einer Einheitsstrecke, Flächen durch Vergleich mit einem Einheitsquadrat. Messen kann man also zunächst nur Linien, die aus Strecken zusammen-
gesetzt sind, und geradlinig begrenzte Flächen. Wie soll man aber den Umfang und den
Flächeninhalt eines Kreises messen?

1.1.1   Eigenschaften des Kreises

Der Kreis ist unter Symmetriegesichtspunkten die perfekte geschlossene ebene Figur
schlechthin: Jeder Durchmesser ist Symmetrieachse und jede Drehung um den Mittelpunkt bildet die Figur auf sich ab. Die zweite Eigenschaft ist gleichbedeutend damit,
dass alle Punkte des Randes gleich weit vom Mittelpunkt entfernt sind.

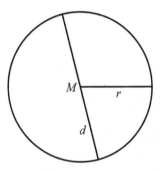

Diese Eigenschaft ist grundlegend für die Zirkel- oder Fadenkonstruktion des Kreises,
auch „Gärtnerkonstruktion" genannt (Abb. 1.1).

Es gibt noch eine andere Möglichkeit, einen Kreis herzustellen, die man beim Fahren
mit dem Auto oder Fahrrad benutzt: Wenn man den Lenker nicht bewegt, fährt man im
Kreis oder (im Grenzfall) geradeaus (Abb. 1.2). Mathematisch heißt das, dass Kreis und
Gerade die einzigen Kurven mit konstanter Krümmung sind. Je größer die Krümmung,
desto kleiner der Kreis(radius).

Und noch eine Eigenschaft ist so elementar wie wichtig: Alle Kreise sind vergrößerte
oder verkleinerte Kopien voneinander, d. h., sie sind zueinander ähnlich. Sie werden
durch eine zentrische Streckung aufeinander abgebildet – wie, das zeigt Abb. 1.3, in der
man sofort die Strahlensatzfigur erkennt (vgl. Abschn. 5.1.3).

In der Ähnlichkeitslehre gilt: In allen ähnlichen Figuren ist das Verhältnis entsprechender Strecken gleich. Angewendet auf Kreise würde das heißen: In allen Kreisen
ist das Verhältnis vom Umfang zum Radius und folglich auch zum Durchmesser gleich.

Abb. 1.1 „Gärtnerkonstruktion". (Foto: Gerda Werth)

Abb. 1.2 Kurven konstanter Krümmung

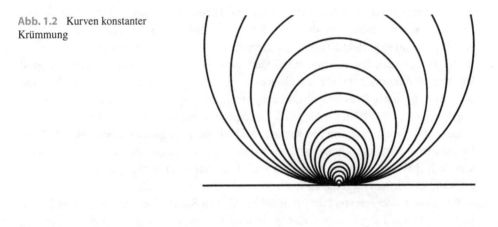

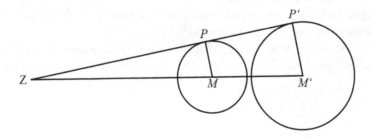

Abb. 1.3 Alle Kreise sind zueinander ähnlich

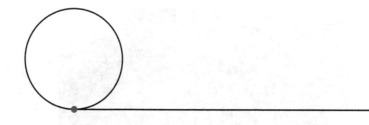

Abb. 1.4 Rektifizierung des Kreises

Der Haken an dieser Formulierung ist, dass wir intuitiv der Kreislinie eine Länge zuordnen, ohne zu wissen, wie wir sie denn messen sollen; denn das Messen von Längen orientiert sich an Streckenmessung und setzt Geradlinigkeit voraus.

Eine auch im Alltag verwendete intuitive Idee ist, den Kreis auf einer Geraden abrollen zu lassen und die Strecke zu messen, bis derselbe Punkt wieder auf der Geraden ankommt.

Eine andere Idee ist, um einen Körper mit kreisförmigem Querschnitt eine Schnur zu binden und sie anschließend gerade zu ziehen. Die geometrische Präzisierung dieser praktischen Ideen führte im antiken Griechenland zu der theoretischen Frage: Wie kann man zu einem gegebenen Kreis mit Zirkel und Lineal in endlich vielen Schritten eine Strecke so konstruieren, dass sie gleich lang zum Umfang des Kreises ist? Ein solches Verfahren nennt man Rektifizieren (lat. „gerade machen") des Kreises (Abb. 1.4).

Die Berechnung des Kreisumfangs läuft dann auf die Frage hinaus: Wie oft passt der Kreisdurchmesser in die durch Rektifizierung entstandene Strecke? (Dass die Beantwortung unter Umständen schwierig sein kann, ahnt man, wenn man sie mit der Frage vergleicht, wie oft die Seite eines Quadrats in seine Diagonale passt.)

Gelingt die Rektifizierung des Kreises, dann ist auch ein anderes klassisches Problem der Antike gelöst: die Quadratur des Kreises. Geometrisch bedeutet das, zu einem Kreis mit Zirkel und Lineal in endlich vielen Schritten ein flächengleiches Quadrat zu konstruieren. Genaueres erfahren wir in Abschn. 1.3.

Wie gesagt, Messen von Längen orientiert sich an Streckenmessung und setzt Geradlinigkeit voraus. Es gibt zum Glück geradlinig begrenzte geschlossene ebene Figuren, die fast genauso perfekt sind wie der Kreis: regelmäßige Vielecke. Alle Eckpunkte eines regelmäßigen Vielecks liegen in gleichem Abstand auf einem Kreis, genannt Umkreis. Alle Seiten des Vielecks sind gleich lang (Abb. 1.5).

Ein regelmäßiges Vieleck mit n Eckpunkten, kurz n-Eck genannt, hat n Symmetrieachsen und es gibt n Drehungen um den Mittelpunkt, die die Figur auf sich abbilden.

Abb. 1.5 Regelmäßiges
Vieleck und Umkreis

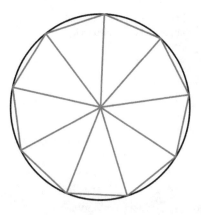

Ein regelmäßiges n-Eck besteht aus n kongruenten gleichschenkligen Dreiecken, deren Spitze der Mittelpunkt und deren Basis die Seiten des regelmäßigen n-Ecks sind. Ein solches Dreieck heißt Bestimmungsdreieck des regelmäßigen n-Ecks. Der Winkel an der Spitze des Bestimmungsdreiecks beträgt $\frac{360°}{n}$. Da für ein festes n die Winkel des Bestimmungsdreiecks festliegen, sind die Bestimmungsdreiecke verschieden großer regelmäßiger n-Ecke und folglich auch die regelmäßigen n-Ecke selber zueinander ähnlich. Um ein regelmäßiges n-Eck eindeutig festzulegen, braucht man neben der Angabe der Eckenzahl n noch eine Längenangabe, z. B. die Seitenlänge des n-Ecks oder den Durchmesser seines Umkreises.

Ein regelmäßiges Vieleck besitzt nicht nur einen Umkreis, sondern auch einen Inkreis, der alle Seiten des Vielecks berührt (Abb. 1.6).

Umgekehrt besitzt jeder Kreis ein einbeschriebenes und ein umbeschriebenes regelmäßiges n-Eck (Abb. 1.7).

Abb. 1.6 Regelmäßiges
Vieleck und Inkreis

Abb. 1.7 Kreis mit um- und
einbeschriebenem Neuneck

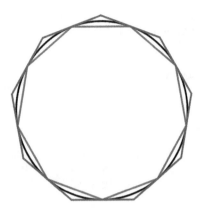

Der Umfang bzw. der Flächeninhalt des einbeschriebenen regelmäßigen n-Ecks ist immer kleiner als der Umfang bzw. der Flächeninhalt des Kreises, und dieser ist wiederum kleiner als der Umfang bzw. der Flächeninhalt des umbeschriebenen regelmäßigen n-Ecks.

Diese Verwandtschaft zwischen Kreis und regelmäßigem n-Eck werden wir im Folgenden häufiger betrachten, vor allem unter dem Aspekt der Approximation: Je größer die Eckenzahl n, desto geringer der Unterschied zwischen Kreis und regelmäßigem n-Eck. Genauer:

Kreisumfang

Der Umfang des einbeschriebenen und des umbeschriebenen regelmäßigen n -Ecks schachtelt mit wachsender Eckenzahl n eine bestimmte Länge ein; diese Länge definieren wir als den Kreisumfang.

Kreisfläche

Der Flächeninhalt des einbeschriebenen und des umbeschriebenen regelmäßigen n-Ecks schachtelt mit wachsender Eckenzahl n einen bestimmten Flächeninhalt ein; diesen definieren wir als den Flächeninhalt des Kreises.

Dieses Verfahren, bei dem man eine sukzessive Einschachtelung durch zwei Zahlen vornimmt, deren Abstand immer kleiner wird und gegen null geht, nennt man in der elementaren Analysis Intervallschachtelung. Es ist eine fundamentale Eigenschaft der reellen Zahlen, dass es eine und nur eine Zahl gibt, die in allen Intervallen liegt. Man nennt diese Eigenschaft die Vollständigkeit der reellen Zahlen (Abschn. 5.3.1).

Aufgabe 1.1: Kreis und einbeschriebenes regelmäßiges Zwölfeck

a. Konstruiere mit Zirkel und Lineal einen Kreis und das einbeschriebene regelmäßige Sechseck sowie das einbeschriebene regelmäßige Zwölfeck wie in der Abbildung. Wie gehst du vor?

b. Nenne den Radius des Kreises r. Der Flächeninhalt des Zwölfecks beträgt $3r^2$.
   Es gibt mehrere Wege für den Beweis. Findest du zwei verschiedene Wege?

Aufgabe 1.2: Kreis und umbeschriebenes regelmäßiges Sechseck

a. Konstruiere mit Zirkel und Lineal einen Kreis und das umbeschriebene regelmäßige Sechseck. Wie gehst du vor? Beschreibe die Konstruktion.

b. Nenne den Radius des Kreises r. Betrachte ein Bestimmungsdreieck und berechne die Seitenlänge des Sechsecks. Daraus folgt:
   Der Umfang des umbeschriebenen Sechsecks beträgt $4 \cdot \sqrt{3} \cdot r$.
   Der Flächeninhalt des umbeschriebenen Sechsecks beträgt $2 \cdot \sqrt{3} \cdot r^2$.
   Erhältst du das auch?

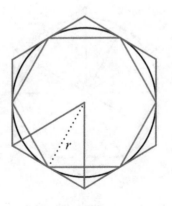

1.1.2 Geometrische Definitionen von π

Die Definition der Kreiszahl π beruht auf der zentralen Aussage, dass alle Kreise zueinander ähnlich sind. **Die Zahl π ist eine Verhältniszahl** bzw. ein Proportionalitätsfaktor. Es gibt zwei mögliche Definitionen, die zueinander äquivalent sind – was man nicht auf den ersten Blick erkennt. Wir symbolisieren sie zunächst durch verschiedene Indizes, u für Umfang und A für Flächeninhalt.

Definition über den Kreisumfang
In allen ähnlichen Figuren ist das Verhältnis entsprechender Strecken gleich. Das gilt zunächst nur für geradlinig begrenzte Figuren. Mithilfe der Approximation des Kreises durch regelmäßige n-Ecke übertragen wir die Aussage auf den Kreis und darin auf den Umfang und Durchmesser und erhalten so:

> **Verhältnis des Kreisumfangs zum Kreisdurchmesser**
> In allen Kreisen ist das Verhältnis des Kreisumfangs zum Kreisdurchmesser gleich oder – was dasselbe bedeutet – ist der Kreisumfang proportional zum Durchmesser.

Den Proportionalitätsfaktor bezeichnen wir mit π_u, d. h., es gilt $u = \pi_u \cdot d$. Wie groß ist π_u ungefähr?

Wir betrachten den Einheitskreis, d. h. den Kreis mit dem Radius 1. Durch Vergleich mit dem einbeschriebenen Sechseck, das aus sechs gleichseitigen Dreiecken mit der Seitenlänge 1 besteht, ergibt sich $\pi_u > 3$.

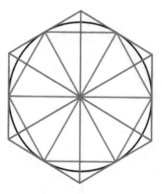

Der Satz des Pythagoras liefert für das umbeschriebene Sechseck die Seitenlänge $\frac{2}{\sqrt{3}}$. Daraus folgt, dass der Umfang des umbeschriebenen Sechsecks $4 \cdot \sqrt{3}$ beträgt und demnach $\pi_u < 2 \cdot \sqrt{3}$ ist.

Mit $2 \cdot \sqrt{3} = \sqrt{12} = \sqrt{\frac{48}{4}} < \sqrt{\frac{49}{4}} = \frac{7}{2}$ ergibt sich $\pi_u < 3{,}5$.

Definition über die Kreisfläche

In der Ähnlichkeitslehre zeigt man auch: Die Flächeninhalte ähnlicher Figuren verhalten sich wie die Quadrate entsprechender Strecken (vgl. Abschn. 5.1.3). Mit Hilfe der Approximation des Kreises durch regelmäßige n-Ecke übertragen wir die Aussage auf den Kreis und können sie wie folgt umformulieren:

> **Verhältnis der Kreisfläche zur Fläche des Radiusquadrats**
>
> In allen Kreisen ist das Verhältnis der Kreisfläche zur Fläche des Radiusquadrats gleich oder – was dasselbe ist – wächst die Kreisfläche mit dem Quadrat des Radius bzw. ist die Kreisfläche proportional zum Radiusquadrat.

Den Proportionalitätsfaktor bezeichnen wir mit π_A, d. h., es gilt $A = \pi_A \cdot r^2$. Wie groß ist π_A ungefähr?

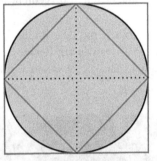

Wir betrachten den Einheitskreis mit dem einbeschriebenen und dem umbeschriebenen Quadrat. So ergibt sich $2 < \pi_A < 4$.

Da könnte man vermuten, dass π_A gleich 3 ist. Das einbeschriebene regelmäßige Zwölfeck ist kleiner als der Kreis und hat die Fläche $3r^2$ (Aufgabe 1.1). Also gilt $3 < \pi_A$.

Der Vergleich mit dem umbeschriebenen regelmäßigen Sechseck (Aufgabe 1.2b) liefert eine bessere Abschätzung nach oben; denn das Bestimmungsdreieck hat den Flächeninhalt $\frac{1}{\sqrt{3}}$, das Sechseck folglich den Flächeninhalt $\frac{6}{\sqrt{3}} = \sqrt{12} < 3{,}5$. Also gilt $\pi_A < 3{,}5$.

Sowohl bei der Definition über den Umfang als auch über den Flächeninhalt liegt der Proportionalitätsfaktor demnach zwischen 3 und 3,5. Das mag ein Hinweis darauf sein, dass die beiden Proportionalitätsfaktoren π_u und π_A gleich sind. Ein Beweis ist das nicht. Bei regelmäßigen n-Ecken ist der Umfang auch proportional zum Durchmesser des Umkreises; beim regelmäßigen Sechseck beispielsweise beträgt der Proportionalitätsfaktor 3. Die Fläche regelmäßiger n-Ecke ist proportional zum Radiusquadrat des Umkreises. Dieser Proportionalitätsfaktor beträgt beim regelmäßigen Sechseck aber $\frac{3}{2} \cdot \sqrt{3}$, und das ist kleiner als $\frac{3}{2} \cdot \sqrt{4} = 3$. Die beiden Proportionalitätsfaktoren sind also keineswegs gleich. Warum das beim Kreis so ist, bedarf also eines Beweises.

Wir zeigen: Es gilt $\pi_u = \pi_A$. Das bedeutet, wir können den Index bei der Zahl π weglassen.

Kreiszahl π
Für den Kreisumfang gilt $u = \pi \cdot d$.
Für die Kreisfläche gilt $A = \pi \cdot r^2$.
Man nennt π kurz die Kreiszahl.

Der Beweis für die Gleichheit der beiden Proportionalitätsfaktoren geht auf Archimedes zurück. Wir werden ihm in diesem Kapitel noch häufiger begegnen (vgl. Abschn. 1.2.2). Wir führen den Beweis auf zwei Wegen, die wir aus anschaulichen Gründen „Kuchenbeweis" und „Schälbeweis" (Aufgabe 1.3) nennen.

Der „Kuchenbeweis" geht von einer Alltagssituation aus. Wir befinden uns auf einer Familienfeier: Es gibt reichlich runde Torten. Leider hält der Haushalt nicht entsprechend viele runde Tortenteller bereit, wohl aber noch rechteckige Tortenplatten. Was tun? Man legt die Tortenstücke immer um 180° gedreht nebeneinander (Abb. 1.8). Die Tortenfläche ist dieselbe.

Wir betrachten die Torte als Kreis K mit dem Radius r und der Fläche $A_K = \pi_A \cdot r^2$. Auf der Platte bildet die Torte so etwas wie ein Rechteck R. Na ja. Die lange Seite des Rechtecks ist ungefähr so lang wie der halbe Umfang des Kreises, also $\pi_u \cdot r$. Die kurze

Abb. 1.8 „Kuchenbeweis". (Foto: Gerda Werth)

Seite ist ungefähr so lang wie der Radius r. Wenn wir das „ungefähr" ignorieren, hat das Rechteck die Fläche $A_R = \pi_u \cdot r^2$. Aus $A_R = A_K$ folgt dann $\pi_u = \pi_A$.

Klar, das ist allenfalls eine Plausibilitätsbetrachtung. Denn können wir das „ungefähr" einfach ignorieren? Der zentrale Gedanke bei Archimedes' Beweis ist allerdings die.

Behauptung

Ein Kreis hat dieselbe Fläche wie das Rechteck, gebildet aus dem halben Kreisumfang und dem Kreisradius.

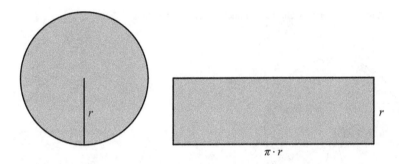

Aus dieser Behauptung folgt ja dann $\pi_u = \pi_A$.

Archimedes' Beweis der Behauptung erfolgt indirekt. Er nimmt an, die Rechteckfläche sei kleiner als die Kreisfläche, und führt diese Annahme zum Widerspruch. Dann nimmt er an, die Rechteckfläche sei größer als die Kreisfläche, und führt auch diese Annahme zum Widerspruch. Also müssen die beiden Flächen gleich sein.

Erster Teil des Beweises

Angenommen die Fläche des Rechtecks R, gebildet aus dem halben Kreisumfang und dem Radius des Kreises, sei **kleiner als** die Kreisfläche; dann ist sie um eine gewisse positive Zahl a kleiner. Anders ausgedrückt: Der Unterschied zwischen Kreisfläche und Rechteckfläche beträgt a.

Nun schöpfen wir zum einen den Kreis durch eine wachsende Folge von regelmäßigen Vielecken aus. Wir starten mit einem Sechseck und verdoppeln immer die Eckenzahl. Wir fahren fort, bis der Unterschied zwischen der Kreisfläche und der Vieleckfläche **kleiner als a** ist. Anschaulich ist klar, dass das geht. Zum theoretischen Hintergrund gleich mehr.

Zum anderen gehören zu den regelmäßigen Vielecken flächengleiche Rechtecke, deren eine Seite so lang ist wie der halbe Vieleckumfang und deren andere Seite so lang ist wie die Höhe im Bestimmungsdreieck. Abb. 1.9 zeigt dies für ein einbeschriebenes Sechseck und Abb. 1.10 für ein einbeschriebenes Zwölfeck.

Der Vieleckumfang ist immer kleiner als der Kreisumfang und die Höhe im Bestimmungsdreieck immer kleiner als der Kreisradius. Also haben diese Rechtecke und

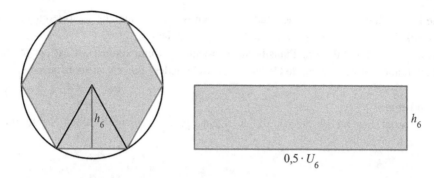

Abb. 1.9 Einbeschriebenes Sechseck und flächengleiches Rechteck

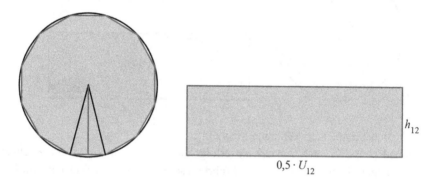

Abb. 1.10 Einbeschriebenes Zwölfeck und flächengleiches Rechteck

damit auch die Vielecke immer eine kleinere Fläche als das Rechteck R, gebildet aus dem halben Kreisumfang und dem Radius des Kreises. Also wäre dann der Unterschied zwischen der Kreisfläche und den Vieleckflächen immer **größer als** der Unterschied zwischen der Kreisfläche und der Fläche des Rechtecks R. Nach unserer Annahme beträgt dieser Unterschied a. Widerspruch!

Der Ausschöpfungsprozess sollte so lange fortgesetzt werden, bis der Unterschied zwischen der Kreisfläche und der Vieleckfläche kleiner als a ist. Geht das? Bei einem einbeschriebenen regelmäßigen Sechseck besteht die Fläche zwischen Kreis und Sechseck aus sechs gleich großen Kreissegmenten. Die Gesamtfläche aller Segmente sei b; dann ist die Kreisfläche um b größer als die Fläche des Sechsecks.

Beim einbeschriebenen regelmäßigen Zwölfeck besteht die Fläche zwischen Kreis und Zwölfeck aus zwölf gleich großen Kreissegmenten. Zwei dieser Kreissegmente sind weniger als halb so groß wie ein zum Sechseck gehöriges Kreissegment (warum?). Das heißt, die Gesamtfläche zwischen Kreis und Zwölfeck wird um mehr als die Hälfte kleiner, ist also kleiner als $\frac{1}{2} \cdot b$.

Mit jeder Verdopplung der Eckenzahl wird die Gesamtfläche zwischen Kreis und Vieleck um mehr als die Hälfte kleiner. Durch fortgesetztes Halbieren einer positiven Zahl b kommt man schließlich unter jede vorgegebene positive Schranke a. Diese Eigenschaft reeller Zahlen nennt man auch archimedische Eigenschaft (Abschn. 5.3.1). Also können wir so lange fortfahren, bis der Unterschied zwischen der Kreisfläche und der Vieleckfläche kleiner als a ist. Das schließt die obige Argumentationslücke.

Zweiter Teil des Beweises

Angenommen die Fläche des Rechtecks R, gebildet aus dem halben Kreisumfang und dem Radius des Kreises, sei **größer als** die Kreisfläche; dann ist sie um eine gewisse positive Zahl a größer. Nun betrachten wir eine Folge von dem Kreis umbeschriebenen regelmäßigen Vielecken. Die Vielecke haben alle einen größeren Flächeninhalt als der Kreis. Mit wachsender Eckenzahl wird der Unterschied immer kleiner.

Genauer: Wir starten mit einem umbeschriebenen Sechseck (Abb. 1.11). Den Unterschied zwischen der Sechseckfläche und der Kreisfläche bezeichnen wir wieder mit b. Die Fläche zwischen dem umbeschriebenen Zwölfeck und dem Kreis (Abb. 1.12) ist

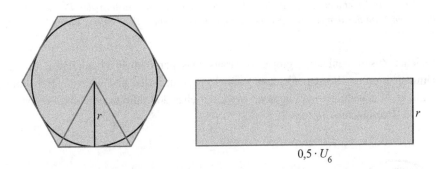

$$0{,}5 \cdot U_6$$

Abb. 1.11 Umbeschriebenes Sechseck und flächengleiches Rechteck

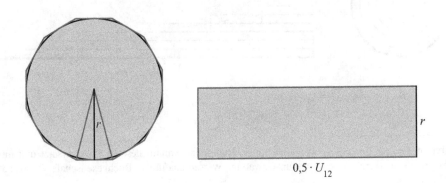

$$0{,}5 \cdot U_{12}$$

Abb. 1.12 Umbeschriebenes Zwölfeck und flächengleiches Rechteck

um mehr als die Hälfte kleiner als b (warum?). Anders ausgedrückt: Der Unterschied zwischen Zwölfeckfläche und Kreisfläche ist kleiner als $\frac{1}{2} \cdot b$.

Mit jeder weiteren Verdopplung der Eckenzahl wird der Unterschied zwischen Vieleckfläche und Kreisfläche um mehr als die Hälfte kleiner, bis er schließlich **kleiner als** a ist. Andererseits gehören zu den Vielecken flächengleiche Rechtecke, deren eine Seite so lang ist wie der halbe Vieleckumfang und deren andere Seite so lang ist wie der Kreisradius. Abb. 1.11 zeigt dies für ein umbeschriebenes Sechseck und Abb. 1.12 für ein umbeschriebenes Zwölfeck. Also haben diese Rechtecke und damit auch die Vielecke immer eine größere Fläche als das Rechteck R, gebildet aus dem halben Kreisumfang und dem Kreisradius. Der Unterschied zwischen den Vieleckflächen und der Kreisfläche wäre dann immer **größer als** der Unterschied zwischen der Fläche des Rechtecks R und der Kreisfläche. Nach unserer Annahme beträgt dieser Unterschied a. Widerspruch!

Wir haben den Beweis ohne jede Formel geführt – ganz im Stil der Argumentation des Archimedes (wenn auch nicht in allen Einzelheiten übereinstimmend).

Aufgabe 1.3: „Schälbeweis" für $\pi_{\mathrm{u}} = \pi_{\mathrm{A}}$

„Jeder Kreis ist einem rechtwinkligen Dreieck inhaltsgleich, insofern der Radius gleich der einen Seite der den rechten Winkel einschließenden Seiten, der Umfang aber gleich der Basis ist."[1]

Welcher Zusammenhang ergibt sich daraus zwischen dem Flächeninhalt A und dem Umfang u eines Kreises mit dem Radius r? Archimedes bewies seine Behauptung indirekt. Wir wählen einen anderen Weg, der eher den infinitesimalen Überlegungen des 18. Jahrhunderts entspricht.

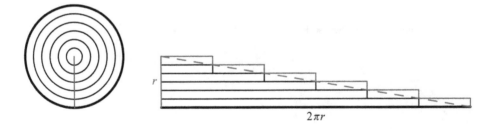

---

[1]Archimedes, *Kreismessung,* übersetzt von F. Rudio. In: Archimedes, *Werke,* übersetzt und mit Anmerkungen versehen von Arthur Czwalina, Wissenschaftliche Buchgesellschaft Darmstadt 1972, S. 369.

„Schäle" von dem Kreis lauter „hauchdünne" Kreisringe ab, bis nichts mehr übrig bleibt. Dann schneide die Kreisringe entlang des Radius auf, biege sie nacheinander „gerade" zu einem Streifen und lege alle Streifen (immer am selben Ende beginnend) aufeinander. So entsteht eine neue Figur, nämlich wie behauptet ein rechtwinkliges Dreieck mit den Katheten r und u, das dieselbe Fläche hat wie der Kreis – jedenfalls „in etwa".

Nun geht es darum, das anschauliche Vorgehen kritisch zu hinterfragen. Wenn man einen „hauchdünnen" Kreisring gerade biegt, gerät man in folgendes Dilemma:

- Im Kreisring stehen die beiden Kreislinien senkrecht auf dem Radius des Kreises. Will man diese Orthogonalität erhalten, würden die Streifen rechteckig und die parallelen Randlinien des Streifens gleich lang.
- Im Kreisring ist der innere Rand kürzer als der äußere. Demnach müsste die eine Randlinie des Streifens kürzer als die andere sein.

Was tun? Schätze den jeweiligen Fehler ab.

- Wenn alle Streifen rechteckig und so lang wären wie der äußere Umfang des zugehörigen Kreisrings, wäre der Flächeninhalt der neuen Figur größer als die Kreisfläche.
- Wenn alle Streifen rechteckig und so lang wären wie der innere Umfang des zugehörigen Kreisrings, wäre der Flächeninhalt der neuen Figur kleiner als die Kreisfläche.

Der Unterschied zwischen dem zu großen und dem zu kleinen Flächeninhalt ist so groß wie der unterste Streifen. Warum? Wie kannst du jetzt den Beweis zu Ende führen?

Exkurs: Das Symbol π

Der griechische Buchstabe π wurde keineswegs von den Griechen eingeführt. Nach heutiger Kenntnis taucht er zum ersten Mal neben anderen Abkürzungen im 17. Jahrhundert auf, wohl in Anklang an die griechischen Wörter περιφέρεια – *peripheria* (dt. Randbereich) oder περίμετρος – *perimetros* (dt. Umfang).

Der Schweizer Mathematiker Leonhard Euler (1707–1783) entschied sich nach anderen Symbolen für die Kreiszahl schließlich für π und benutzte diese Kennzeichnung in seinem zweibändigen Standardwerk *Introductio in Analysin Infinitorum* von 1748. Wegen seiner Berühmtheit – der Eulers und der des Werks – setzte sich von da an π immer mehr als Symbol für die Kreiszahl durch. Leonhard Euler wird uns noch oft in diesem Buch begegnen, vor allem im abschließenden Kapitel „Das Finale".

Leonhard Euler (© Bifab/dpa/picture alliance)

1.1.3 Historisches zum Wert von π

Wie die schriftlichen Überlieferungen bezeugen, spielt Kreisberechnung seit alters her in allen Kulturen eine Rolle, wenn es um Handel, um Landvermessung oder um astronomische Beobachtungen geht. In der „vorgriechischen" Zeit wurde der Wert von π – als Verhältnis von Kreisumfang zu Durchmesser bzw. von Kreisfläche zu Radius-quadrat – **empirisch durch Nachmessen** ermittelt.

Vorgriechische Zeit (vor 500 v. Chr.)
Aus altbabylonischer Zeit (ca. 1900 bis 1650 v. Chr.) stammt eine 1936 entdeckte **Keilschrift-Tafel aus Susa** (Abb. 1.13). Die Keilschrift benutzt Tontafeln, in die Zeichen mit einem Griffel eingeritzt werden.

Darin steht, dass der Umfang eines einbeschriebenen Sechsecks das 57′36″-Fache des Kreisumfangs ist. Die Babylonier schrieben Zahlen im Sechziger-System (vgl. Abschn. 1.4.1): $0°\,57'36''$ bedeutet $0 + \frac{57}{60} + \frac{36}{60^2}$. Es gilt $\frac{57}{60} + \frac{36}{60^2} = \frac{24}{25}$. Demnach wäre $6r = \frac{24}{25} \cdot 2\pi r$, also $\pi = 3\frac{1}{8} = 3{,}125$.

In Ägypten wurde um 1850 v. Chr. ein Text mit mathematischen Aufgaben verfasst, der (wegen seines heutigen Aufenthaltsorts sogenannte) **Moskauer Papyrus**. Darin wird ein Verfahren zur Berechnung einer Fläche angegeben, bei der Historiker darüber diskutieren, ob es sich um die Oberfläche einer Halbkugel (Durchmesser d) oder eines Halbzylinders mit quadratischer Schnittfläche (Seitenlänge d) handeln könnte. Der Ober-flächeninhalt ist in beiden Fällen derselbe, nämlich $O = \frac{1}{2} \cdot \pi \cdot d^2$.

Im Moskauer Papyrus wird $d = 4\frac{1}{2}$ angesetzt. Das Verfahren zur Berechnung der Ober-fläche wird so beschrieben[2] (in eckigen Klammern die Übersetzung in unsere Formelsprache):

---

[2]Friedhelm Hoffmann, *Die Aufgabe 10 des Moskauer mathematischen Papyrus.* In: *Zeitschrift für ägyptische Sprache und Altertumskunde 123, 1996, S. 19–26;* Übersetzung in die Formelsprache von hdr.

Abb. 1.13 Keilschrift-Tafel. (© Musée du Louvre-Antiquités orientales/BM 85194)

Du sollst $\frac{1}{9}$ von 9 ermitteln, ergibt also $1\left[=\frac{1}{9}\cdot 2d\right]$.

Du sollst den Rest als 8 ermitteln $\left[=2d-\frac{1}{9}\cdot 2d=\frac{8}{9}\cdot 2d\right]$.

Du sollst $\frac{1}{9}$ von 8 ermitteln, ergibt also $\frac{2}{3}+\frac{1}{6}+\frac{1}{18}\left[=\frac{8}{9}=\frac{1}{9}\cdot\frac{8}{9}\cdot 2d\right]$.

Du sollst dann den Rest von dieser 8 nach diesem $\frac{2}{3}+\frac{1}{6}+\frac{1}{18}$ ermitteln,

ergibt $7\frac{1}{9}\left[=\frac{8}{9}\cdot 2d-\frac{1}{9}\cdot\frac{8}{9}\cdot 2d=\left(\frac{8}{9}\right)^2\cdot 2d\right]$.

Du sollst dann $7\frac{1}{9}$ mit $4\frac{1}{2}$ malnehmen, ergibt also $32\left[=\left(\frac{8}{9}\right)^2\cdot 2d\cdot d\right]$.

Siehe, das ist die Fläche. Du hast richtig gefunden.

Aus der Rechnung nach dem Moskauer Papyrus ergibt sich für einen Durchmesser d die Oberfläche $O=\left(\frac{8}{9}\right)^2\cdot 2d^2$. Verglichen mit der korrekten Formel $O=\frac{1}{2}\cdot\pi\cdot d^2$ wäre $\pi=\left(\frac{16}{9}\right)^2$. Umgerechnet in unser Dezimalsystem ergibt sich $\pi=3{,}160\ldots$.

Die Beschreibung des Verfahrens lässt vermuten, dass wie bei den Babyloniern auch bei den Ägyptern die Zahldarstellung eine Rolle spielt. Die Ägypter schrieben gewöhnliche Brüche als Summe von Stammbrüchen. (Diese Darstellung ist nicht eindeutig.) Danach wäre $\pi=3+\frac{1}{9}+\frac{1}{27}+\frac{1}{81}$.

Rund 200 Jahre später findet sich derselbe Näherungswert für π im **Papyrus Rhind**, der um 1650 v. Chr. von dem Schreiber Ahmes verfasst wurde und eine Abschrift eines älteren Dokuments ist. Darin steht folgende Aufgabe:

Vorschrift zur Berechnung eines runden Feldes vom Durchmesser 9 Ruthen [ein Längenmaß].
Was ist sein Flächeninhalt? Nimm ein Neuntel von ihm [dem Durchmesser] weg. Der
Rest ist 8. Vervielfältige die Zahl 8 achtmal. Der Flächeninhalt ist 64.[3]

---

[3]In Anlehnung an August Eisenlohr, *Ein mathematisches Handbuch der alten Aegypter (Papyrus Rhind des British Museum)*. 2 Bände, Hinrichs, Leipzig 1877 (online), S. 117, 124.

Bezogen auf einen Durchmesser d ergibt sich der Flächeninhalt $8 \cdot \left(\frac{8}{9} \cdot d\right)^2$. Verglichen mit der korrekten Formel $A = \frac{1}{4} \cdot \pi \cdot d^2$ wäre $\pi = \left(\frac{16}{9}\right)^2$.

Geometrisch kann man die Anweisung als „Quadratur des Kreises" verstehen: Nimm vom Kreisdurchmesser ein Neuntel weg und konstruiere ein Quadrat aus dem Rest; das hat die gleiche Fläche wie der Kreis.

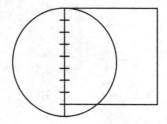

Aus einer Skizze neben der Rechenvorschrift lässt sich vermuten, wie die Ägypter zu dieser „Lösung" gekommen sein könnten. Sie zeigt ein Quadrat und darin ein Achteck, das einem Inkreis ähnelt. Wir zeichnen ein Quadrat und seinen Inkreis und wählen als Seitenlänge des Quadrats 9. Sein Flächeninhalt beträgt also 9 · 9. Zerlegt man das Quadrat in neun Quadrate mit der Seitenlänge 3 und nimmt man von den Eckquadraten die Hälfte weg, erhält man ein Achteck mit dem Flächeninhalt 7 · 9, also 63. Das Achteck ist „offensichtlich" etwas kleiner als der Kreis. Deshalb ist es plausibel, für den Flächeninhalt des Kreises 64 = 8 · 8 anzunehmen. Damit hat der Kreis mit dem Durchmesser 9 denselben Flächeninhalt wie das Quadrat mit der Seitenlänge 8.

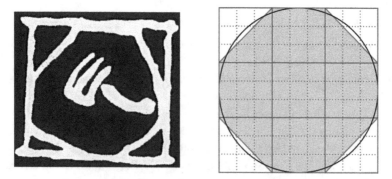

Ausschnitt aus: Arnold Buffum Chace – The rhind mathematical papyrus (1929)

In der **Bibel**, im Buch der Könige, findet man einen Text, aus dem man auf den Wert von π schließen kann (er entstand um 550 v. Chr.). Im Inneren von Salomons Tempel stand ein Kessel aus Bronze. Der Bibeltext gibt den Durchmesser und den Umfang der kreisförmigen Öffnung dieses Kessels an.

Illustration aus der jüdischen Enzyklopädie von Brockhaus und Efron (1906–1913)

„Und er [der Gießer] machte ein gegossen Meer [Kessel] zehn Ellen weit von einem Rand an den anderen rund herum, und fünf Ellen hoch; und eine Schnur dreißig Ellen war das Maß ringsherum." (1 Könige 7:23)

Demnach wäre $\pi = 3$.

Klassische Antike (500 v. Chr. bis 200 n. Chr.)

Mit den Griechen setzt in der klassischen Antike (500 v. Chr. bis 200 n. Chr.) eine neue Denkweise ein. Der Wert von π soll nicht mehr durch empirisches Messen ermittelt werden, sondern durch Herleiten aus bekannten geometrischen Gegebenheiten: Messen heißt Vergleichen und die Längenmessung ist zunächst einmal verbunden mit dem Streckenvergleich. Streckenzügen kann eine Länge zugeordnet werden und entsprechend geradlinig begrenzten Figuren ein Flächeninhalt. Wie in Abschn. 1.1.1 geschildert, gelangt man durch Approximation zum Umfang (und zum Flächeninhalt) des Kreises. Die berühmteste Approximation dieser Art an π ist die des **Archimedes** von Syrakus. Er kommt auf diese Weise zu der Abschätzung

$$3\frac{10}{71} < \pi < 3\frac{1}{7} \text{ , in Dezimalschreibweise } 3{,}1408\ldots < \pi < 3{,}1429\ldots .$$

Diese Methode der geometrischen Approximation (vgl. Abschn. 1.2) hat viele Nachfolger gefunden. Der berühmte Astronom **Ptolemäos** (ca. 100–170 n. Chr.) rechnete (im Sechzigersystem) mit $\pi = 3°8'30'' = 3{,}14167\ldots$. Dieser Wert weicht um weniger als $0{,}000074$ vom exakten Wert ab.

1. Jahrtausend n. Chr. – Kulturen Chinas, Indiens und Arabiens

Die griechische Tradition wurde im ersten Jahrtausend n. Chr. in den Kulturen Chinas, Indiens und Arabiens fortgeführt, nicht aber in Europa infolge der Turbulenzen der

Völkerwanderung und der christlich-fundamentalistischen Abgrenzung zu den „heid-
nischen" Kulturen. Im **China** des 5. Jahrhunderts approximierten Zu Chongzhi und
sein Sohn Zu Gengzhi die Zahl π nach der archimedischen Methode mithilfe eines
24 576-Ecks; es entsteht aus einem Sechseck durch zwölfmalige Verdopplung der
Eckenzahl. Sie erhielten mit $\pi \approx \frac{355}{113} = 3{,}14159\ldots$ einen Wert, der lediglich um
8,5 Millionstel eines Prozents vom richtigen Wert abweicht – eine Leistung, die mehr als
tausend Jahre unerreicht bleiben sollte.

Eine viel schlechtere Annäherung, aber ein wegen seiner Einfachheit im Orient häufig
benutzter Wert war $\pi = \sqrt{10} \approx 3{,}162\ldots$. Er tauchte in **Indien** sowie in China auf und
wird auch „Hindu-Wert" genannt.

Die islamische Kultur nahm die wissenschaftlichen Erkenntnisse des antiken
Griechenland ebenso auf wie die Chinas und Indiens. Insbesondere übernahm sie die
aus Indien stammende Zahlenschreibweise mit der Null und dem Dezimalkomma. Auf
dem Weg der Kolonialisierung Nordafrikas und Spaniens gelangt dieses Wissen Ende
des ersten Jahrtausends nach Europa. Die kriegerischen Auseinandersetzungen zwischen
christlichen und islamischen Machthabern auf der iberischen Halbinsel und im Nahen
Osten einerseits sowie die trotz religiöser Konflikte nie versiegende Handelstätigkeit
europäischer Kaufleute andererseits führten gegen Ende des Mittelalters dazu, dass
die Europäer wieder Zugang zu der unterbrochenen, inzwischen weiterentwickelten
Tradition fanden („Renaissance"). Bei der Bestimmung des Wertes von π wurde nun
auch in Europa die archimedische Methode angewandt oder variiert (vgl. Abschn. 1.2).
Nachdem er sein Leben lang gerechnet hatte, bestimmte **Ludolph van Ceulen** (1540–
1610) kurz vor seinem Tod π auf 34 Stellen genau. In Würdigung dieser Arbeit wurde
π im deutschsprachigen Raum auch „ludolphsche Zahl" genannt. Eine gewisse Tragik
dieser Lebensleistung liegt darin, dass der Fortschritt der Mathematik inzwischen zu
effizienteren Methoden als der geometrischen Approximation von π geführt hatte, nämlich zu den Methoden der Analysis.

Europa ca. 1600 bis 1900

David Blatner, der englische Autor des Büchleins *The Joy of π*, schreibt:

> *„Die dreihundert Jahre zwischen Ende der Renaissance und Ende des viktorianischen Zeit-*
> *alters [ca. 1600–1900] bilden einen außerordentlichen Abschnitt in der Geschichte der*
> *Mathematik. Als hätte ein Samen nach zweitausendjähriger Ruhe in Westeuropa schließlich*
> *das geeignete Klima gefunden, um zu keimen, zu wachsen und sich schließlich – im*
> *19. Jahrhundert – zu prächtiger Blüte zu entfalten. Einige der faszinierendsten und klügsten*
> *Mathematiker des zweiten Jahrtausends lebten und arbeiteten in diesem Zeitraum, wobei*
> *jeder dem nächsten den Boden bereitete, in einer Reihe von Schritten, die die Mathematik*
> *und das wissenschaftliche Denken revolutionierten. Und wie sich die Mathematik ent-*
> *wickelte, so entwickelte sich die Suche nach und das Studium von π."* [4]

---

[4] David Blatner, *The Joy of π*, S. 37. Übersetzt aus dem englischen Original von hdr.

Zentraler Punkt war die zunehmende Beherrschung des Unendlichen (unendliche Summen, unendliche Produkte, unendliche Kettenbrüche) durch die **Entwicklung der Analysis,** die im 17. Jahrhundert begann und im 19. Jahrhundert zur Blüte geführt wurde. Vor allem durch die Entwicklung von Funktionen in Potenzreihen (vgl. Abschn. 3.3) ergaben sich viele unendliche Reihen, mit deren Hilfe man π effektiv berechnen konnte. Es begann die Jagd nach möglichst vielen Nachkommastellen (NKS):

1706   100 NKS,

1719   127 NKS,

1794   140 NKS,

1855   500 NKS,

1873   707 NKS;

Der Rekord von 1873 nahm mehrere Jahre Rechenarbeit in Anspruch, hatte allerdings einen Fehler an der 527. Stelle, der erst 1945 entdeckt und korrigiert wurde. Die Korrektur dauerte immerhin noch ein ganzes Jahr.

Computerzeitalter

Im **Computerzeitalter** haben sich die Rechenzeiten radikal geändert: 1958 erforderte der Rekord von 1873 noch 40 Sekunden Rechenzeit. 1973 benötigte man für eine Million Stellen einen Tag Rechenzeit, 2014 für über 13 Billionen Stellen 208 Tage. Der aktuelle Rekord (2019) liegt bei über 31 Billionen Stellen und erforderte eine Rechenzeit von 121 Tagen (Quelle: Wikipedia).

Heute steht die Rekordjagd (Abb. 1.14) im Zeichen des Austestens neuer Computer und der Entwicklung neuer Methoden des wissenschaftlichen Rechnens.

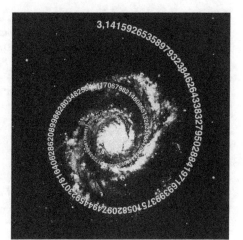

Abb. 1.14 Jagd nach den Nachkommastellen. (D.I.T.E./ I.P.S., Paris)

1.2   Approximation von π mit regelmäßigen Vielecken

In diesem Abschnitt werden drei verschiedene Wege (und in einer Aufgabe noch ein weiterer Weg) beschrieben, sich dem Wert von π zu nähern: Wir betrachten statt des Kreises regelmäßige n-Ecke und berechnen deren Umfang oder Flächeninhalt mit elementargeometrischen Mitteln, hauptsächlich Aussagen aus der Ähnlichkeitslehre (Strahlensätze u. a.) und der Satzgruppe des Pythagoras (Abschn. 5.1). Die Eckenzahl der Vielecke wird schrittweise verdoppelt und so der Wert von π durch einfache Grenzbetrachtungen bestimmt. Solche Betrachtungen wurden bereits lange vor der Zeit der Analysis angestellt.

Die ersten beiden Wege von Archimedes und von Descartes führen über den Umfang. Die beiden Autoren hatten allerdings nicht die Formelsprache zur Verfügung, die man heute in der Schule lernt. Bei der schrittweisen Approximation gehen wir von ihrer Beweisidee aus, erleichtern uns aber die Durchführung, indem wir ein von alters her bekanntes arithmetisches Verfahren benutzen, die Mittelwertbildung.

Der dritte Weg stammt von Vieta. Er geht über den Flächeninhalt und führt zu einer faszinierenden Formel für π, die nur aus Wurzeln und der Zahl 2 besteht.

1.2.1   Historische Mittelwertbildung

Die Mittelwertbildung war den alten Griechen bestens vertraut[5]. Archytas von Tarent (ca. 425–350 v. Chr.) gehörte der von Pythagoras (ca. 570–510 v.Chr.) gegründeten Schule der Pythagoreer an. In einem der vier von ihm erhaltenen Fragmente finden wir die Definitionen des arithmetischen, geometrischen und harmonischen Mittels in Worten umschrieben, ohne die heutige Symbolschreibweise.

> *„Es gibt aber drei mittlere Proportionalen in der Musik: erstens die arithmetische, zweitens die geometrische, drittens die reziproke, die man die harmonische nennt."*
>
> *„Die arithmetische, wenn die drei Zahlterme in der Proportion folgende Differenz aufweisen: Um wie viel der erste den zweiten übertrifft, um so viel übertrifft der zweite den dritten."*
>
> *„Die geometrische, wenn der erste Term sich zum zweiten wie der zweite zum dritten verhält."*

---

[5]Horst Hischer gibt in seinem Artikel *Viertausend Jahre Mittelwertbildung – Eine fundamentale Idee der Mathematik und didaktische Implikationen* (math.did. 25 (2002), Bd. 2, S. 3–51) einen hervorragenden Überblick, aus dem die folgenden Zitate entnommen sind.

„Die reziproke Proportion (die man die harmonische nennt), wenn sich die Terme so ver-
halten: Um den wievielten Teil der eigenen Größe der erste Term den zweiten übertrifft, um
diesen Teil des dritten übertrifft der Mittelterm den dritten. "

Wir übersetzen die Definitionen in unsere Symbolsprache. Für beliebige positive Zahlen
x und y, wobei wir $x \leq y$ annehmen, bezeichnen wir mit $aM(x, y)$ oder kurz aM das
arithmetische Mittel, mit $gM(x, y)$, kurz gM, das geometrische Mittel und mit $hM(x, y)$,
kurz hM, das harmonische Mittel der beiden Zahlen.

Arithmetisches Mittel: Beim arithmetischen Mittel übertrifft die Zahl y den Mittelwert
aM um so viel wie aM die Zahl x, also

$$y - aM = aM - x.$$

Umgeformt ergibt das die geläufige Definition des arithmetischen Mittels:

$$aM(x, y) = \frac{x + y}{2}$$

Das arithmetische Mittel kann man mit Zirkel und Lineal konstruieren, indem man die
Strecken der Länge x und y aneinanderlegt und die Gesamtstrecke mithilfe der Mittelsenkrechten halbiert.

Geometrisches Mittel: Beim geometrischen Mittel verhält sich y zu gM wie gM zu x,
also

$$y : gM = gM : x.$$

Umgeformt ergibt sich die geläufige Form des geometrischen Mittels:

$$gM(x, y) = \sqrt{x \cdot y}$$

Das geometrische Mittel kann man ebenfalls mit Zirkel und Lineal konstruieren, indem
man das Rechteck mit den Seitenlängen x und y in ein flächengleiches Quadrat ver-
wandelt. Dessen Seitenlänge beträgt dann $gM(x, y)$. Dazu gibt es mehrere Verfahren. Die
bekanntesten benutzen den Kathetensatz bzw. den Höhensatz des Euklid (Abschn. 5.1.4).

Der Kathetensatz besagt, dass in einem rechtwinkligen Dreieck das Quadrat über
einer Kathete flächengleich zu dem Rechteck, gebildet aus der Hypotenuse und dem
anliegenden Hypotenusenabschnitt, ist. Möchte man das geometrische Mittel aus x und y
mit $x < y$ konstruieren, dann betrachtet man y als Hypotenuse. Auf ihr wird x als Hypotenusenabschnitt abgetragen. Nun muss das rechtwinklige Dreieck mit der zugehörigen
Kathete konstruiert werden. Dazu schlägt man über dem Mittelpunkt der Hypotenuse

einen Halbkreis und errichtet am Endpunkt des Hypotenusenabschnitts x die Senkrechte auf die Hypotenuse. Der Schnittpunkt von beiden ist nach dem Satz des Thales
die Spitze eines rechtwinkligen Dreiecks. Über dem Hypotenusenabschnitt x liegt die
zugehörige Kathete; ihre Länge ist das geometrische Mittel aus x und y.

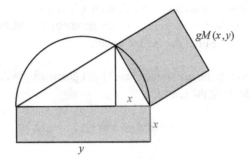

Der Höhensatz besagt, dass in einem rechtwinkligen Dreieck das Quadrat über der
Höhe flächengleich zu dem Rechteck, gebildet aus den beiden Hypotenusenabschnitten,
ist. Wir beginnen mit der Hypotenuse mit den Abschnitten x und y. Nun muss die
zugehörige Höhe konstruiert werden. Dazu schlägt man über dem Mittelpunkt der Hypotenuse einen Halbkreis und errichtet am Trennpunkt der beiden Hypotenusenabschnitte
die Senkrechte auf die Hypotenuse. Der Schnittpunkt von beiden ist nach dem Satz des
Thales die Spitze eines rechtwinkligen Dreiecks und das Lot auf die Hypotenuse ist die
Höhe in diesem Dreieck; ihre Länge ist das geometrische Mittel aus x und y.

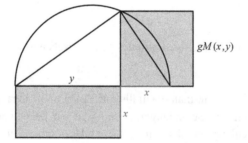

Harmonisches Mittel: Die Übersetzung des harmonischen Mittels in unsere Symbolsprache
ist etwas komplizierter. Hier werden wieder Verhältnisse miteinander verglichen. Der erste
Term y übertrifft den zweiten Term hM um $y - hM$; dann ist $(y - hM) : y$ der *„Teil der
eigenen Größe, um den der erste Term den zweiten übertrifft"*. Die Mittelwerte liegen immer
zwischen den beiden Zahlen y und x, wie wir gleich noch zeigen werden (s. Abb. 1.15). Der
Mittelterm hM übertrifft den dritten Term x um $hM - x$; dann ist $(hM - x) : x$ „der *Teil des
dritten, um den der Mittelterm den dritten übertrifft"*. Beide Verhältnisse sind gleich:

$$(y - hM) : y = (hM - x) : x$$

Durch Umformung ergibt sich hieraus für das harmonische Mittel:

$$hM(x,y) = \frac{1}{\frac{\frac{1}{x}+\frac{1}{y}}{2}} = \frac{2 \cdot x \cdot y}{x+y}$$

Durch Nachrechnen ergibt sich ein wichtiger

Zusammenhang zwischen den drei Mittelwerten

$$aM(x,y) \cdot hM(x,y) = (gM(x,y))^2,$$

$$\text{also } gM(x,y) = \sqrt{aM(x,y) \cdot hM(x,y)}.$$

In Worten: Das geometrische Mittel von x und y ist zugleich das geometrische Mittel aus dem arithmetischen und dem harmonischen Mittel von x und y.

Aus einer einfachen Rechnung folgt: $(gM(x,y))^2 \leq (aM(x,y))^2$, folglich

$$gM(x,y) \leq aM(x,y).$$

Weil $aM(x,y) \cdot hM(x,y) = (gM(x,y))^2$ ist, gilt

$$hM(x,y) \geq aM(x,y).$$

Das Gleichheitszeichen gilt in beiden Ungleichungen nur für den Fall $x = y$.

Einen schönen geometrischen Beweis für die beiden Ungleichungen liefert die Beweisfigur in Abb. 1.15 Wir betrachten dabei den Fall $0 < x < y$.

Wir legen die Strecken $AC = x$ und $CB = y$ aneinander, halbieren die Gesamtstrecke AB mithilfe der Mittelsenkrechten und erhalten so das arithmetische Mittel $MB = aM(x,y)$.

Abb. 1.15 Die Mittel im Größenvergleich

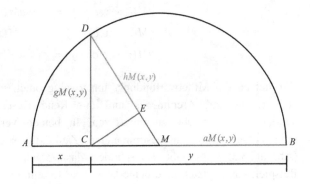

Die Strecke AB stellt nun die Hypotenuse eines rechtwinkligen Dreiecks dar, der Eckpunkt D ergibt sich bei der Konstruktion des geometrischen Mittels wie oben beschrieben. Nach dem Höhensatz ist also $CD = gM(x, y)$.

In dem rechtwinkligen Dreieck MDC ist die Hypotenuse MD gleich lang wie MB, also $MD = aM(x, y)$. Zu der Kathete CD gehört der Hypotenusenabschnitt ED. Nach dem Kathetensatz ist CD das geometrische Mittel aus $MD = aM(x, y)$ und ED. Nun ist das geometrische Mittel aus x und y zugleich auch das geometrische Mittel aus $aM(x, y)$ und $hM(x, y)$. Also ist $ED = hM(x, y)$.

Wir lesen ab: Im rechtwinkligen Dreieck MDC ist die Hypotenuse $MD = aM(x, y)$ länger als die Kathete $CD = gM(x, y)$. Im rechtwinkligen Dreieck DCE ist die Hypotenuse $CD = gM(x, y)$ länger als die Kathete $ED = hM(x, y)$. Also gilt $hM(x, y) < gM(x, y) < aM(x, y)$.

Für $x < y$ gibt es demnach die Ungleichungskette

$$x < hM(x, y) < gM(x, y) < aM(x, y) < y.$$

Sie lässt sich anschaulich am Zahlenstrahl darstellen und wird uns wertvolle Dienste bei den Approximationen von Archimedes und Descartes leisten.

Eine praktische Hilfe für das Rechnen mit Mittelwerten ist die folgende Eigenschaft, die sich leicht nachrechnen lässt (Aufgabe 1.4) und etwas salopp so formuliert werden kann: Erst vervielfachen und dann mitteln ergibt dasselbe wie erst mitteln und dann vervielfachen.

Aufgabe 1.4: Multiplikation mit einer Konstanten

Für eine beliebige positive reelle Konstante c gilt:

Das (arithmetische, geometrische, harmonische) Mittel aus dem c-Fachen der Zahlen x und y ist das c-Fache des Mittels aus den Zahlen x und y.

$$aM(c \cdot x, c \cdot y) = c \cdot aM(x, y)$$
$$gM(c \cdot x, c \cdot y) = c \cdot gM(x, y)$$
$$hM(c \cdot x, c \cdot y) = c \cdot hM(x, y)$$

Wir nutzen die Mittelwertbildung, um zwei geometrische Verfahren zur Berechnung von π, die auf Archimedes und auf René Descartes zurückgehen, in unsere heutige Formelsprache zu übersetzen. In beiden Verfahren geht es um die Einschachtelung einer zu bestimmenden Zahl, die sogenannte Intervallschachtelung (Abschn. 5.3.1). Aufgabe 1.5 schildert das Vorgehen an einem besonders einfachen Beispiel, das zugleich eine bemerkenswerte Erkenntnis liefert: Alle Zahlen, mit denen eingeschachtelt wird, sind rational. Die Zahl, die durch die Intervallschachtelung konstruiert wird, ist in diesem Fall irrational.

Aufgabe 1.5: Intervallschachtelung mithilfe der Mittelwerte

Betrachte eine Folge von abgeschlossenen Intervallen $[a_n, b_n]$, beginnend mit $[a_1, b_1] = [1, 2]$. Dabei soll a_{n+1} das harmonische Mittel aus a_n und b_n sein und b_{n+1} das arithmetische Mittel aus a_n und b_n.

$$a_{n+1} = hM(a_n, b_n) \qquad b_{n+1} = aM(a_n, b_n)$$

Dann ist $[a_{n+1}, b_{n+1}]$ ein Teilintervall von $[a_n, b_n]$ (warum?). Anders ausgedrückt: Die Intervalle sind ineinandergeschachtelt, sie bilden eine Intervallschachtelung (Abschn. 5.3.1). Eine Skizze der ersten drei Intervalle am Zahlenstrahl hilft.

Das Intervall $[a_{n+1}, b_{n+1}]$ ist höchstens halb so lang wie das Intervall $[a_n, b_n]$ (warum?). Das bedeutet, dass die Länge der Intervalle gegen null geht.

Dann gibt es genau einen Punkt, der in allen Intervallen enthalten ist.

Das geometrische Mittel aus a_n und b_n liegt stets im Intervall $[a_n, b_n]$ (warum?).

Außerdem gilt: Das geometrische Mittel aus a_{n+1} und b_{n+1} ist gleich dem geometrischen Mittel aus a_n und b_n (warum?).

$$gM(a_{n+1}, b_{n+1}) = gM(a_n, b_n)$$

Anders ausgedrückt: Die geometrischen Mittel aus den Intervallgrenzen sind immer gleich, und zwar gleich dem geometrischen Mittel aus den Grenzen des Anfangsintervalls. Welchen Wert hat es?

1.2.2 Approximation über den Umfang nach Archimedes

Archimedes. (© Ken Welsh/picture alliance)

Archimedes (um 287–212 v. Chr.)
Archimedes in Syrakus geboren, war dort (mit Ausnahme weniger Unterbrechungen) als
Mathematiker, Ingenieur und technischer Berater tätig. Ihm werden bedeutende mathematische
und physikalische Erkenntnisse zugeschrieben. So entdeckte er die Hebelgesetze sowie das nach
ihm benannte „archimedische Prinzip" (Auftriebsprinzip). Bei dessen Entdeckung lag er angeblich
in der Badewanne und war über seine Erkenntnis so erfreut, dass er auf die Straße gelaufen sein
und das berühmte „Heureka" (dt. „ich hab's") gerufen haben soll. Die Kunst des Problemlösens
nennt man daher Heuristik.

In der Mathematik benutzte Archimedes mit seinen Approximationsmethoden bereits
infinitesimales Denken, das erst ca. 2000 Jahre später durch die Erfindung der Differential- und
Integralrechnung, beginnend mit Newton und Leibniz, präzisiert wurde.

▶ **Die Idee des Archimedes** Beginne mit dem Einheitskreis (Kreis mit dem Radius 1)
und einem ihm einbeschriebenen und ihm umbeschriebenen regelmäßigen Sechseck.
Konstruiere schrittweise einbeschriebene und umbeschriebene regelmäßige Vielecke
mit doppelter Eckenzahl. Berechne deren Umfänge. Die Umfänge der einbeschriebenen
Vielecke werden immer größer, die der umbeschriebenen Vielecke immer kleiner.
Beide schachteln eine Zahl ein, die dem Umfang des Einheitskreises entspricht (vgl.
Abschn. 1.1.1).

Archimedes führte seine Berechnungen bis zum einbeschriebenen und umbeschriebenen
96-Eck durch (fünf Schritte). Er ging einen etwas anderen Weg als wir und benutzte
keine Mittelwerte. Er kannte keine Intervallschachtelung, sondern argumentierte mithilfe
von Widerspruchsbeweisen. Dabei hatte er keine Formelsprache wie wir zur Verfügung,
drückte also alle Gleichungen und Ungleichungen in Worten aus.[6]

Wir bezeichnen bei jedem Schritt den Umfang des einbeschriebenen Vielecks mit u_n,
den des umbeschriebenen Vielecks mit U_n. Abb. 1.16 zeigt die Ausgangssituation.

Abb. 1.16 Einheitskreis mit
ein- und umbeschriebenem
Sechseck

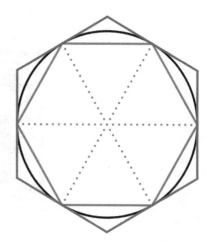

---

[6]Archimedes, *Kreismessung*, S. 371–377.

Abb. 1.17   Einheitskreis mit
ein- und umbeschriebenem
Zwölfeck

Das umbeschriebene Sechseck lässt sich leicht aus dem einbeschriebenen konstruieren: Wir errichten in den Eckpunkten des einbeschriebenen Sechsecks Senkrechten auf die Schenkel der Bestimmungsdreiecke. Sie sind Kreistangenten an den Umkreis. Die Tangenten treffen sich in den Eckpunkten des umbeschriebenen Sechsecks. Für die Umfänge gilt $u_1 = 6$ und $U_1 = 4 \cdot \sqrt{3}$ (vgl. Abschn. 1.1.2).

Wir konstruieren (durch fortgesetztes Halbieren der Mittelpunktswinkel) in jedem Schritt ein einbeschriebenes und ein umbeschriebenes regelmäßiges Vieleck mit doppelter Eckenzahl. Abb. 1.17 zeigt das Ergebnis des ersten Approximationsschritts.

Bei der Konstruktion entstehen regelmäßige 6-, 12-, 24-, 48-, 96-Ecke, allgemein a-Ecke mit $a = 2^{n-1} \cdot 6$ ($n = 1, 2, 3, \ldots$). Offensichtlich werden die Umfänge u_n der einbeschriebenen Vielecke mit wachsendem n immer größer: $u_n < u_{n+1}$. Die Umfänge U_n der umbeschriebenen Vielecke werden immer kleiner: $U_{n+1} < U_n$. Die Zahl, die den Kreisumfang beschreibt, also 2π, liegt dazwischen, kurz:

$$u_n < u_{n+1} < 2\pi < U_n < U_{n+1}$$

Die Analysis nennt diesen Prozess Intervallschachtelung (Abschn. 5.3.1): Das Intervall $[u_{n+1}, U_{n+1}]$ liegt in dem Intervall $[u_n, U_n]$. Die Länge der Intervalle wird immer kleiner und geht gegen null. Es gibt genau eine reelle Zahl, die in allen Intervallen liegt: Das ist die Zahl 2π.

Durchführung der Beweisidee

Wir betrachten den Approximationsschritt gleich in der Verallgemeinerung: Wie konstruiert man aus einem a-Eck ein $2a$-Eck (Abb. 1.18)?

- Beginne mit dem Kreisbogen und einer Seite AB des regelmäßigen einbeschriebenen a-Ecks mit der Seitenlänge x_n. Deute in A und B die Radien an.
- Konstruiere den Mittelpunkt F von AB. Die Senkrechte zu AB durch F geht durch den Kreismittelpunkt und durch den Kreispunkt D.
- AD (und BD) sind Seiten des regelmäßigen einbeschriebenen $2a$-Ecks mit der Seitenlänge x_{n+1}.

- Konstruiere die Senkrechten auf die Kreisradien in A und in B. Sie sind Kreistangenten und treffen sich im Eckpunkt C des regelmäßigen umbeschriebenen a-Ecks. Die Strecke AC ist halb so lang wie die Seitenlänge y_n des umbeschriebenen a-Ecks. Der Eckpunkt C liegt auf dem verlängerten Kreisradius durch D.
- Konstruiere zu FD die Senkrechte in D. Sie ist Kreistangente und trifft die Strecke AC im Punkt E. ED und AE sind Tangentenabschnitte, folglich gleich lang, und zwar halb so lang wie die Seitenlänge y_{n+1} des umbeschriebenen $2a$-Ecks.
- Konstruiere den Mittelpunkt G von AD. Die Senkrechte zu AD durch G geht durch den Kreismittelpunkt und durch den Eckpunkt E des umbeschriebenen $2a$-Ecks.

Aus der Figur entnehmen wir:

Einbeschriebenes a-Eck: Seitenlänge $x_n = \overline{AB} = 2 \cdot \overline{AF}$	Umfang $u_n = a \cdot x_n$
Umbeschriebenes a-Eck: Seitenlänge $y_n = 2 \cdot \overline{AC}$	Umfang $U_n = a \cdot y_n$
Einbeschriebenes $2a$-Eck: Seitenlänge $x_{n+1} = \overline{AD} = 2 \cdot \overline{DG}$	Umfang $u_{n+1} = 2a \cdot x_{n+1}$
Umbeschriebenes $2a$-Eck: Seitenlänge $y_{n+1} = 2 \cdot \overline{ED} = 2 \cdot \overline{EA}$	Umfang $U_{n+1} = 2a \cdot y_{n+1}$

Wir zeigen nun, dass sich die Umfänge des umbeschriebenen und einbeschriebenen $2a$-Ecks durch Mittelwertbildung ergeben und sie deshalb näher beieinanderliegen als die Umfänge des umbeschriebenen und einbeschriebenen a-Ecks.

(1) Der Umfang des umbeschriebenen $2a$-Ecks ist das harmonische Mittel aus den Umfängen des umbeschriebenen und des einbeschriebenen a-Ecks:

$$U_{n+1} = hM(U_n, u_n)$$

(2) Der Umfang des einbeschriebenen $2a$-Ecks ist das geometrische Mittel aus dem Umfang des einbeschriebenen a-Ecks und des umbeschriebenen $2a$-Ecks:

$$u_{n+1} = gM(u_n, U_{n+1})$$

Beweis von (1): $U_{n+1} = hM(U_n, u_n)$

In Abb. 1.18 erkennt man die Strahlensatzfigur $AECDF$ (Warum ist $ED \parallel AF$?). Demnach gilt:

$$\overline{ED} : \overline{AF} = \overline{EC} : \overline{AC} = (\overline{AC} - \overline{AE}) : \overline{AC} = 1 - \overline{AE} : \overline{AC}, \text{ also}$$
$$y_{n+1} : x_n = 1 - y_{n+1} : y_n.$$

Wir lösen nach y_{n+1} auf:

$$y_{n+1} \cdot \left(\frac{1}{x_n} + \frac{1}{y_n} \right) = 1$$

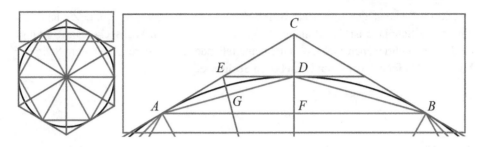

Abb. 1.18 Vom a-Eck zum $2a$-Eck

$$y_{n+1} = \frac{1}{\frac{1}{x_n} + \frac{1}{y_n}}$$

$$2 \cdot y_{n+1} = hM(y_n, x_n)$$

Hieraus folgt (vgl. Aufgabe 1.4):

$$\begin{aligned} hM(U_n, u_n) &= hM(a \cdot y_n, a \cdot x_n) \\ &= a \cdot hM(y_n, x_n) \\ &= a \cdot 2 \cdot y_{n+1} = U_{n+1} \end{aligned}$$

Beweis von (2): $u_{n+1} = gM(u_n, U_{n+1})$

In Abb. 1.18 erkennt man, dass die Dreiecke AFD und DGE ähnlich sind (warum?). In ähnlichen Figuren ist das Verhältnis entsprechender Strecken gleich.

Demnach gilt: $\quad \overline{AD} : \overline{AF} \quad = \overline{DE} : \overline{DG},$
also $\qquad\qquad x_{n+1} : \left(\frac{1}{2}x_n\right) = \left(\frac{1}{2}y_{n+1}\right) : \left(\frac{1}{2}x_{n+1}\right).$
Daraus ergibt sich $(2x_{n+1})^2 \quad = x_n \cdot (2y_{n+1}),$
also $\qquad\qquad 2x_{n+1} \quad = gM(x_n, 2y_{n+1}).$

Hieraus folgt (vgl. Aufgabe 1.4):

$$\begin{aligned} gM(u_n, U_{n+1}) &= gM(a \cdot x_n, 2a \cdot y_{n+1}) \\ &= a \cdot gM(x_n, 2y_{n+1}) \\ &= a \cdot 2x_{n+1} = u_{n+1} \end{aligned}$$

Die Ungleichungskette für die Mittelwerte besagt, dass sowohl das harmonische als auch das geometrische Mittel kleiner als das arithmetische Mittel sind (die Gleichheit scheidet aus). Wir veranschaulichen die durch (1) und (2) beschriebene Situation am Zahlenstrahl. Nach (1) liegt U_{n+1} in der linken Hälfte des Intervalls $[u_n, U_n]$. Nach (2) liegt u_{n+1} in der linken Hälfte des Intervalls $[u_n, U_{n+1}]$.

Die Umfänge u_n der einbeschriebenen Vielecke bilden eine wachsende Zahlenfolge; eine obere Schranke ist der Umfang U_1 des umbeschriebenen Sechsecks. Die Umfänge U_n der umbeschriebenen Vielecke bilden eine fallende Zahlenfolge; eine untere Schranke bildet der Umfang u_1 des einbeschriebenen Sechsecks.

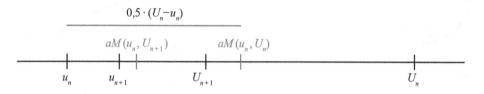

Die Differenz der Umfänge des um- und des einbeschriebenen Vielecks wird mit jedem Approximationsschritt um mehr als die Hälfte kleiner:

$$U_{n+1} - u_{n+1} < \frac{1}{2}(U_n - u_n)$$

Sie geht also gegen null. Es kann nur eine einzige Zahl geben, die größer als *alle* u_n und kleiner als *alle* U_n ist. Sie gibt den Kreisumfang an. In der Sprache der Analysis heißt es: Die Folge der Intervalle $[u_n, U_n]$ bildet eine Intervallschachtelung für die Zahl 2π (Abschn. 5.3.1).

Man kann sogar zeigen, dass die Differenz $U_n - u_n$ mit jedem Schritt mindestens geviertelt wird (Aufgabe 1.6), in fünf Schritten also auf ein Tausendstel verkleinert wird. In Dezimalzahlen ausgedrückt heißt das: Man gewinnt alle fünf Schritte mindestens drei Dezimalstellen nach dem Komma.

Aufgabe 1.6: Güte der Approximation nach Archimedes

Behauptung: $U_{n+1} - u_{n+1} < \frac{1}{4}(U_n - u_n)$

Ersetze in $U_{n+1} - u_{n+1} = hM(u_n, U_n) - gM(u_n, U_{n+1})$ das geometrische Mittel durch das harmonische. Dann gilt $U_{n+1} - u_{n+1} < hM(u_n, U_n) - hM(u_n, U_{n+1})$. Warum?

Da $U_{n+1} = hM(U_n, u_n)$ ist, ersetze auf der rechten Seite der Ungleichung $hM(u_n, U_{n+1})$ durch $hM(u_n, hM(u_n, U_n))$.

Benutze nun die Definition des harmonischen Mittels. Mit etwas rechnerischem Aufwand bei der Termumformung kannst du dann zeigen, dass $hM(u_n, U_n) - hM(u_n, U_{n+1}) < \frac{1}{4}(U_n - u_n)$ ist.

Archimedes führte seine Berechnungen bis zum einbeschriebenen und umbeschriebenen 96-Eck durch. Er kannte keine Dezimalschreibweise für Zahlen. Bei jedem Schritt müssen Quadratwurzeln berechnet werden. Das geht nur näherungsweise. Archimedes ersetzte auftretende Quadratwurzeln geschickt durch kleinere bzw. größere Brüche. Die Seitenlänge des umbeschriebenen Sechsecks, die $2 : \sqrt{3}(= 1{,}1547005\ldots)$ beträgt, schätzte er zum Beispiel durch $\frac{306}{265}(= 1{,}15471698\ldots)$ ab. Bei der fünften Approximation, dem 96-Eck, erhielt er seine berühmte Abschätzung:

„Der Umfang eines Kreises ist dreimal so groß wie der Durchmesser und noch um etwas größer, nämlich um weniger als ein Siebtel, aber um mehr als zehn Einundsiebzigstel des Durchmessers."[7]

In unserer heutigen Formelsprache:

$$3\frac{10}{71} < \pi < 3\frac{1}{7} \text{ in Dezimalschreibweise } 3,1408\ldots < \pi < 3,1428\ldots$$

Aufgabe 1.7: Ein Näherungsverfahren für π aus der arabischen Welt

Um 800 benutzte der in Huwarizm (heute Khiva in Usbekistan) geborene Muhammad ibn Musa Al-Khwarizmi (von ihm ist übrigens das Wort „Algorithmus" abgeleitet) für π den Wert 3,1416.

Ungefähr 650 Jahre später berechnete der Astronom und Leiter des Observatoriums in Samarkand (heute in Turkmenistan) al-Kashi[8] einen Wert für π, der auf 16 Nachkommastellen genau war. Diesen Wert erhielt er durch Approximation des Kreises durch regelmäßige Vielecke nach der Idee des Archimedes.

Alle Überlegungen finden am Einheitskreis statt. al-Kashi startete mit einem einbeschriebenen regelmäßigen Sechseck. Er verdoppelte mit jedem Schritt die Anzahl der Seiten des (einbeschriebenen) regelmäßigen Vielecks. Dieses machte er 27-mal. Wie viele Seiten hatte dann das letzte Vieleck?

al-Kashi benutzte bei seinen Rechnungen nur den Satz des Pythagoras. Wir führen dazu ein paar Bezeichnungen ein. Mit x_1 bezeichnen wir die Seite des Sechsecks, also $x_1 = 1$. Nach $n - 1$ Verdopplungen erhalten wir ein a-Eck, dessen Seitenlänge wir x_n nennen. Die Höhe im Bestimmungsdreieck bezeichnen wir mit h_n. Wie kann man daraus die Seitenlänge x_{n+1} im $2a$-Eck ermitteln?

Suche geschickt rechtwinklige Dreiecke heraus. Dann kannst du zeigen:

$$\text{a)} \quad h_n^2 = 1 - \left(\frac{x_n}{2}\right)^2 \qquad \text{b)} \quad x_{n+1}^2 = 2 - 2 \cdot h_n$$

Zeige: Hieraus folgt $x_{n+1} = \sqrt{2 - \sqrt{4 - x_n^2}}$.

Nach vier Schritten gelangt man zum 96-Eck. Sein Umfang $u_5 = 96 \cdot x_5$ beträgt …

Vergleiche dein Ergebnis mit dem Wert, den Archimedes für seine Approximation mit dem 96-Eck gefunden hat.

---

[7]Archimedes, *Kreismessung,* S. 371.

[8]Sein vollständiger Name ist Ghiyath ad-Din Dschamschid bin Mas'ud bin Muhammad al-Kashi. Im Lehrbrief über den Kreisumfang von 1424 hat er seine Rechnungen veröffentlicht.

1.2.3 Isoperimetrische Approximation nach René Descartes

(© acrogame/stock.adobe.com)

René Descartes (1596-1650)
René Descartes, latinisiert Renatus Cartesius war Philosoph, Mathematiker und Naturwissenschaftler. Sein wohl einflussreichstes Buch hat den Titel *Discours de la méthode pour bien conduire sa raison et chercher la vérité dans les sciences* (1637). In der Mathematik gilt er als Wegbereiter der analytischen Geometrie, die geometrische Probleme durch Übertragung in die Algebra angeht. Eines der wichtigsten Hilfsmittel ist die Einführung von Koordinaten in der Ebene und im Raum. Das nach Descartes benannte kartesische Koordinatensystem taucht allerdings in seinem Werk nicht auf.

▶ **Die Idee von Descartes** Konstruiere näherungsweise zu einem Quadrat einen Kreis mit gleichem Umfang. Dann ist das Verhältnis vom Umfang des Quadrats zum Durchmesser des Kreises gleich π.

Konkret: Wir beginnen mit einem Quadrat der Seitenlänge 2. Dann ist der Einheitskreis der zugehörige Inkreis. Wir zeichnen auch den zugehörigen Umkreis. Dann konstruieren wir schrittweise regelmäßige Vielecke mit doppelter Eckenzahl und gleichem Umfang sowie deren Inkreis und Umkreis (Abb. 1.19). Offensichtlich rücken Inkreis und Umkreis mit jedem Schritt näher zusammen und approximieren immer besser das jeweilige Vieleck. Also hat auch der Grenzkreis den gleichen Umfang wie die Vielecke und das ist der Umfang des Ausgangsquadrats.

Figuren mit gleichem Umfang nennt man auch isoperimetrisch. Deshalb spricht man von isoperimetrischer Approximation.

Bei der Konstruktion entsteht nacheinander ein regelmäßiges 4-, 8-, 16-, 32-, 64-Eck, allgemein ein a-Eck mit $a = 2^{n-1} \cdot 4$ ($n = 1, 2, 3, \ldots$). Wir bezeichnen bei jedem Schritt den Radius des Inkreises mit r_n, den des Umkreises mit R_n. Dann ist $r_1 = 1$ und $R_1 = \sqrt{2}$. Offensichtlich werden die Radien r_n der Inkreise mit wachsendem n immer größer: $r_n < r_{n+1}$. Die Radien R_n der Umkreise werden immer kleiner: $R_{n+1} < R_n$. Der Unterschied zwischen Inkreisradius und Umkreisradius wird immer kleiner.

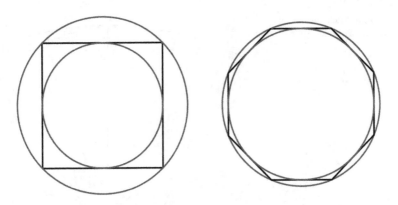

Abb. 1.19 Umfangsgleiche Vielecke mit Inkreis und Umkreis

In der Sprache der Analysis: Die Folge der Intervalle $[r_n, R_n]$ bildet eine Intervallschachtelung (Abschn. 5.3.1), die den Radius r des „Grenzkreises" approximiert. Da alle Vielecke denselben Umfang 8 haben, gilt dies auch für den „Grenzkreis", also $2\pi r = 8$. Demnach gilt $\pi = \frac{4}{r}$.

Umsetzung der Beweisidee
Wir betrachten den Approximationsschritt gleich in der Verallgemeinerung: Wie konstruiert man aus einem a-Eck ein umfangsgleiches $2a$-Eck? Dazu betrachten wir die Konstruktion des $2a$-Ecks in einem vergrößerten Bildausschnitt, der das Bestimmungs-dreieck des a-Ecks enthält (Abb. 1.20).

- AB ist eine Seite des a-Ecks mit dem Mittelpunktswinkel AMB des Bestimmungsdrei-ecks. Die Mittelsenkrechte von AB trifft den Umkreis des a-Ecks im Punkt H.
- Die Punkte C und D sind die Mittelpunkte der Strecken AH und BH. Dann ist die Strecke CD parallel zu AB (warum?) und halb so lang wie AB (warum?).
- Im Dreieck AMH ist MC Seitenhalbierende und folglich (warum?) Winkelhalbierende des Winkels AMH.
- Dann ist der Mittelpunktswinkel CMD halb so groß wie der Mittelpunktswinkel AMB.
- Also ist das Dreieck CMD Bestimmungsdreieck des $2a$-Ecks und das $2a$-Eck hat den gleichen Umfang wie das a-Eck.

Im a-Eck ist der Inkreisradius $r_n = \overline{MF}$ und der Umkreisradius $R_n = \overline{MA} = \overline{MH}$.
Im $2a$-Eck ist der Inkreisradius $r_{n+1} = \overline{MG}$ und der Umkreisradius $R_{n+1} = \overline{MC}$.
Wir zeigen nun:

(1) Der Inkreisradius des $2a$-Ecks ist das arithmetische Mittel aus dem Inkreisradius und dem Umkreisradius des a-Ecks:

$$r_{n+1} = aM(r_n, R_n)$$

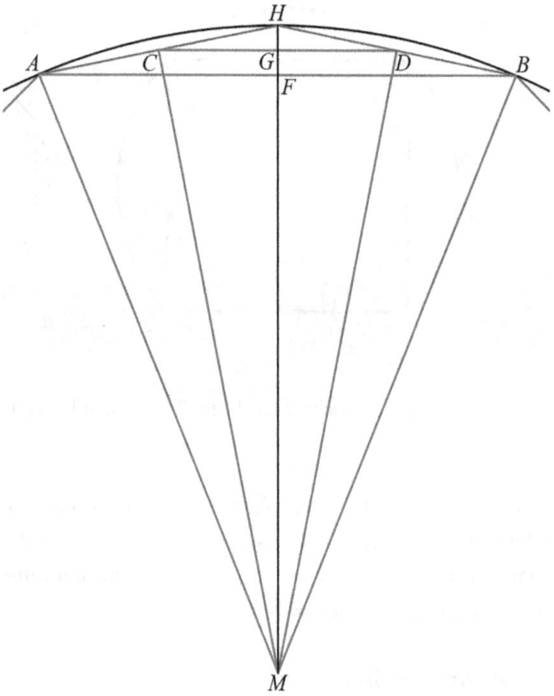

Abb. 1.20 Vom a-Eck zum umfangsgleichen $2a$-Eck

(2) Der Umkreisradius des $2a$-Ecks ist das geometrische Mittel aus dem Inkreisradius des $2a$-Ecks und dem Umkreisradius des a-Ecks:

$$R_{n+1} = gM(r_{n+1}, R_n).$$

Beweis von (1): Man entnimmt der Zeichnung unmittelbar: $\overline{MG} = \frac{1}{2}\left(\overline{MF} + \overline{MH}\right)$,

$$\text{also } r_{n+1} = aM(r_n, R_n).$$

Beweis von (2): Da das Dreieck MHC rechtwinklig ist, gilt nach dem Kathetensatz des Euklid

$$\left(\overline{MC}\right)^2 = \overline{MG} \cdot \overline{MH}, \text{ also } R_{n+1} = gM(r_{n+1}, R_n),$$

Der Umfang $2\pi r_n$ der Inkreise ist immer kleiner, der Umfang $2\pi R_n$ der Umkreise immer größer als der Umfang der Vielecke. Der Umfang der Vielecke ist immer 8. Also ist $2\pi r_n < 8 < 2\pi R_n$ bzw. $\frac{4}{R_n} < \pi < \frac{4}{r_n}$.

Auf diese Weise kann man π näherungsweise berechnen. Nach fünf Schritten (64-Eck) erhält man: $3{,}1403\ldots < \pi < 3{,}1441\ldots$

Noch ein Wort zur Schnelligkeit der Approximation: Es gilt

$$\begin{aligned}
R_{n+1} - r_{n+1} &= gM(r_{n+1}, R_n) - aM(r_n, R_n) \\
&< aM(r_{n+1}, R_n) - aM(r_n, R_n) \\
&= \frac{r_{n+1} - r_n}{2} = \frac{R_n - r_n}{4}.
\end{aligned}$$

Die Differenz von Umkreis- und Inkreisradius der Vielecke wird also mit jedem Schritt mindestens geviertelt; d. h., man gewinnt auch hier wieder alle fünf Schritte mindestens drei Dezimalstellen nach dem Komma.

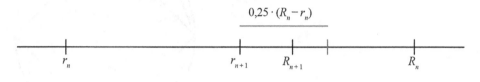

$$0{,}25 \cdot (R_n - r_n)$$

r_n r_{n+1} R_{n+1} R_n

Aufgabe 1.8: Vom regelmäßigen Sechseck zum umfangsgleichen Kreis

Natürlich hätten wir auch statt mit einem Quadrat mit einem regelmäßigen Sechseck der Seitenlänge 1 starten können. Sein Umkreis ist der Einheitskreis. Die Konstruktion der isoperimetrischen Vielecke mit jeweils doppelter Eckenzahl verläuft ganz analog. Sie nähern sich einem Grenzkreis mit gleichem Umfang. Berechne die Inkreis- und Umkreisradien für die ersten fünf Schritte (also bis zum 96-Eck wie bei Archimedes).

Descartes selber hat in einer sehr knapp gehaltenen Schrift, die in seinem Nachlass herausgegeben wurde[9], die Approximation nur mit den Inkreisen der isoperimetrischen Vielecke durchgeführt und dabei auf jede Rechnung verzichtet. Ihm kam es nur auf den Grundgedanken an, wie man zu einem Quadrat einen umfangsgleichen Kreis annähernd konstruieren kann.

1.2.4   Approximation über die Fläche nach Franciscus Vieta

Viete. (© Costa/Leemage/picture alliance)

---

[9]René Descartes, *Circuli Quadratio,* in Charles Adam und Paul Tannery: *Œuvre de René Descartes, tome X,* 1908, S. 304 f. Eine etwas ausführlichere Beschreibung findet man bei Moritz Cantor (nicht zu verwechseln mit seinem Zeitgenossen Georg Cantor, dem Erfinder der Mengenlehre), *Vorlesungen über Geschichte der Mathematik II,* Teubner Leipzig, 1892, S. 853 f.

Abb. 1.21 Ausschöpfung
des Einheitskreises durch
Vielecke

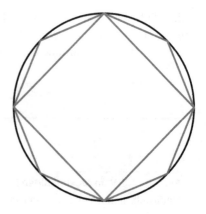

François Viète (1540–1603)

François Viète, latinisiert Franciscus Vieta, war Rechtsberater führender Hugenotten, später Kronjurist. Eigentlich war die Mathematik für Vieta nur ein Hobby, trotzdem wurde er einer der wichtigsten und einflussreichsten Mathematiker. Er wird manchmal auch „Vater der Algebra" genannt, da er das Rechnen mit Buchstaben einführte und systematisch Symbole für Rechenoperationen benutzte. Er erkannte, dass die Symbolsprache beim Lösen mathematischer Probleme weit mehr Möglichkeiten eröffnete als die Umgangssprache. Bis dahin waren algebraische Aufgaben nämlich in Worthüllen eingekleidet, was sie ja nicht leichter machte – wie Schüler heute noch bei Textaufgaben erfahren können.

▶ **Die Idee von Vieta** „Ausschöpfungsmethode"[10]: Beginne mit dem Einheitskreis und einem einbeschriebenen Quadrat. Konstruiere schrittweise einbeschriebene regelmäßige Vielecke mit doppelter Eckenzahl (Abb. 1.21). Die Vielecke schöpfen mit wachsender Eckenzahl den Einheitskreis flächenmäßig aus. Dessen Flächeninhalt beträgt π (vgl. Abschn. 1.1.1).

Das Besondere an Vietas Verfahren ist das Ergebnis. Es ist die erste faszinierende π-Formel, die wir kennenlernen (vgl. Abschn. 4.3). Sie besteht nur aus Wurzeln und der Zahl 2:

$$\pi = 2 \cdot \frac{2}{\sqrt{2}} \cdot \frac{2}{\sqrt{2+\sqrt{2}}} \cdot \frac{2}{\sqrt{2+\sqrt{2+\sqrt{2}}}} \cdot \frac{2}{\sqrt{2+\sqrt{2+\sqrt{2+\sqrt{2}}}}} \cdots$$

Durchführung der Beweisidee

Bei der Konstruktion entstehen nacheinander ein regelmäßiges 4-, 8-, 16-, 32-, 64-Eck, allgemein ein a-Eck mit $a = 2^{n-1} \cdot 4$ ($n = 1, 2, 3, \ldots$). Wir bezeichnen bei jedem Schritt den Flächeninhalt des a-Ecks mit A_n. Wir zeigen den Approximationsschritt vom a-Eck

---

[10]Originalarbeit: Franciscus Vieta, *Variorum de Rebus Mathematics Liber VII* (1593), S. 400 (erhältlich auf der Website der ETH-Bibliothek Zürich).

Abb. 1.22 Vom a-Eck zum
$2a$-Eck

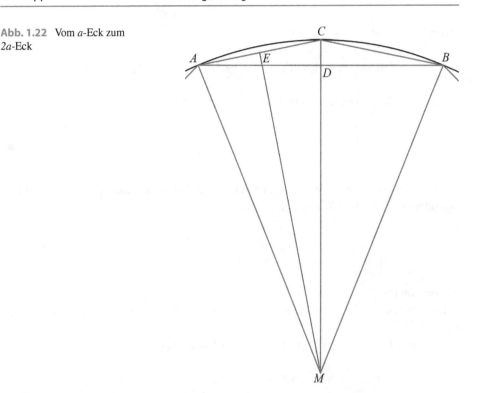

zum $2a$-Eck in einem vergrößerten Ausschnitt, der das Bestimmungsdreieck des a-Ecks enthält (Abb. 1.22).

Das a-Eck besteht aus a solchen gleichschenkligen Bestimmungsdreiecken mit der Basis x_n und der Höhe h_n. Die Schenkel des Bestimmungsdreiecks haben die Länge 1 (Radius des Einheitskreises). Aus der Zeichnung entnehmen wir: $x_n = \overline{AB} = 2 \cdot \overline{AD}, h_n = \overline{MD}$, also : $A_n = a \cdot \overline{AD} \cdot \overline{MD}$.

Das $2a$-Eck besteht aus $2a$ gleichschenkligen Bestimmungsdreiecken mit der Basis x_{n+1} und der Höhe h_{n+1}. Die Schenkel haben die Länge 1. Aus der Zeichnung entnehmen wir:

$$x_{n+1} = \overline{AC} = 2 \cdot \overline{AE}, h_{n+1} = \overline{ME}.$$

$$\text{Also ist} \quad A_{n+1} \quad = 2a \cdot \frac{\overline{AC} \cdot \overline{ME}}{2} = a \cdot \overline{AC} \cdot \overline{ME}$$

$$\text{Demnach gilt } A_{n+1} : A_n \quad = \left(\overline{AC} \cdot \overline{ME}\right) : \left(\overline{AD} \cdot \overline{MD}\right)$$

Die Dreiecke ACD und MCE stimmen in den Winkeln überein, sind also ähnlich. Folglich gilt mit $\overline{MC} = 1$:

$$\overline{AC} : \overline{AD} = \overline{MC} : \overline{ME} = 1 : \overline{ME}$$

$$\text{und demnach } A_{n+1} : A_n = 1 : \overline{MD} = 1 : h_n$$

Also ist

$$A_{n+1} = \frac{1}{h_n} \cdot A_n$$

und entsprechend

$$A_n = \frac{1}{h_{n-1}} \cdot A_{n-1}, A_{n-1} = \frac{1}{h_{n-2}} \cdot A_{n-2}, \ldots, \qquad A_2 = \frac{1}{h_1} \cdot A_1.$$

Wir setzen sukzessive ein und erhalten als Zwischenergebnis:

$$\begin{aligned} A_{n+1} &= \tfrac{1}{h_n} \cdot \tfrac{1}{h_{n-1}} \cdot \ldots \cdot \tfrac{1}{h_1} A_1 \\ &= A_1 \cdot \tfrac{1}{h_1} \cdot \tfrac{1}{h_2} \cdot \tfrac{1}{h_3} \cdot \ldots \cdot \tfrac{1}{h_n} \end{aligned} \qquad (\blacksquare)$$

Das Problem ist verlagert: Wir brauchen nun eine Rekursionsformel für die Höhen in den Bestimmungsdreiecken. Wir zeigen:

$$h_{n+1} = \sqrt{\frac{1+h_n}{2}} = \frac{\sqrt{2+2h_n}}{2} \qquad (\smiley)$$

Beweis von ($\smiley$):

Im Dreieck MCE gilt nach dem Satz des Pythagoras $\overline{ME}^2 = \overline{MC}^2 - \overline{EC}^2 = 1 - \overline{EC}^2$ wegen $\overline{MC} = 1$.

Aus der Ähnlichkeit der Dreiecke ACD und MCE folgt:

$$\begin{aligned} \overline{EC} : \overline{MC} &= \overline{DC} : \overline{AC} \\ &= \overline{DC} : (2 \cdot \overline{EC}) \\ &= (\overline{MC} - \overline{MD}) : (2 \cdot \overline{EC}) \\ &= (1 - \overline{MD}) : (2 \cdot \overline{EC}) \end{aligned}$$

Also ist

$$\overline{EC}^2 = \frac{1 - \overline{MD}}{2} \text{ und } \overline{ME}^2 = \frac{1 + \overline{MD}}{2} \text{ bzw. } h_{n+1}^2 = \frac{1+h_n}{2}.$$

Hieraus folgt ($\smiley$).

Um die Werte der Höhen h_n zu berechnen, starten wir mit $A_2 = 2$ und $h_1 = \frac{\sqrt{2}}{2}$. Mithilfe von ($\smiley$) ergibt sich dann:

$$h_2 = \frac{\sqrt{2+\sqrt{2}}}{2}, h_3 = \frac{\sqrt{2+\sqrt{2+\sqrt{2}}}}{2}, h_4 = \frac{\sqrt{2+\sqrt{2+\sqrt{2+\sqrt{2}}}}}{2}, \ldots$$

Setzt man diese Werte in ($\blacksquare$) ein und führt den Grenzprozess zu Ende, erhält man die faszinierende Formel für π, die nur aus Wurzeln und der Zahl 2 besteht:

$$\pi = 2 \cdot \frac{2}{\sqrt{2}} \cdot \frac{2}{\sqrt{2+\sqrt{2}}} \cdot \frac{2}{\sqrt{2+\sqrt{2+\sqrt{2}}}} \cdot \frac{2}{\sqrt{2+\sqrt{2+\sqrt{2+\sqrt{2}}}}} \cdots$$

Die Formel ist zwar schön, weil sie eine klare Struktur hat, aber wegen der vielen Wurzelberechnungen nicht sehr praktisch. Führt man die Rechnung dennoch durch, stellt man fest: Man gewinnt alle fünf Schritte drei Nachkommastellen mehr – wie bei den Methoden von Archimedes und Descartes. Nach fünf Schritten ist der Einheitskreis durch ein 64-Eck approximiert und man erhält: $\pi \approx 3{,}1365\ldots$

1.3 Quadratur des Kreises

Eine naheliegende Idee, mit geometrischen Mitteln an den exakten Wert von π zu kommen, wäre eine Strecke zu konstruieren, die genauso lang wie der halbe Umfang des Kreises ist. Diese Strecke könnte man dann durch Vergleich mit dem Radius des Kreises messen. Man spricht hier von der **Rektifizierung des Kreises** (vgl. Abb. 1.23).

Äquivalent dazu ist das Problem der **Quadratur des Kreises:** Konstruiere zum Kreis ein flächengleiches Quadrat.

Die Äquivalenz beider Probleme ergibt sich aus folgender Überlegung (in Abb. 1.24 ist der Radius 1 gewählt): Könnte man den Kreis rektifizieren, würde man zunächst ein Rechteck konstruieren, dessen eine Seite so lang wie der halbe Umfang und dessen andere Seite so lang wie der Radius des Kreises ist. Nach dem Höhensatz des Euklid (Abschn. 5.1.4) kann man dieses Rechteck in ein flächengleiches Quadrat verwandeln.

Die andere Richtung geht natürlich auch: Gelänge die Quadratur des Kreises, würde man das Quadrat mit derselben Methode in ein flächengleiches Rechteck verwandeln, dessen eine Seite gleich lang zum Radius des Kreises ist. Die andere Seite wäre dann so lang wie der halbe Kreisumfang.

Die Quadratur des Kreises gehört zu den drei klassischen Problemen der antiken Mathematik. Diese sind:

- Winkeldreiteilung: Unterteile einen beliebig gegebenen Winkel in drei gleich große Winkel.
- Würfelverdopplung („delisches Problem"): Konstruiere zu einem gegebenen Würfel einen Würfel mit dem doppelten Volumen.

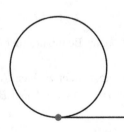

Abb. 1.23 Rektifizierung des Kreises

Abb. 1.24 Äquivalenz von
Rektifizierung und Quadratur
des Kreises

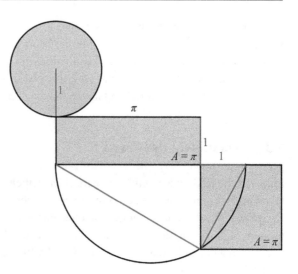

- Quadratur des Kreises: Konstruiere zu einem gegebenen Kreis ein flächengleiches Quadrat.

Zu „Problemen" werden sie allerdings erst durch die Festlegung der Konstruktionsbedingungen:

- Erlaubte Hilfsmittel sind nur die „euklidischen Werkzeuge" Zirkel und (unskaliertes) Lineal.
- Die Anzahl der Konstruktionsschritte muss endlich sein.

Winkeldreiteilung
Dass die Winkeldreiteilung ein Problem sein soll, mag zunächst erstaunen. Den Winkel von 180° kann man ja leicht mit Zirkel und Lineal dreiteilen (wie?), ebenso die Winkel von 90° und von 45°. Außerdem lässt sich bekanntlich jede beliebige Strecke mit Zirkel und Lineal dreiteilen. Das ist eine einfache Anwendung des (ersten) Strahlensatzes. Man könnte versucht sein, diese Tatsache für die Dreiteilung eines beliebigen Winkels zu nutzen, zumal es anschaulich plausibel erscheint. Dies ist aber ein Irrweg (Aufgabe 1.9).

Aufgabe 1.9: Eine falsche Winkeldreiteilung

Konstruiere im Folgenden nur mit Zirkel und Lineal (ohne Benutzung der Winkel- und Streckenskalierung des Geodreiecks).

Zeichne einen beliebigen Winkel α kleiner als 90°, aber nicht zu klein (ca. 70°). Nenne den Scheitelpunkt M. Trage auf den Schenkeln zwei Punkte A und B ab, die gleich weit von M entfernt sind. Konstruiere auf der Strecke AB mit Hilfe des 1. Strahlensatzes zwei Punkte C und D, die die Strecke AB dreiteilen, d. h., die Strecken AC, CD und DB sind gleich lang. Verbinde M mit C und mit D. Es sieht so aus, als ob die Winkel $\sphericalangle AMC$, $\sphericalangle CMD$ und $\sphericalangle DMB$ gleich groß wären.

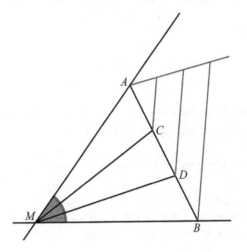

Tatsächlich sind die Winkel $\sphericalangle AMC$ und $\sphericalangle DMB$ gleich groß. Warum?

Aber der Winkel $\sphericalangle CMD$ ist verschieden davon. Betrachte, um dies zu beweisen, das Dreieck AMD. Die Strecke MC ist nach Konstruktion Seitenhalbierende in diesem Dreieck. Wären die Winkel $\sphericalangle AMC$ und $\sphericalangle CMD$ gleich, dann wäre die Strecke MC auch Winkelhalbierende. Kann das sein?

Seit der Antike haben die Menschen über Jahrhunderte hinweg Konstruktionsvorschläge gemacht, die sich alle als fehlerhaft erwiesen haben (Aufgabe 1.10). Das reicht bis in die heutige Zeit, obwohl in der ersten Hälfte des 19. Jahrhunderts bewiesen wurde, dass die Dreiteilung eines beliebigen Winkels mit Zirkel und Lineal in endlich vielen Schritten prinzipiell unmöglich ist (Abschn. 4.5.2). Der Grund liegt wohl darin, dass der Beweis dafür nicht mit geometrischen, sondern mit algebraischen Mittel geführt wird, es also erst der Entwicklung der Algebra und dann der Zusammenschau von Geometrie und Algebra bedurfte.

Aufgabe 1.10: Winkeldreiteilung nach Archimedes

Zeichne (in der rechten Hälfte deines Zeichenblattes) einen beliebigen Winkel α kleiner als 90°, aber nicht zu klein (ca. 70°). Nenne den Scheitelpunkt M. Verlängere den festen Schenkel („nach links") über M hinaus. Schlage einen Kreis um M, der den festen Schenkel des Winkels in Q und den freien Schenkel in P schneidet.

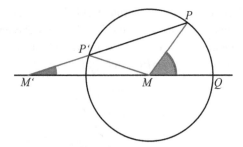

Winkeldreiteilung nach Archimedes

Nimm nun ein leeres Blatt Papier (=Lineal) und bringe am Rand zwei Markierungen M' und P' an, deren Entfernung gleich dem Radius deines Kreises ist, also $M'P' = MP = MQ$.

Passe das Blatt Papier so in die Zeichnung ein, dass

- der Rand des Blattes stets durch den Punkt P geht,
- M' auf dem verlängerten festen Schenkel von α so weit verschoben wird, bis
- P' auf dem Kreis um M liegt (siehe Abbildung).

Wenn du es geschafft hast, nenne den Punkt auf dem verlängerten festen Schenkel von α ebenfalls M' und den Punkt auf dem Kreis P'.

Behauptung: Der Winkel $\beta = \sphericalangle P'M'M$ beträgt ein Drittel des Winkels α.

Tipp: Trage noch die Strecke MP' ein und betrachte die Winkel in den entstandenen Dreiecken.

Warum erfüllt diese Winkeldreiteilung nicht die klassischen Konstruktionsbedingungen?

Würfelverdopplung

Zu der Würfelverdopplung gibt es eine Legende aus dem antiken Griechenland. Um 430 v.Chr. herrschte auf der Insel Delos eine Pestepidemie. In ihrer Not befragten die Bewohner das Orakel von Delphi. „Verdoppelt den Altar im Tempel des Apollon", bekamen sie zu hören. Der Altar hatte die Form eines Würfels. Die Aufforderung bestand also darin, zu einem gegebenen Würfel einen anderen zu konstruieren, der dem Volumen nach doppelt so groß war. Auch das sollte doch eigentlich gelingen, ist es doch kein Problem, zu einem gegebenen Quadrat mit Zirkel und Lineal ein flächenmäßig doppelt so großes zu konstruieren.

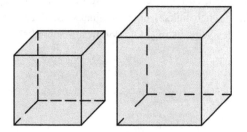

Ein Würfel mit der Kantenlänge a hat das Volumen a^3. Der doppelt so große Würfel hat das Volumen $2a^3$. Seine Kantenlänge beträgt $\sqrt[3]{2} \cdot a$. Es geht also darum, ausgehend von einer Einheitsstrecke mit Zirkel und Lineal in endlich vielen Schritten eine Strecke der Länge $\sqrt[3]{2}$ zu konstruieren. Schon in der Antike gab es zahlreiche Lösungsvorschläge, die auch gute Näherungen lieferten, aber nie den exakten Wert, jedenfalls nicht in endlich vielen Schritten.

Der Grund für diese Fehlschläge offenbarte sich wie bei der Winkeldreiteilung ebenfalls erst in der ersten Hälfte des 19. Jahrhunderts. Die Argumentation lieferte die Algebra.

Quadratur des Kreises
Im Vergleich zu der Winkeldreiteilung und der Verdopplung des Würfels schien die Quadratur des Kreises schon etwas schwieriger, aber auch nicht unlösbar. Hippokrates von Chios (5. Jh. v.Chr., nicht zu verwechseln mit dem Arzt Hippokrates von Kos, auf den der „hippokratische Eid" zurückgeht) hatte gezeigt, dass man eine durch Kreisbögen begrenzte Fläche, die „Möndchen des Hippokrates", mit den obigen Konstruktionsbedingungen in ein flächengleiches Quadrat verwandeln kann.

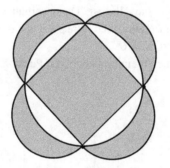

Beweis ohne Worte (Denke an Pythagoras!)

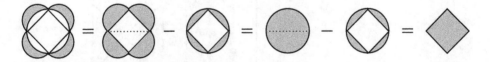

Die Quadratur der „Möndchen des Hippokrates" ist also möglich. Warum sollte dann nicht auch die Quadratur des Kreises möglich sein?

Es klingt unwahrscheinlich, aber erst 1882 bewies Ferdinand von Lindemann, dass die Quadratur des Kreises unter den obigen Konstruktionsbedingungen unmöglich ist. Typisch für die Mathematik ist, dass der Beweis hierfür nicht mit geometrischen Argumenten gelingt, sondern der Entwicklung ganz neuer Gebiete (Algebra und in diesem Fall auch Analysis) und der Übertragung des Problems in die neue Denkweise bedurfte (Abschn. 4.5.2).

Wenn man allerdings eine der obigen Konstruktionsbedingungen fallen lässt, gelingt die Quadratur oder, was dazu äquivalent ist, die Rektifizierung des Kreises. Entsprechende Lösungen gab es schon in der Antike. Wir stellen zwei davon vor.

1.3.1 Rektifizierung des Kreises mit der Quadratrix des Hippias

Die Quadratrix ist eine kinematisch erzeugte Figur (Abb. 1.25).

Ein Strahl OA dreht sich mit gleichförmiger Geschwindigkeit gegen den Uhrzeigersinn um O. Gleichzeitig bewegt sich von A aus eine zu AO senkrechte Gerade mit gleichförmiger Geschwindigkeit zum Punkt O hin. Der Schnittpunkt des Strahls um O und der Gerade senkrecht zu AO beschreibt eine Kurve, die Quadratrix.

Nehmen wir als Beispiel den Strahl OP und die Senkrechte auf AO in Q: Der Schnittpunkt der beiden Linien ist der Punkt X, ein Punkt der Quadratrix.

Was bedeutet in beiden Fällen „mit gleichförmiger Geschwindigkeit"? Das soll heißen: Wenn sich der Strahl von OA bis OP gedreht und sich die Senkrechte von A aus bis Q bewegt hat, dann verhält sich der vom Punkt P zurückgelegte Kreisbogen $\overset{\frown}{AP}$ zum Viertelkreis $\overset{\frown}{AB}$ wie die von Q zurückgelegte Strecke $\overline{AQ}$ zur Strecke $\overline{AO}$ (dem Radius des Viertelkreises). Oder, was dasselbe ist: Dann verhält sich der vom Punkt P noch zurückzulegende Kreisbogen $\overset{\frown}{PB}$ zum Viertelkreis $\overset{\frown}{AB}$ wie die vom Punkt Q noch zurückzulegende Strecke $\overline{QO}$ zur Strecke $\overline{AO}$.

In Formeln gefasst: Für die zu einem beliebigen Punkt X der Quadratrix gehörenden Punkte P und Q gilt

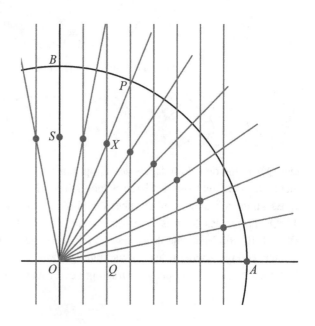

Abb. 1.25 Quadratrix des Hippias von Elis (um 420 v.Chr.)

$\widehat{PB} : \widehat{AB} = \overline{QO} : \overline{AO}$ oder umgestellt $\widehat{PB} : \overline{QO} = \widehat{AB} : \overline{AO}$.

Das Verhältnis der Bogenlänge des Viertelkreises $\widehat{AB}$ zum Kreisradius $\overline{AO}$ beträgt $\frac{\pi}{2}$. Folglich gilt für die zu einem beliebigen Punkt X der Quadratrix gehörenden Punkte P und Q immer

$$\widehat{PB} : \overline{QO} = \frac{\pi}{2}.$$

Der Punkt S ist der für die Rektifizierung des Kreises entscheidende Punkt.

Behauptung:

$$\overline{BO} : \overline{SO} = \widehat{AB} : \overline{AO} = \frac{\pi}{2}$$

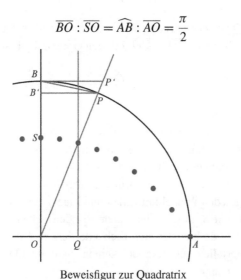

Beweisfigur zur Quadratrix

Beweis

Die Strecke $\overline{B'P}$ ist kürzer als die Bogenlänge $\widehat{BP}$ (warum?). Dass die Bogenlänge $\widehat{BP}$ kürzer als die Strecke $\overline{BP'}$ ist, sieht man nicht sofort. Wir argumentieren deshalb über die Flächen des Kreissektors $\widehat{BOP}$ und des Dreiecks $\triangle BOP'$. Der Flächeninhalt des Kreissektors ist kleiner als der des Dreiecks:

$$A_{\widehat{BOP}} < A_{\triangle BOP'}$$

Der Flächeninhalt des Dreiecks beträgt

$$A_{\triangle BOP'} = \frac{1}{2} \cdot \overline{BO} \cdot \overline{BP'}.$$

Der Flächeninhalt des Kreissektors verhält sich zur Kreisfläche $\left(\pi \cdot \overline{BO}^2\right)$ wie die Bogenlänge $\widehat{BP}$ zum Kreisumfang $(2\pi \cdot \overline{BO})$. Es gilt demnach

$$A_{\widehat{BOP}} = \frac{1}{2} \cdot \overline{BO} \cdot \widehat{BP}.$$

Aus $A_{\widehat{BOP}} < A_{BOP'}$ folgt dann $\widehat{BP} < \overline{BP'}$.

Wir fassen die beiden Ungleichungen zusammen: $\overline{B'P} < \widehat{BP} < \overline{BP'}$

Die Division durch $\overline{QO}$ ergibt $\qquad \overline{B'P} : \overline{QO} < \widehat{BP} : \overline{QO} < \overline{BP'} : \overline{QO}$.

Wegen $\widehat{BP} : \overline{QO} = \frac{\pi}{2}$ ist $\qquad \overline{B'P} : \overline{QO} < \frac{\pi}{2} < \overline{BP'} : \overline{QO}$.

Die Dreiecke BOP' und $B'OP$ sind zu dem Dreieck OXQ ähnlich, denn sie sind rechtwinklig und der Winkel SOX ist Wechselwinkel zum Winkel OXQ. Also gilt:

$\overline{BP'} : \overline{QO} = \overline{BO} : \overline{XQ}$ und $\overline{B'P} : \overline{QO} = \overline{B'O} : \overline{XQ}$.

Folglich ist

$$\overline{B'O} : \overline{XQ} < \frac{\pi}{2} < \overline{BO} : \overline{XQ}.$$

Je näher P an B bzw. Q an O heranrückt, umso näher rückt B' an B und X an S heran und umso kleiner wird die Differenz $\overline{BO} - \overline{B'O}$. Für den Grenzfall gilt also:

$$\overline{BO} : \overline{SO} = \frac{\pi}{2}$$

Damit ist die Behauptung bewiesen.

Abb. 1.25 zeigt, wie man durch fortgesetztes Halbieren entsprechender Winkel und Strecken – eine elementare Konstruktion mit den euklidischen Instrumenten Zirkel und Lineal – beliebig viele Punkte der Quadratrix exakt konstruieren kann. Aber nicht alle Punkte der Quadratrix lassen sich so konstruieren. Das liegt u. a. daran, dass man zwar jede Strecke, aber nicht jeden Winkel mit Zirkel und Lineal dreiteilen kann.

Insbesondere der Punkt S, in dem die Quadratrix den Schenkel OB trifft, lässt sich nicht exakt konstruieren, da hier der sich drehende Schenkel und die sich bewegende Senkrechte aufeinanderfallen, es folglich keinen Schnittpunkt gibt. Er lässt sich allerdings beliebig genau approximieren.

Hat man den Punkt S näherungsweise bestimmt, folgt die Rektifizierung des Viertelkreises dann durch Anwendung des Strahlensatzes.

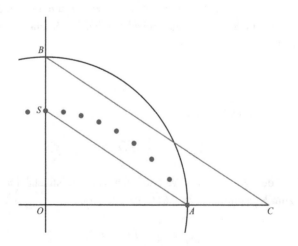

Es gilt $\overline{CO} : \overline{AO} = \overline{BO} : \overline{SO} = \overset{\frown}{AB} : \overline{AO}$, also $\overline{CO} = \overset{\frown}{AB}$.

Die Strecke $\overline{CO}$ ist so lang wie der Bogen $\overset{\frown}{AB}$ des Viertelkreises und durch Vervierfachen der Strecke $\overline{CO}$ mit Zirkel und Lineal erhalten wir eine Strecke, die so lang ist wie der Umfang des Kreises mit dem Radius $\overline{AO}$.

Noch einmal gesagt: Die Rektifizierung des Kreises gelingt nur über den Schnittpunkt S der Quadratrix mit dem Radius $\overline{BO}$. Den kann man aber nicht in endlich vielen Schritten mit Zirkel und Lineal exakt konstruieren. Diese „Lösung" ist also keine im klassischen Sinne der Problemstellung.

Aufgabe 1.11: Winkeldreiteilung mit der Quadratrix

Mithilfe der Quadratrix kann man einen beliebigen Winkel dreiteilen.

Zeichne zunächst eine Quadratrix wie in Abb. 1.25. Wähle als Radius des Viertelkreises 8 cm, konstruiere mit Zirkel und Lineal (also ohne Winkelmesser!) acht Punkte der Quadratrix. Verbinde sie freihändig zu einer Kurve. Wähle nun einen beliebigen Drehwinkel α (nicht zu klein, ca. 70°) und den zugehörigen Punkt X der Quadratrix. Er soll **nicht** mit einem der acht konstruierten Punkte zusammenfallen.

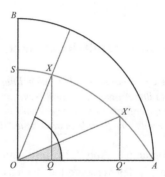

Der Winkel $\alpha = \sphericalangle XOA$ soll nun mit Zirkel und Lineal und mithilfe der Quadratrix gedrittelt werden.

Fälle das Lot von X auf die Strecke OA und nenne den Fußpunkt Q. Drittele die Strecke QA mit Zirkel und Lineal. Bezeichne den Teilpunkt, der A am nächsten liegt, mit Q'. Errichte in Q' die Senkrechte auf die Strecke OA und nenne den Schnittpunkt mit der Quadratrix X'. Der Winkel $\alpha' = \sphericalangle X'OA$ beträgt ein Drittel des Winkels $\alpha = \sphericalangle XOA$. (Prüfe mit dem Winkelmesser.) Begründe mithilfe der Konstruktionsidee der Quadratrix.

Natürlich haben wir bei diesem Verfahren nicht nur die euklidischen Instrumente Zirkel und Lineal benutzt, sondern zusätzlich noch die Quadratrix. Aber die haben wir doch mithilfe von Zirkel und Lineal konstruiert. Also ...?

Abb. 1.26 Archimedische Spirale

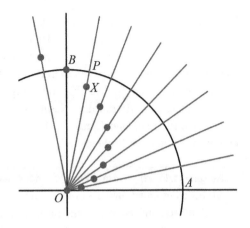

Den kritischen Punkt S haben wir zwar nicht benötigt, wohl aber den Punkt X auf der Quadratrix. Kann man jeden beliebigen Punkt X der Quadratrix mit Zirkel und Lineal konstruieren?

1.3.2   Rektifizierung des Kreises mit der archimedischen Spirale

„Wird eine gerade Linie um einen dabei festbleibenden Endpunkt gleichförmig in einer Ebene herumgedreht, bis sie in ihre Anfangslage zurückkehrt, und bewegt sich, während die Gerade sich dreht, ein Punkt gleichförmig auf der geraden Linie, von dem festen Endpunkt ausgehend, so beschreibt der Punkt eine Spirale in der Ebene.“ (Archimedes[11]).

Wir veranschaulichen den Vorgang in Abb. 1.26. In einem Kreis mit den senkrechten Radien OA und OB betrachten wir den verlängerten Radius OA als Strahl, der sich gegen den Uhrzeigersinn um O dreht. Auf diesem Strahl bewegt sich von O aus der Punkt X. Wir setzen fest, dass der Punkt X nach einer Vierteldrehung des Strahls im Punkt B landet.

Was bedeutet es, dass sich der Strahl und der Punkt „mit gleichförmiger Geschwindigkeit" bewegen?

---

[11] *Über Spiralen.* In: *Archimedes' Werke.* Mit modernen Bezeichnungen hg. und mit einer Einleitung versehen von Thomas L. Heath. Deutsch von Fritz Kliem. O. Häring, Berlin 1914, Internet Archive, S. 286.

Das soll heißen: Wenn der Strahl sich von OA bis OP gedreht und der Punkt sich von O bis X bewegt hat, dann verhält sich der vom Punkt P zurückgelegte Kreisbogen $\overset{\frown}{AP}$ zum Viertelkreis $\overset{\frown}{AB}$ wie die von X zurückgelegte Strecke $\overline{OX}$ zum Radius $\overline{OP}$ des Viertelkreises. Anders ausgedrückt: Dann verhält sich der vom Punkt P noch zurück-zulegende Kreisbogen $\overset{\frown}{BP}$ zum Viertelkreis $\overset{\frown}{AB}$ wie die von X noch zurückzulegende Strecke $\overline{PX}$ zur Strecke $\overline{PO}\,(=\overline{BO})$.

In Formeln gefasst: Für einen beliebigen Punkt X der Spirale und den zugehörigen Kreispunkt P gilt

$$\overset{\frown}{BP} : \overset{\frown}{AB} = \overline{PX} : \overline{BO} \text{ oder umgestellt } \overline{PX} : \overset{\frown}{BP} = \overline{BO} : \overset{\frown}{AB}.$$

Die Zeichnung zeigt, wie man durch fortgesetztes Halbieren von Winkeln und Strecken – eine elementare Konstruktion mit den euklidischen Instrumenten Zirkel und Lineal – beliebig viele Punkte der Spirale exakt konstruieren kann.

Nun kommt die für die Rektifizierung des Kreises entscheidende Konstruktion: Die Spirale schneidet den Kreis in B. Wir denken uns in B die Tangente an die Spirale gezeichnet, die den Strahl OA im Punkt T schneidet.

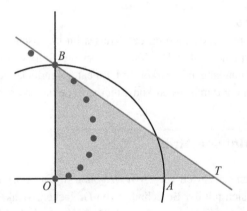

Wir zeigen gleich, dass die Strecke $\overline{OT}$ dieselbe Länge hat wie der Bogen $\overset{\frown}{AB}$ des Viertelkreises. Durch Vervierfachen der Strecke $\overline{OT}$ mit Zirkel und Lineal erhalten wir also eine Strecke, die so lang ist wie der Umfang des Kreises mit dem Radius $\overline{OA}$.

Beweis der Behauptung: $\overline{OT} = \overset{\frown}{AB}$

Dazu bestimmen wir die Steigung der Tangente an die Spirale im Punkt B auf zwei Weisen. Zum einen hat die Tangente die Steigung $\overline{BO} : \overline{OT}$. Zum anderen betrachten wir ein Steigungsdreieck $BB'X'$ in der Nähe von B; es gilt

$$\overline{BO} : \overline{OT} = \overline{BB'} : \overline{B'X'}.$$

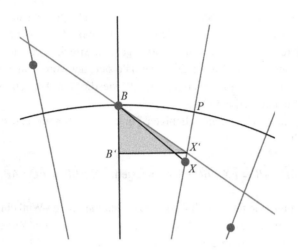

Je näher man mit P an B heranrückt, umso mehr rücken X' und X zusammen, sodass man $\overline{BB'}$ durch $\overline{PX}$ sowie $\overline{B'X'}$ durch $\widehat{BP}$ ersetzen kann. Dann gilt: $\overline{BB'} : \overline{B'X'} = \overline{PX} : \widehat{BP}$

Aufgrund der Konstruktion der Spirale wissen wir: $\overline{PX} : \widehat{BP} = \overline{BO} : \widehat{AB}$

Im Grenzfall gilt also $\overline{BO} : \overline{OT} = \overline{BO} : \widehat{AB}$.

Mithin ist $\overline{OT} = \widehat{AB}$.

Warum ist dies keine Rektifizierung des Kreises im klassischen Sinne der Problemstellung? Der Knackpunkt lautet: Die Tangente an die Spirale im Punkt B lässt sich nicht wie eine Kreistangente mit Zirkel und Lineal in endlich vielen Schritten exakt konstruieren, sondern nur durch (exakt konstruierbare) Sekanten approximieren.

1.4 π in der Trigonometrie

Die Trigonometrie von griechisch τρίγωνον (*trígonon,* dt. Dreieck) und μέτρον (*métron,* dt. Maß) beschäftigt sich mit der Berechnung von Dreiecken: Winkel und Seiten werden rechnerisch miteinander in Beziehung gesetzt. Dazu ist als Erstes der Winkelbegriff zu klären: Was versteht man unter einem Winkel und wie misst man ihn?

In der Trigonometrie wird die Ähnlichkeitslehre vertieft (Abschn. 5.1.3): Ähnliche Dreiecke werden in ihrer Form einerseits durch entsprechende Winkel bestimmt, andererseits durch die Verhältnisse ihrer Seitenlängen. Die zentrale Erkenntnis der Trigonometrie lautet: Die Beherrschung der Seitenverhältnisse im rechtwinkligen Dreieck macht die Beherrschung der Beziehungen zwischen Winkeln und Seiten in einem beliebigen Dreieck möglich. So werden zunächst am rechtwinkligen Dreieck Sinus und Kosinus definiert, um dann auf beliebige Winkel verallgemeinert zu werden. Dadurch öffnet sich der Blick für eine funktionale Betrachtung, die trigonometrischen Funktionen und ihre Eigenschaften.

Abb. 1.27 Vermessung der Breite eines Flusses mittels Triangulation (Levin Hulsius 16. Jahrhundert)

Die Ursprünge der trigonometrischen Funktionen wurden aber nicht – wie die Namen vielleicht vermuten lassen – in der griechisch-römischen Antike, sondern erst von den Indern im 5. Jahrhundert n. Chr. entwickelt.

Die Trigonometrie stand ab dem 16. Jahrhundert im Interesse von Landvermessung und Astronomie. Mithilfe von Winkelmessgeräten wie dem Quadranten wurden Winkel visiert und genutzt, um unzugängliche Stellen im Gelände mittels geeigneter Dreiecke zu vermessen (Abb. 1.27). Mithilfe der Triangulation gelang es zur Zeit der Französischen Revolution, den Umfang der Erde über die Vermessung eines Längenmeridians zu ermitteln. Das Ergebnis lieferte die Grundlage für die Definition des Meters als zehn-millionster Teil des Abstands zwischen Pol und Äquator. Es sollte ein gemeinsames Maß „für alle Zeiten und alle Völker" werden. Mit der Festlegung des Meters begann sich das Dezimalsystem in Europa auch bei anderen Größen durchzusetzen.

1.4.1   Winkelbegriff und Winkelmaß

Der Winkel ist ein relationaler Begriff. Wenn sich zwei Geraden schneiden, entstehen vier Winkel, von denen jeweils zwei gleich groß sind (Abb. 1.28). Ein Winkel ist also ein

Abb. 1.28   Schnittwinkel

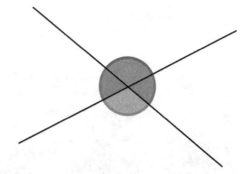

geometrisches Gebilde, das aus zwei Halbgeraden (Strahlen) mit einem gemeinsamen Anfangspunkt besteht. Schenkel und Scheitel sind die jeweiligen Fachausdrücke. Wie soll man die Größe zweier Winkel vergleichen? Offensichtlich ist die Fläche zwischen den beiden Schenkeln, das Winkelfeld, bei einem größeren Winkel größer. Aber als absolutes Maß eignet sich das Winkelfeld nicht, da es unbeschränkt groß ist.

Man kann sich den Winkel auch als Beschreibung eines Richtungswechsels, einer Drehung denken (Abb. 1.29). Der Scheitel ist der Drehpunkt und die beiden Schenkel geben Ausgangs- und Endrichtung an. Man spricht auch vom festen und vom freien Schenkel.

Aber mit „Richtung" haben wir nur einen anderen Begriff herangezogen, der nicht weniger schwierig zu präzisieren ist. Die Vorstellung der Drehung hilft trotzdem weiter. Bei einer solchen Drehung bewegt sich jeder vom Scheitel verschiedene Punkt des Strahls auf einem Kreis um den Scheitel. Bei einer Volldrehung kehrt er wieder in seine Ausgangslage zurück. Ein Winkel ist also ein Teil einer solchen Volldrehung.

Kreisläufe gibt es viele in unserer Welt. Einer, der die Menschen seit jeher fasziniert und zu Beobachtungen angeregt hat, ist der Jahreskreislauf. Ob es die rund 360 Tage des Jahres sind und die Tatsache, dass man den Kreis durch Abtragen des Radius in sechs gleiche Teile zerlegen kann, was die Babylonier im Vorderen Orient vor über 4000 Jahren dazu geführt hat, die Zahlen im Sechzigersystem darzustellen, bleibt Spekulation. Tatsache ist, dass wir auch heute noch das Sechzigersystem der Babylonier verwenden, wenn wir Winkel durch Gradzahlen messen. Der Vollwinkel beträgt 360°, der gestreckte Winkel 180°, der rechte Winkel 90° usw. Die Absicht vor gut 200 Jahren (zur Zeit der Französischen Revolution) auch hier das Dezimalsystem einzuführen, indem man für den rechten Winkel 100 Neugrad definiert, hat sich nicht durchgesetzt.

Abb. 1.29   Drehwinkel

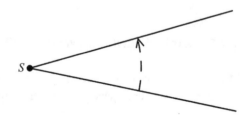

Abb. 1.30 Gradmaß und
Bogenmaß

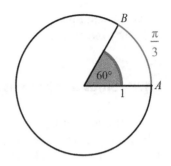

Dagegen hat sich aber folgende Maßeinheit etabliert, die sich aus der Interpretation als Drehwinkel des sich um den Scheitelpunkt drehenden freien Schenkels ergibt. Ein vom Scheitel verschiedener Punkt des Strahls legt dabei einen Kreisbogen zurück. Zu verschiedenen Punkten auf dem Strahl gehören verschieden lange Kreisbögen; aber das Verhältnis der Bogenlänge zur Entfernung vom Scheitelpunkt, zum Radius des Kreises, ist jeweils gleich. Dieses Verhältnis ist ein Maß für den Winkel, das sogenannte Bogenmaß. Im Gegensatz zur Bogenlänge gibt das Bogenmaß ein Verhältnis von Längen an, ist also eine unbenannte Größe. Nur am Einheitskreis (Radius 1) liefert das Bogenmaß die Maßzahl für die Bogenlänge (Abb. 1.30).

In der Physik wird das Bogenmaß oft anstelle des Gradmaßes benutzt. Die Beziehungen zwischen verschiedenen Größen werden hier durch Gleichungen oder Funktionen beschrieben und es ist sinnvoll, dabei die quantitativen Angaben in demselben Zahlensystem, unserem gewohnten Dezimalsystem, darzustellen. Also erfolgen auch Winkelangaben nicht im Gradmaß (im Sechzigersystem), sondern im Bogenmaß.

Im Alltag benutzen wir das Bogenmaß dagegen selten. Das liegt sicher auch an der mangelnden Anschaulichkeit ganzzahliger Bogenmaße. Das Bogenmaß π entspricht im Gradmaß 180°, dann entspricht das Bogenmaß 1 etwas mehr als 57°, und dieser Winkel hat nicht dieselbe anschauliche Prägnanz wie der durch das Gradmaß 60° beschriebene. Den anschaulich prägnanten Winkeln entspricht nur dann ein prägnantes Bogenmaß, wenn man es als Bruchteil oder Vielfaches von π darstellt.

Grad	0°	30°	45°	60°	90°	180°	270°	360°
Bogenmaß	0	$\frac{\pi}{6}$	$\frac{\pi}{4}$	$\frac{\pi}{3}$	$\frac{\pi}{2}$	π	$\frac{3\pi}{2}$	2π

Der Winkel als Maß für eine Drehung („Drehwinkel") erfordert noch eine Vereinbarung über die Drehrichtung: Drehungen entgegengesetzt zum Uhrzeigersinn werden mit positivem Grad- oder Bogenmaß angegeben, Drehungen im Uhrzeigersinn mit entsprechendem negativem Grad- oder Bogenmaß.

Natürlich kann man auch über den Vollwinkel hinaus drehen und erhält dann Drehwinkel größer als 360° bzw. 2π. Der Schnittpunkt des sich drehenden freien Schenkels mit dem Einheitskreis um den Scheitelpunkt wiederholt sich dann periodisch. Zu jedem

Punkt auf dem Einheitskreis gehören also unendlich viele Winkel, die sich um Vielfache von 360° bzw. 2π unterscheiden.

1.4.2   Sinus und Kosinus am rechtwinkligen Dreieck

In der Trigonometrie geht es um den rechnerischen Zusammenhang von Winkeln und Seiten im Dreieck. Ausgangspunkt dafür sind die elementargeometrischen Aussagen, dass Dreiecke mit gleichen Winkeln zueinander ähnlich sind und in ähnlichen Figuren das Seitenverhältnis entsprechender Seiten konstant ist.

Als Spezialfall werden zunächst rechtwinklige Dreiecke betrachtet und Sinus und Kosinus als solche **Seitenverhältnisse.** Sie sind deshalb zunächst nur definiert für Winkel zwischen 0° und 90°.

$$\sin \alpha = \frac{\text{Gegenkathete}}{\text{Hypotenuse}} = \frac{a}{c} \qquad \cos \alpha = \frac{\text{Ankathete}}{\text{Hypotenuse}} = \frac{b}{c}$$

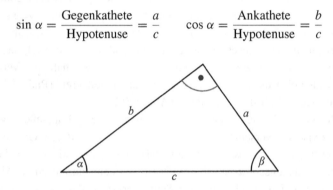

Da im rechtwinkligen Dreieck $\alpha + \beta = 90°$ ist, gilt $\sin (90° - \alpha) = \cos \alpha$ und $\cos (90° - \alpha) = \sin \alpha$.

Aus der Definition folgt, dass die Werte von Sinus und Kosinus zwischen 0 und 1 liegen. Indem man entsprechende rechtwinklige Dreiecke betrachtet und den Satz des Pythagoras anwendet, erhält man die Werte für die Winkel von 30° und 60° sowie von 45° bzw. von $\frac{\pi}{6}$ und $\frac{\pi}{3}$ sowie von $\frac{\pi}{4}$.

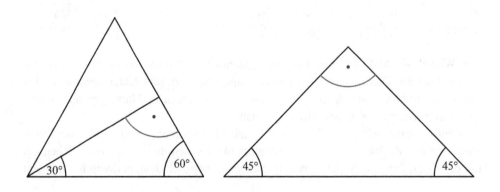

$$\sin 30° = \cos 60° = \frac{1}{2} \qquad \sin \frac{\pi}{6} = \cos \frac{\pi}{3} = \frac{1}{2} \qquad \sin 45° = \sin \frac{\pi}{4} = \frac{1}{2} \cdot \sqrt{2}$$

$$\sin 60° = \cos 30° = \frac{1}{2} \cdot \sqrt{3} \quad \sin \frac{\pi}{3} = \cos \frac{\pi}{6} = \frac{1}{2} \cdot \sqrt{3} \quad \cos 45° = \cos \frac{\pi}{4} = \frac{1}{2} \cdot \sqrt{2}$$

Betrachtet man die Sinus- und Kosinuswerte des Winkels 30° genauer, so fällt die folgende Gesetzmäßigkeit auf: $(\sin 30°)^2 + (\cos 30°)^2 = 1$. Gleiches gilt für den Winkel 45°. Sie trifft jedoch auf jeden beliebigen Winkel α zwischen 0 und 90° zu. Denn im rechtwinkligen Dreieck gilt der Satz des Pythagoras: $a^2 + b^2 = c^2$. Dividiert man durch c^2 und nutzt die Definitionen von Sinus und Kosinus, erhält man die

Trigonometrische Variante des Satzes von Pythagoras

$$(\sin \alpha)^2 + (\cos \alpha)^2 = 1$$

Die Berechnung der Werte für Sinus und Kosinus außer bei den oben aufgeführten Winkeln ist auf so elementare Weise nicht möglich. Deshalb wurden sie bis zur Einführung der Taschenrechner in Tabellen festgehalten, um mit ihnen in Anwendungen arbeiten zu können (Abb. 1.31).

Für die Tabellierung wäre hilfreich, wenn man aus dem bekannten Sinus- oder Kosinuswert eines Winkels (z. B. 30°) den Sinus- oder Kosinuswert des halben Winkels (z. B. 15°) berechnen könnte oder aus den Sinus- oder Kosinuswerten zweier Winkel (z. B. 30° und 45°) den Sinus- oder Kosinuswert der Summe der beiden Winkel (z. B. 75°).

Ein einfacher Zusammenhang wäre $\sin(\alpha + \beta) = \sin \alpha + \sin \beta$ bzw. $\cos(\alpha + \beta) = \cos \alpha + \cos \beta$. Leider sind beide Gleichungen falsch, wie man sich

sin φ				0° ≦ φ ≦ 45°							cos φ
	0′	6′	12′	18′	24′	30′	36′	42′	48′	54′	60
Grad →	,0	,1	,2	,3	,4	,5	,6	,7	,8	,9	1,0
0	0	0,00175	00349	00524	00698	00873	0105	0122	0140	0157	0175	89
1	0,0175	0192	0209	0227	0244	0262	0279	0297	0314	0332	0349	88
2	0349	0366	0384	0401	0419	0436	0454	0471	0489	0506	0523	87
3	0523	0541	0558	0576	0593	0610	0628	0645	0663	0680	0698	86
4	0,0698	0715	0732	0750	0767	0785	0802	0819	0837	0854	0872	85
5	0872	0889	0906	0924	0941	0958	0976	0993	1011	1028	1045	84
6	1045	1063	1080	1097	1115	1132	1149	1167	1184	1201	1219	83
7	0,1219	1236	1253	1271	1288	1305	1323	1340	1357	1374	1392	82
8	1392	1409	1426	1444	1461	1478	1495	1513	1530	1547	1564	81
9	1564	1582	1599	1616	1633	1650	1668	1685	1702	1719	1736	80
10	0,1736	1754	1771	1788	1805	1822	1840	1857	1874	1891	1908	79

Abb. 1.31 Sinustafel. (Quelle: Klett, Mathematisches Tafelwerk, 1960)

am Gegenbeispiel $\alpha = \beta = 30°$ klarmachen kann. Die Zusammenhänge sind etwas komplizierter. Wegen ihrer Tragweite – auch wir werden sie noch häufiger benutzen – haben sie als Sätze über die Sinus- und Kosinuswerte der Summe zweier Winkel einen besonderen Namen erhalten, sie heißen Additionstheoreme und lauten:

Additionstheoreme

$$\sin(\alpha + \beta) = \sin \alpha \cdot \cos \beta + \cos \alpha \cdot \sin \beta$$
$$\cos(\alpha + \beta) = \cos \alpha \cdot \cos \beta - \sin \alpha \cdot \sin \beta$$

Beweis

Zum Beweis zeichnen wir eine Figur, aus der wir die Bestandteile der Additionstheoreme einfach herauslesen können (Abb. 1.32). Da Sinus und Kosinus nur für Winkel kleiner als 90° erklärt sind, muss auch $\alpha + \beta$ kleiner als 90° sein.

Wir beginnen mit den Winkeln α und β und ihrer Summe $\alpha + \beta$. Auf dem freien Schenkel von $\alpha + \beta$ legen wir einen Punkt A fest. Von A aus fällen wir das Lot auf den festen Schenkel von α (Punkt B) und auf den freien Schenkel von α (Punkt C). Damit erhalten wir die beiden rechtwinkligen Dreiecke OAB und OAC. Von C aus fällen wir das Lot auf den festen Schenkel von α (Punkt D) und auf die Gerade AB (Punkt E) und erhalten die beiden rechtwinkligen Dreiecke OCD und ACE. Der Winkel CAE hat ebenfalls die Größe α (warum?).

Aus der Beweisfigur lesen wir ab:

$$\begin{aligned}
\sin(\alpha + \beta) &= \overline{AB} : \overline{OA} \\
&= \left(\overline{AE} + \overline{EB}\right) : \overline{OA} \\
&= \left(\overline{AE} + \overline{CD}\right) : \overline{OA} \\
&= \overline{AE} : \overline{OA} + \overline{CD} : \overline{OA}
\end{aligned}$$

Abb. 1.32 Beweisfigur für die Additionstheoreme

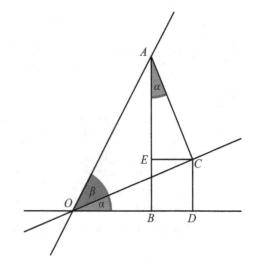

Es ist $\overline{AE} : \overline{AC} = \cos \alpha$ und $\overline{AC} : \overline{OA} = \sin \beta$, also $\overline{AE} : \overline{OA} = \cos \alpha \cdot \sin \beta$.
Es ist $\overline{CD} : \overline{OC} = \sin \alpha$ und $\overline{OC} : \overline{OA} = \cos \beta$, also $\overline{CD} : \overline{OA} = \sin \alpha \cdot \cos \beta$.
Mithin gilt: $\sin(\alpha + \beta) = \sin \alpha \cdot \cos \beta + \cos \alpha \cdot \sin \beta$

Wir lesen ab:

$$\begin{aligned}
\cos(\alpha + \beta) &= \overline{OB} : \overline{OA} \\
&= \left(\overline{OD} - \overline{BD}\right) : \overline{OA} \\
&= \overline{OD} : \overline{OA} - \overline{EC} : \overline{OA}
\end{aligned}$$

Es ist $\overline{OD} : \overline{OC} = \cos \alpha$ und $\overline{OC} : \overline{OA} = \cos \beta$, also $\overline{OD} : \overline{OA} = \cos \alpha \cdot \cos \beta$.
Es ist $\overline{EC} : \overline{AC} = \sin \alpha$ und $\overline{AC} : \overline{OA} = \sin \beta$, also $\overline{EC} : \overline{OA} = \sin \alpha \cdot \sin \beta$.
Mithin gilt: $\cos(\alpha + \beta) = \cos \alpha \cdot \cos \beta - \sin \alpha \cdot \sin \beta$

1.4.3 Sinus und Kosinus für beliebige Winkel

Da Sinus und Kosinus über das rechtwinklige Dreieck definiert sind, gelten diese Definitionen nur für Winkel zwischen $0°$ und $90°$. Der Taschenrechner liefert aber auch einen Wert für $\sin 100°$ und für $\cos 100°$. Wie das? Offensichtlich geht er von einem erweiterten Definitionsbereich aus. Will man den Definitionsbereich erweitern, so gibt es zwei verschiedene Wege, die aber zum gleichen Ziel führen: Der eine ist arithmetischer Natur, der andere anschaulich-geometrisch.

Wir haben für den Umgang mit Sinus und Kosinus Regeln kennengelernt, wie man aus dem Sinus und Kosinus zweier Winkel den Sinus und Kosinus ihrer Summe berechnen kann, nämlich durch Anwendung der Additionstheoreme. Eine naheliegende Forderung ist, dass auch in dem erweiterten Definitionsbereich diese Regeln gültig bleiben sollen. Eine solche Forderung nennt man **Permanenzprinzip**. Dieses Prinzip wird uns noch öfter begegnen.

Aus dieser Forderung ergeben sich zum Beispiel die Sinus- und Kosinuswerte für einen Winkel von $0°$.

$$\sin \alpha = \sin(\alpha + 0°) = \sin \alpha \cdot \cos 0° + \cos \alpha \cdot \sin 0°$$

$$\cos \alpha = \cos(\alpha + 0°) = \cos \alpha \cdot \cos 0° - \sin \alpha \cdot \sin 0°$$

Multipliziert man die erste Gleichung mit $\cos \alpha$, die zweite mit $\sin \alpha$ und subtrahiert dann die beiden Gleichungen, ergibt sich $0 = ((\cos \alpha)^2 + (\sin \alpha)^2) \cdot \sin 0°$.

Nach der trigonometrischen Variante des Satzes von Pythagoras ist $(\cos \alpha)^2 + (\sin \alpha)^2 = 1$. Folglich gibt es nur eine sinnvolle Definition: $\sin 0° = 0$.

Setzt man das Ergebnis in eine der beiden Gleichungen ein, erhält man $\cos 0° = 1$.

Auch die Sinus- und Kosinuswerte für einen Winkel von 90° lassen sich leicht bestimmen, wenn man die Gültigkeit der Additionstheoreme voraussetzt:

$$\sin 90° = \sin(45° + 45°) = 2 \cdot \sin 45° \cdot \cos 45° = 2 \cdot \frac{1}{2} \cdot \sqrt{2} \cdot \frac{1}{2} \cdot \sqrt{2} = 1,$$

$$\cos 90° = (\cos 45°)^2 - (\sin 45°)^2 = 0.$$

Durch ähnliche Zerlegungen erhält man:

$$\sin 180° = 0, \quad \cos 180° = -1, \quad \sin 270° = -1, \quad \cos 270° = 0.$$

Für einen Winkel α zwischen 0° und 90° folgt aus den Additionstheoremen:

$$\sin(90° + \alpha) = \cos \alpha = \sin(90° - \alpha), \; \cos(90° + \alpha) = -\sin \alpha = -\cos(90° - \alpha).$$

Auf ähnliche Weise ergibt sich für einen Winkel α zwischen 0° und 180°:

$$\sin(180° + \alpha) = -\sin \alpha, \quad \cos(180° + \alpha) = -\cos \alpha.$$

So können wir also jetzt die Sinuswerte für alle Winkel von 0° bis 360° bestimmen, ja sogar nach dem gleichen Prinzip darüber hinaus.

Es gibt noch eine andere einleuchtende Idee für die Verallgemeinerung der Definition von Sinus und Kosinus auf beliebige Winkel. Sie basiert auf der Vorstellung des Winkels als Drehwinkel und der Veranschaulichung am Einheitskreis im Koordinatensystem (Abb. 1.33).

Man fasst den Winkel als Drehwinkel auf, mit dem sich ein Strahl, mit der positiven x-Achse startend, entgegengesetzt zum Uhrzeigersinn um den Ursprung dreht und dabei den Einheitskreis schneidet. Für den zu einem bestimmten Winkel gehörigen Schnittpunkt S ist der Sinus des Winkels die Maßzahl für den Abstand des Punktes von der x-Achse und der Kosinus die Maßzahl für den Abstand des Punktes von der y-Achse. Das gilt zunächst für Winkel zwischen 0° und 90°.

Abb. 1.33 Sinus und Kosinus am Einheitskreis

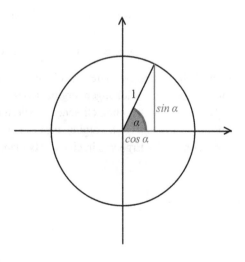

Dann sind erste sinnvolle Erweiterungen

$$\sin 0° = 0 \quad \text{und} \quad \sin 90° = 1 \text{ sowie } \cos 0° = 1 \quad \text{und} \quad \cos 90° = 0.$$

Setzt man diese Interpretation stetig über 90° hinaus fort, ergeben sich die Erweiterungen auf alle Winkel bis 360°.

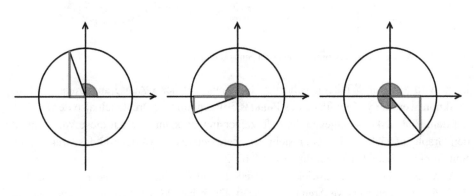

$$\sin(90° + \alpha) = \sin(90° - \alpha) \qquad \sin(180° + \alpha) = -\sin \alpha$$
$$\cos(90° + \alpha) = -\cos(90° - \alpha) \qquad \cos(180° + \alpha) = -\cos \alpha$$
$$\text{für } 0° \le \alpha \le 90° \qquad\qquad\qquad \text{für } 0° \le \alpha \le 180°$$

Es sind dieselben Ergebnisse, die wir bei der arithmetischen Verallgemeinerung mithilfe der Additionstheoreme erhalten haben. Umgekehrt kann man zeigen, dass auch für die nach der anschaulich-geometrischen Weise definierten Winkel die Additionstheoreme gelten.

Natürlich kann man die Drehung über den Vollwinkel hinaus fortsetzen. Dann wiederholen sich die Sinus- und Kosinuswerte. Man nennt das die Periodizität von Sinus bzw. Kosinus. Für alle ganzen Zahlen k gilt:

Periodizität von Sinus und Kosinus

$$\sin(\alpha + k \cdot 360°) = \sin \alpha \quad \text{und} \quad \cos(\alpha + k \cdot 360°) = \cos \alpha$$
$$\sin(\alpha + k \cdot 2\pi) = \sin \alpha \quad \text{und} \quad \cos(\alpha + k \cdot 2\pi) = \cos \alpha$$
$$\text{für alle } k \in \mathbb{Z}$$

1.4.4 Trigonometrische Funktionen

Die Seitenverhältnisse Sinus und Kosinus hängen nur von dem Winkel α ab, sie sind Funktionen dieses Winkels. Besonders gut kann man sich die Entstehung der Sinusfunktion aus der Drehung eines Punktes auf einem Kreis klarmachen (Abb. 1.34).

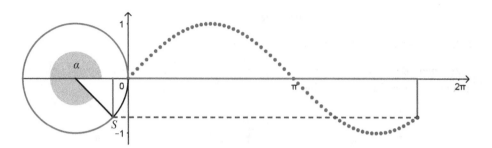

Abb. 1.34 Vom Einheitskreis zum Graphen der Sinusfunktion

Dazu wird das zum Winkel α gehörige Bogenmaß auf der x-Achse abgetragen und als Funktionswert die y-Koordinate des Punktes S übernommen. Dreht sich also der Punkt S auf dem Einheitskreis entgegen dem Uhrzeigersinn, so kann man auf diese Weise direkt den Graph aufzeichnen. Dabei entsteht das charakteristische Wellenbild des Graphen der Sinusfunktion bei einer Volldrehung von 0 bis 2π.

Wird der Winkel als Drehwinkel interpretiert, sind die Sinus- und die Kosinusfunktion für beliebige, auch negative Argumente erklärt. Diese harmlos erscheinende Bemerkung ist in Wirklichkeit ein fundamentaler Wechsel der mathematischen Betrachtungsweise. An die Stelle der Berechnung geometrischer Objekte tritt die analytische Beschreibung von reellen Funktionen mit bestimmten Eigenschaften. Dabei ist es sinnvoll, die reellen Zahlen im Definitions- und im Wertebereich der Funktionen im selben Zahlensystem, dem Dezimalsystem, zu beschreiben, also die Winkel nicht im Gradmaß, sondern im Bogenmaß anzugeben.

Der geometrische Hintergrund wird ausgeblendet. Dieser Perspektivwechsel von der Geometrie zu der Betrachtung von Funktionen ist einer der entscheidenden Schritte, die für das Verständnis der Gleichung $e^{i \cdot \pi} + 1 = 0$ erforderlich sind. Die Geometrie in dieser Gleichung reduziert sich auf π als Winkel, der im Bogenmaß gemessen wird.

Wir wollen einige Eigenschaften der trigonometrischen Funktionen zusammentragen.

Man kann reelle Funktionen im Koordinatensystem darstellen (Abb. 1.35 und Abb. 1.36). Dazu trägt man auf der x-Achse die Winkel im Bogenmaß ab. Der Wertebereich der Sinus- und der Kosinusfunktion liegt zwischen -1 und $+1$, den Extremwerten.

Sinus- und Kosinusfunktion sind periodische Funktionen mit der Periode 2π. Die Nullstellen der Sinusfunktion sind alle ganzzahligen Vielfache von π. Die Nullstellen der Sinusfunktion sind zugleich die Extremstellen der Kosinusfunktion; speziell für die Maxima der Kosinusfunktion gilt: Sie sind die ganzzahligen Vielfachen von 2π.

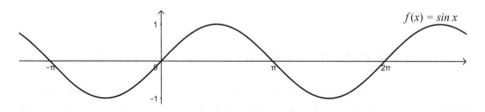

Abb. 1.35 Graph der Sinusfunktion

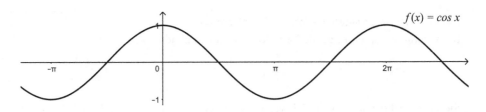

Abb. 1.36 Graph der Kosinusfunktion

Weitere Eigenschaften, die sich aus der Definition am Einheitskreis ergeben, sind:

Symmetrien der Funktionsgraphen

$\sin(-x) = -\sin x$ (Punktsymmetrie der Sinuskurve)

$\cos(-x) = \cos x$ (Achsensymmetrie der Kosinuskurve)

Aufgabe 1.12: Variationen der Sinusfunktion

Im Abschn. 4.3 leiten wir besonders schöne Formeln für die Zahl π mithilfe von Varianten der Sinusfunktion her. Zwei dieser Varianten sind $f(x) = 1 - \sin x$ und $g(x) = (\sin x)^2$. Sie sind in der folgenden Abbildung dargestellt. Welcher Graph gehört zu welcher Funktion?

Gib zu beiden Funktionen die Nullstellen an.

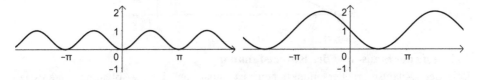

Die Nullstellen der Funktionen $f(x) = 1 - \sin x$ und $g(x) = (\sin x)^2$ (Aufgabe 1.12) haben eine besondere Eigenschaft. Man nennt sie doppelte Nullstellen. Diese Namensgebung wird verständlich, wenn man einfache Polynomfunktionen betrachtet.

$f_1(x) = x - 1$ $\qquad\qquad$ $f_2(x) = (x - 1) \cdot (x - 1)$ $\qquad\qquad$ $f_3(x) = (x - 1) \cdot (x - 1) \cdot (x - 1)$

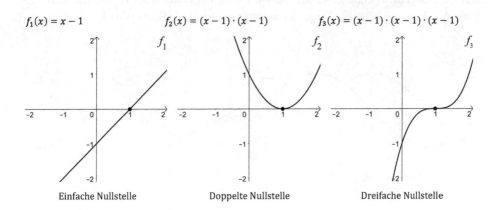

Einfache Nullstelle $\qquad\qquad$ Doppelte Nullstelle $\qquad\qquad$ Dreifache Nullstelle

Aufgabe 1.13: Noch eine Variation der Sinusfunktion

Im Abschn. 4.3 spielt folgende Variation der Sinusfunktion eine Rolle:

$$f(x) = \frac{\sin x}{x}$$

Sie ist zunächst nur für von Null verschiedene Werte von x erklärt, da sich für $x = 0$ der undefinierte Ausdruck $\frac{0}{0}$ ergibt.

Welche Nullstellen hat die Funktion f?

Was passiert, wenn x gegen null geht? Wenn der Graph korrekt dargestellt ist, strebt die Funktion f für x gegen null gegen 1. Aus welchen Überlegungen kannst du das schließen?

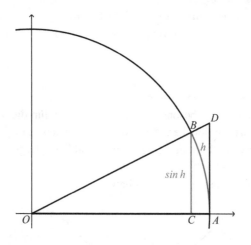

Ableitung der Sinus- und der Kosinusfunktion

Bei der Analyse reeller Funktionen ist man an ihrer Ableitung interessiert (Abschn. 5.3.4). Betrachtet man die Tangenten an die Sinusfunktion (Abb. 1.37), so sieht man: Die Steigung der Tangente an die Sinuskurve hat bei 0 den größten Wert, fällt dann bis $\frac{\pi}{2}$, wo sie den Wert null hat. Sie wird anschließend negativ bis $\frac{3\pi}{2}$ etc. Kurz: Der Verlauf der Tangentensteigung bei der Sinusfunktion entspricht dem Verlauf der Kosinusfunktion; demnach hätte die Tangentensteigung an der Stelle 0 den Wert 1.

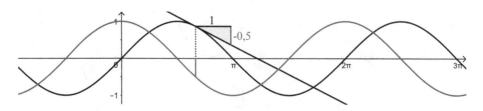

Abb. 1.37 Grafische Ableitung der Sinusfunktion

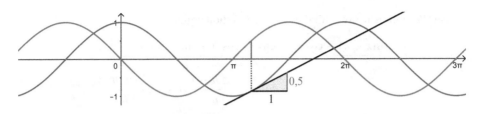

Abb. 1.38   Grafische Ableitung der Kosinusfunktion

Der Verlauf der Tangentensteigung bei der Kosinusfunktion (Abb. 1.38) entspricht dem Verlauf der an der x-Achse gespiegelten Sinusfunktion; insbesondere hat die Tangentensteigung an der Stelle 0 den Wert 0.

Aus dieser grafischen Betrachtung ergibt sich demnach:

Ableitung der Sinus- und der Kosinusfunktion

$$\sin' x = \cos x \quad \text{und} \quad \cos' x = -\sin x$$

Das ist eine Beobachtung, kein Beweis.

Beweis

Wir erinnern an die Definition der Ableitung mithilfe des Grenzwerts der Differenzenquotienten (Abschn. 5.3.4). Bei einer Funktion f ist die Tangente durch den Punkt $(x|f(x))$ ihres Graphen der Grenzfall der Sekante durch die benachbarten Punkte $(x|f(x))$ und $(x+h|f(x+h))$ für h gegen null.

Die Steigung der Sekante lässt sich durch den Differenzenquotienten beschreiben:

$$\frac{f(x+h) - f(x)}{h}$$

Dann ist die Steigung der Tangente, die Ableitung, definiert durch:

$$f'(x) = \lim_{h \to 0} \frac{f(x+h) - f(x)}{h}$$

Wie kann man diesen Grenzwert für die beiden trigonometrischen Funktion Sinus und Kosinus bestimmen? Die Additionstheoreme helfen uns weiter. Aus dem Additionstheorem für die Sinusfunktion ergibt sich:

$$\frac{\sin (x+h) - \sin x}{h} = \frac{\sin x \cdot \cos h + \cos x \cdot \sin h - \sin x}{h}$$

$$= \sin x \cdot \frac{\cos h - 1}{h} + \cos x \cdot \frac{\sin h}{h}$$

Aus dem Additionstheorem für die Kosinusfunktion ergibt sich:

$$\frac{\cos(x+h) - \cos x}{h} = \frac{\cos x \cdot \cos h + \sin x \cdot \sin h - \cos x}{h}$$

$$= \cos x \cdot \frac{\cos h - 1}{h} + \sin x \cdot \frac{\sin h}{h}$$

Wir sehen, dass beim Grenzübergang $h \to 0$ nur die folgenden Terme eine Rolle spielen:

$$\frac{\cos h - 1}{h} \quad \text{und} \quad \frac{\sin h}{h}.$$

Es ist

$$\frac{\cos h - 1}{h} = \frac{\cos h - \cos 0}{h} \quad \text{und} \quad \frac{\sin h}{h} = \frac{\sin h - \sin 0}{h}.$$

Beim Grenzübergang $h \to 0$ gehen diese Terme also gegen die Ableitung der Kosinus- bzw. der Sinusfunktion an der Stelle 0. Wenn wir diese Ableitungen kennen würden, hätten wir mithilfe der Additionstheoreme die Ableitung der Sinus- und der Kosinusfunktion an einer beliebigen Stelle x bestimmt. Wir zeigen gleich:

$$\cos'0 = 0 \quad \text{und} \quad \sin'0 = 1.$$

Also ist

$$\sin'x = \sin x \cdot \cos'0 + \cos x \cdot \sin'0$$

$$= \cos x,$$

$$\cos'x = \cos x \cdot \cos'0 - \sin x \cdot \sin'0$$

$$= -\sin x.$$

Um die Ableitung der Sinusfunktion an der Stelle 0 zu bestimmen, betrachten wir die Situation am Einheitskreis.

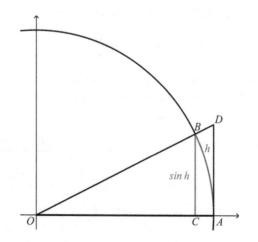

Laut Definition ist

$$\sin' 0 = \lim_{h \to 0} \frac{\sin(0 + h) - \sin 0}{h} = \lim_{h \to 0} \frac{\sin h}{h}.$$

Aus der Beweisfigur lesen wir ab: h ist das Bogenmaß $\overset{\frown}{AB}$ und $\sin h = \overline{BC}$.
   Aus $\overline{BC} < \overset{\frown}{AB}$ folgt

$$\frac{\sin h}{h} < 1.$$

Außerdem ist $\overset{\frown}{AB} < \overline{AD}$ (vgl. Abschn. 1.3.1). Mithin gilt

$$\frac{\sin h}{h} > \frac{\overline{BC}}{\overline{AD}}.$$

Wir fassen beide Ungleichungen zusammen:

$$\frac{\overline{BC}}{\overline{AD}} < \frac{\sin h}{h} < 1$$

Für $h \to 0$ geht $\overline{BC}$ gegen $\overline{AD}$. Also ist

$$\sin' 0 = \lim_{h \to 0} \frac{\sin h}{h} = 1.$$

Nun bestimmen wir die Ableitung der Kosinusfunktion an der Stelle 0.

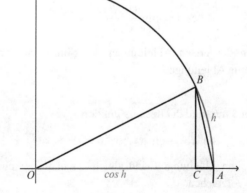

Laut Definition ist

$$\cos' 0 = \lim_{h \to 0} \frac{\cos(0 + h) - \cos 0}{h} = \lim_{h \to 0} \frac{\cos h - 1}{h}.$$

Aus der Beweisfigur lesen wir ab: $h = \overset{\frown}{AB}$ und $\cos h = \overline{OC} = \overline{OA} - \overline{CA} = 1 - \overline{CA}$.

Also ist

$$0 > \frac{\cos h - 1}{h} = -\frac{\overline{CA}}{\widehat{AB}}.$$

Aus $\widehat{AB} > \overline{AB}$ ergibt sich

$$-\frac{\overline{CA}}{\widehat{AB}} > -\frac{\overline{CA}}{\overline{AB}}, \text{ folglich}$$

$$0 > \frac{\cos h - 1}{h} > -\frac{\overline{CA}}{\overline{AB}}.$$

Wir betrachten das rechtwinklige Dreieck ABC und sehen: $\frac{\overline{CA}}{\overline{AB}} = \sin \angle ABC$. Durch einfache Überlegungen (wie?) können wir schließen, dass der Winkel $\angle ABC$ halb so groß ist wie der Winkel $\angle AOB$, den wir im Bogenmaß mit h bezeichnet haben. Also ist

$$\frac{\overline{CA}}{\overline{AB}} = \sin \frac{h}{2}.$$

Damit erhalten wir die Abschätzung

$$0 > \frac{\cos h - 1}{h} > -\sin \frac{h}{2}.$$

Für $h \to 0$ geht auch $\sin \frac{h}{2}$ gegen null. Also ist

$$\cos' 0 = \lim_{h \to 0} \frac{\cos h - 1}{h} = 0.$$

Aus den Beziehungen der ersten Ableitungen der Sinus- und der Kosinusfunktion ergeben sich deren zweite Ableitungen.

Zweite Ableitung der Sinus- und der Kosinusfunktion

$$\sin'' x = -\sin x \quad \cos'' x = -\cos x$$

In Worten: Die zweiten Ableitungen sind gleich der ursprünglichen Funktion mit entgegengesetztem Vorzeichen.

Diese einfache Beziehung zwischen der zweiten Ableitung und der ursprünglichen Funktion wird noch eine entscheidende Rolle auf dem Weg zu der geheimnisvollen Gleichung $e^{i \cdot \pi} + 1 = 0$ spielen.

Rückblick und Ausblick

In diesem Kapitel haben wir verschiedene Eigenschaften der Zahl π kennengelernt. Die Zahl π beschreibt das Verhältnis von Umfang zu Durchmesser für jeden beliebigen Kreis. Zur Winkelmessung kann man das Verhältnis von Bogenlänge des Mittelpunktswinkels zum Kreisumfang wählen, das Bogenmaß. Das Bogenmaß ist also zugleich die Bogenlänge dieses Mittelpunktswinkels am Einheitskreis. Sie ist eine reelle Zahl, dargestellt im Dezimalsystem. Die Zahl π ist das zum gestreckten Winkel gehörige Bogenmaß.

Der rechnerische Zusammenhang zwischen Strecken und Winkeln führt über die Seitenverhältnisse im rechtwinkligen Dreieck zu ihrer Verallgemeinerung für beliebige Winkel (am Einheitskreis oder mithilfe der Additionstheoreme). Als Sonderfälle ergeben sich der Sinus- und der Kosinuswert für den Winkel π, nämlich $\sin \pi = 0$ und $\cos \pi = -1$.

Dadurch kommt eine neue Sichtweise ins Spiel. Die funktionale Betrachtung der Seitenverhältnisse führt zu den trigonometrischen Funktionen. Aus π als Proportionalitätsfaktor (Umfang zu Durchmesser) und als Bogenmaß des gestreckten Winkels wird auf diese Weise eine Nullstelle der Sinusfunktion und eine Extremstelle der Kosinusfunktion.

Die Sinusfunktion hat eine weitere Eigenschaft, mit der wir uns im Zusammenhang mit reellen Funktionen noch näher beschäftigen werden: Ihre zweite Ableitung ist wieder die Sinusfunktion, allerdings mit negativem Vorzeichen. Damit hat das Kapitel über die Zahl π seinen Beitrag zur Aufklärung der geheimnisvollen Gleichung $e^{i \cdot \pi} + 1 = 0$ geleistet.

Wir begeben uns jetzt in ein ganz anderes, grundliegendes Gebiet der Mathematik, mit dem wir schon seit Beginn der Schulzeit vertraut sind, zur Arithmetik. Im Laufe der Schulzeit haben wir den Horizont der Rechenwelt von den natürlichen zu den reellen Zahlen erweitert. Wir erinnern an die Prinzipien dieser Zahlbereichserweiterungen, um dann auf der Basis dieser Prinzipien einen Schritt weiter zu gehen und eine neue Zahl, die imaginäre Einheit i, und die komplexen Zahlen einzuführen.

Die imaginäre Einheit *i*

Wir wenden uns nun der Grundlage des Rechnens zu, den Zahlen. Wir gehen dabei nicht historisch vor, sondern schildern die Entwicklung des Zahlbegriffs aus einem sach-logischen Zusammenhang heraus. Zahlen werden von Anfang an nicht nur zum Zählen benutzt, sondern auch zum Messen und vor allem zum Rechnen: zum Addieren, Subtrahieren, Multiplizieren und Dividieren – das sind die vier Grundrechenarten –, dann aber auch zum Potenzieren. Mit den Zahlen, die man zum Zählen braucht, den natürlichen Zahlen, geht das alles nur unterschiedlich gut. Ein Grund, sich über „neue" Zahlen Gedanken zu machen.

2.1   Zahlbereichserweiterungen

Durch Störungen des Rechnens („geht nicht") und den Drang nach Freiheit des formalen Rechnens kommt es zu Erweiterungen der Zahlbereiche und der bis dahin bekannten Rechenwelt der Zahlen. Eine besondere Rolle spielt dabei die Umkehrung der Frage-stellung. In der Welt der natürlichen Zahlen kann man uneingeschränkt addieren und multiplizieren. Stellt man aber die Umkehrfrage: „Gegeben die Summe oder das Produkt und ein Summand oder Faktor, wie heißt der andere Summand oder Faktor?", gibt es Probleme. Wir werden dieser Herausforderung durch die Umkehrung der Fragestellung noch öfter begegnen. Will man die Lösung erzwingen, führt das im Fall der Addition und Multiplikation zu „neuen" Zahlen, den negativen Zahlen und den Bruchzahlen.

Historisch empfand man mitunter Unbehagen über die „Bedeutung" der „neuen" Zahlen, vor allem wenn man für sie und das Rechnen mit ihnen „in der Wirklichkeit" keine erkennbaren Grundvorstellungen entwickeln kann. Dieses Unbehagen kann man noch heute in der Schule erleben, wenn zwei negative Zahlen multipliziert werden sollen. Im Laufe der Schulzeit gewöhnt man sich dann an das Rechnen mit negativen Zahlen.

© Springer Fachmedien Wiesbaden GmbH, ein Teil von Springer Nature 2020
H.-D. Rinkens und K. Krüger, *Die schönste Gleichung aller Zeiten*,
https://doi.org/10.1007/978-3-658-28466-4_2

Wer in seinem mathematischen Leben bisher noch nicht mit imaginären Zahlen konfrontiert worden ist, kann das Gefühl des Unbehagens noch einmal auffrischen.

Die Erweiterung des jeweils bekannten Zahlbereichs erfolgt formal[1] durch Konstruktion eines neuen Bereichs von Objekten, die sich „wie Zahlen verhalten", d. h. mit denen man „rechnen" kann wie mit den bisher bekannten Zahlen. Das bedeutet, dass man zu den neuen Zahlen auch die Rechenoperationen neu definieren und streng genommen mit neuen Symbolen versehen muss. Da sie aber bei den bisher bekannten Zahlen mit den alten Rechenoperationen übereinstimmen sollen, wählt man der Einfachheit halber dieselben Symbole. Beispiel: Die Multiplikation natürlicher Zahlen kann man als fortgesetzte Addition interpretieren; bei der Multiplikation von negativen Zahlen oder von Brüchen macht das keinen Sinn. Hier muss ihr ein neuer Sinn gegeben werden, und zwar so, dass die Rechenregeln (möglichst) erhalten bleiben. Gleichwohl verwendet man das alte Symbol ·.

Die Konstruktion der neuen Zahlenmenge lässt sich von zwei Prinzipien leiten:

Prinzipien der Zahlbereicherweiterung
Einbettungsprinzip:
Die alten Zahlen sollen in die neuen eingebettet sein;
d. h., in der neuen Zahlenmenge gibt es eine Teilmenge, die sich genauso verhält und die dieselbe Struktur besitzt wie die Menge der alten Zahlen.

Permanenzprinzip:
Das Rechnen mit den neuen Zahlen soll möglichst ausnahmslos nach denselben Regeln erfolgen wie mit den alten.
Bei der Erweiterung sollen die bisherigen Rechenregeln weiter gelten.

Zu den Rechenregeln, um die es hier geht (Abschn. 5.2.1), gehören das Kommutativgesetz und das Assoziativgesetz der Addition und der Multiplikation, die man so zusammenfassen kann: Die Reihenfolge der Summanden bzw. der Faktoren ist beliebig. Das Zusammenspiel von Strichrechnung und Punktrechnung regeln die Distributivgesetze.

Zum Rechnen gehören auch der Größenvergleich (Kleiner- bzw. Größer-Relation) und seine Regeln (Trichotomie und Transitivität) sowie die Verträglichkeitsbedingungen mit den Rechenoperationen, die sogenannten Monotoniegesetze. Darauf kommen wir in Abschn. 2.3 und in Abschn. 3.1 noch zu sprechen.

Dieses Regelwerk soll gemäß dem Permanenzprinzip nach Möglichkeit bei allen Zahlbereicherweiterungen erhalten bleiben.

„*Die ganzen Zahlen hat der liebe Gott gemacht, alles andere ist Menschenwerk.*"[2] Das ist ein oft zitierter Spruch von Leopold Kronecker, einem berühmten Mathematiker

[1]Die formale Beschreibung der Zahlbereicherweiterungen gehört nicht zu den Zielen dieses Buches.
[2]zitiert nach H. Weber, *Leopold Kronecker.* (1893) S. 19.

Abb. 2.1 Von den
natürlichen Zahlen zu den
reellen Zahlen

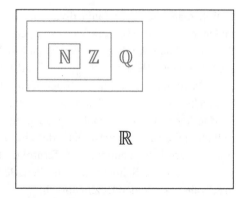

des 19. Jahrhunderts. Mit „ganzen Zahlen" hat er allerdings diejenigen gemeint, die wir
heute als „natürliche Zahlen" bezeichnen. Er hat damit zum Ausdruck bringen wollen,
dass jede Erweiterung einen Ausgangspunkt haben $\mathbb{N}$ muss und dass am Anfang die
natürlichen Zahlen stehen, die er nicht aus anderen Größen konstruiert sehen will.

Die Menge der natürlichen Zahlen 1, 2, 3, … wird mit $\mathbb{N}$ abgekürzt bzw. mit $\mathbb{N}_0$,
wenn man die Null mit einbezieht (Abb. 2.1). In $\mathbb{N}$ bzw. $\mathbb{N}_0$ kann man uneingeschränkt
addieren und multiplizieren, aber weder uneingeschränkt subtrahieren noch dividieren.

Um auch uneingeschränkt subtrahieren zu können, werden die **negativen Zahlen**
eingeführt. Zur Darstellung der negativen Zahlen verwendet man das Vorzeichen −. Die
Menge $\mathbb{N}_0$ der natürlichen Zahlen wird zur Menge $\mathbb{Z}$ der **ganzen Zahlen** erweitert. Die
(von Null verschiedenen) natürlichen Zahlen sind als positive ganze Zahlen, gekennzeichnet durch das Vorzeichen +, in $\mathbb{Z}$ eingebettet (Einbettungsprinzip).

Das Addieren und seine Umkehrung, das Subtrahieren, werden auf natürliche Weise
übertragen. Das Gleiche gilt für die Multiplikation von zwei ganzen Zahlen, wenn
eine davon positiv (= natürliche Zahl) oder null ist. Dann kann man Multiplizieren als
wiederholtes Addieren definieren. Diese Vorstellung versagt aber bei der Multiplikation
zweier negativer Zahlen. Die bekannte Regel „minus mal minus ergibt plus" ist eine
zwangsläufige Folge aus dem Permanenzprinzip, wonach u. a. das Distributivgesetz auch
in der Menge Z der ganzen Zahlen weiter gelten soll. Am Beispiel von $(-1) \cdot (-1)$ lautet
die Argumentation folgendermaßen:

$$0 = (-1) \cdot 0 \qquad \text{Permanenzprinzip}$$
$$0 = (-1) \cdot ((-1) + (+1)) \qquad \text{Definition von} - 1$$
$$0 = (-1) \cdot (-1) + (-1) \cdot (+1) \qquad \text{Permanenzprinzip}$$
$$0 = (-1) \cdot (-1) + (-1) \cdot 1 \qquad \text{Einbettungsprinzip}$$
$$0 = (-1) \cdot (-1) + (-1) \qquad \text{Permanenzprinzip}$$

Also muss $(-1) \cdot (-1)$ gleich $+ 1$ sein.

Will man uneingeschränkt dividieren können, muss man $\mathbb{N}$ zur Menge der Bruchzahlen erweitern. Man erklärt sozusagen die Divisionsaufgabe $5:3$ zur Zahl! Eine Bruchzahl kann durch einen gewöhnlichen Bruch $\frac{5}{3}$ dargestellt werden, allerdings auf unendlich viele Weisen, z. B. $\frac{10}{6}, \frac{15}{9}, \ldots$. Alle diese gewöhnlichen Brüche sind wertgleich. Einer davon hat die besondere Eigenschaft, dass Zähler und Nenner teilerfremd sind, er also nicht gekürzt werden kann; er wird oft als Standardbruch bezeichnet.

Man kann eine Bruchzahl aber auch als Dezimalbruch darstellen; der hat entweder endlich viele Nachkommastellen oder aber unendlich viele, die durch ständige Wiederholung derselben endlichen Ziffernfolge (Periode) gekennzeichnet sind (Beispiel $5:3 = 1,666\ldots$). Schließt man die Periode 0 und die Periode 9 aus, gibt es zu jeder Bruchzahl genau einen Dezimalbruch.

Die natürlichen Zahlen sind Bruchzahlen, die sich als Bruch mit dem Nenner 1 oder als Dezimalbruch ohne von Null verschiedene Nachkommastellen darstellen lassen. Sie sind damit in eingebettet. In kann man uneingeschränkt multiplizieren und dividieren (außer durch Null), aber nicht subtrahieren.

Analog zu der Erweiterung von $\mathbb{N}_0$ nach $\mathbb{Z}$ kann man um die Null und die negativen Bruchzahlen zur Menge $\mathbb{Q}$ der **rationalen Zahlen** erweitern. Mit rationalen Zahlen kann man alle Grundrechenarten uneingeschränkt ausführen.

Einzige Ausnahme ist – und wird es auch bleiben – die Division durch Null. Sie bleibt aus logischen Gründen verboten, da sie mit den übrigen Rechengesetzen kollidiert. Denn egal zu welcher Zahlenmenge eine Zahl a gehört, nach dem Distributivgesetz ist immer $a \cdot 0 = a \cdot (1 - 1) = a \cdot 1 - a \cdot 1 = 0$.

Gäbe es zu einer von Null verschiedenen Zahl b eine Zahl a, sodass $b:0 = a$ wäre, dann müsste aufgrund des Zusammenhangs zwischen Division und Multiplikation $b = a \cdot 0$ und folglich $b = 0$ sein. Das ist ein Widerspruch zu der Voraussetzung, dass die Zahl b von Null verschieden sein sollte. Eine Zahl a mit $b:0 = a$ kann es also nicht geben.

Diese Argumentation funktioniert nur für eine von Null verschiedene Zahl b. Kann es eine Zahl a geben, sodass $0:0 = a$ wäre? Dann müsste aufgrund des Zusammenhangs zwischen Division und Multiplikation $0 = a \cdot 0$ sein. Das gilt aber für *alle* Zahlen aus der jeweils betrachteten Zahlenmenge; d. h., es ist nicht möglich, eine Zahl $0:0$ eindeutig zu definieren.

Bis auf diesen nicht zu reparierenden Schönheitsfehler ist man also in der Menge $\mathbb{Q}$ der rationalen Zahlen, was das Rechnen mit den vier Grundrechenarten angeht, im gelobten Land.

Zahlen dienen aber von alters her nicht nur zum **Rechnen,** sondern auch zum **Messen.** Hier tut sich eine neue Störung auf: Mit den rationalen Zahlen kann man nicht alle Strecken vermessen. Messen heißt vergleichen und ein quantitativer Längenvergleich zweier Strecken sucht nach einer möglichst großen Maßstrecke, durch die man beide Strecken auslegen kann; gibt es ein solches gemeinsames Maß, dann lässt sich die eine Strecke als Bruchteil der anderen beschreiben. Beispiel: In dem Rechteck haben die Seiten a und b das gemeinsame Maß c. Die Seite a ist dreimal so lang wie c, die Seite b siebenmal so lang. Die Länge der Seite a beträgt drei Siebtel der Länge von b.

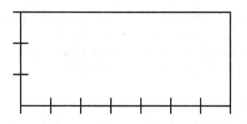

Bereits die Griechen fanden heraus, dass zum Beispiel die Seite und die Diagonale eines Quadrats kein gemeinsames Maß besitzen. Dasselbe gilt für die Seite und die Diagonale eines regelmäßigen Fünfecks. Man nennt in einem solchen Fall die beiden Strecken inkommensurabel (lat. „nicht gemeinsam messbar"). Die Griechen wiesen die Inkommensurabilität durch einen Widerspruchsbeweis mit elementargeometrischen Argumenten nach.

Beweis für das Fünfeck:

Die Diagonalen eines regelmäßigen Fünfecks (Abb. 2.2) bilden einen Fünfeck-Stern (Pentagramm). Im „Innern" des Fünfeck-Sterns ergibt sich ein kleineres regelmäßiges Fünfeck, auf das fünf gleichschenklige Dreiecke als Spitzen des Sterns aufgesetzt sind.

Die Diagonalen des Fünfecks teilen die Innenwinkel in drei gleich große Winkel (warum?). Die Seite des großen Fünfecks ist genauso lang wie die Seite des kleinen Fünfecks und der Schenkel des aufgesetzten Dreiecks zusammen (warum?). Angenommen es gäbe ein bestimmtes gemeinsames Maß, mit dem man die Seite und die Diagonale des Fünfecks auslegen kann, dann könnte man mit diesem Maß auch die Seite des kleinen Fünfecks und den Schenkel des aufgesetzten Dreiecks auslegen.

Jetzt kommt der entscheidende Schritt. Wir zeichnen auch in das kleine Fünfeck die Diagonalen ein (rechtes Bild). Diese Diagonalen sind genauso lang wie die Schenkel der aufgesetzten Dreiecke (warum?). Das bedeutet: Das gemeinsame Maß von Seite und Diagonale des großen Fünfecks ist auch gemeinsames Maß von Seite und Diagonale des kleinen Fünfecks.

Diesen Prozess könnten wir fortsetzen und kämen zu immer kleineren Fünfecken und schließlich zu einem Fünfeck, dessen Seite kleiner wäre als das angenommene gemeinsame Maß von Seite und Diagonale des Ausgangsfünfecks. Das heißt: Die Annahme, dass es ein solches gemeinsames Maß gäbe, war falsch.

Abb. 2.2 Fünfeck-Stern-Fünfeck

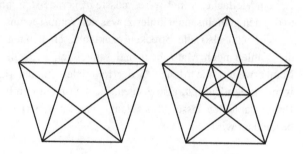

Was die Griechen mit geometrischen Argumenten zeigten, lässt sich auch mit arithmetischen Argumenten beweisen. Wir zeigen die Inkommensurabilität von Seite und Diagonale des Quadrats, indem wir nachweisen, dass die Annahme, das Verhältnis von Diagonale zu Seite ließe sich durch natürliche Zahlen beschreiben, zum Widerspruch führt. Das Verhältnis lässt sich nicht als Bruch schreiben.

Beweis für das Quadrat:
Wir gehen vom Einheitsquadrat aus (Seitenlänge 1). Dann ist unmittelbar ersichtlich: Das Quadrat über der Diagonale ist doppelt so groß, hat also den Flächeninhalt 2.

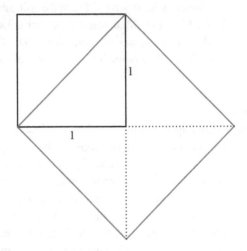

Ließe sich das Verhältnis von Diagonale zu Seite als Bruch $\frac{p}{q}$ schreiben, dann hätte die Diagonale die Länge $\frac{p}{q}$. Von allen wertgleichen Brüchen wählen wir den, bei dem p und q keinen gemeinsamen Teiler haben, den Standardbruch. Das Quadrat über der Diagonale hat dann den Flächeninhalt

$$\left(\frac{p}{q}\right)^2 = \frac{p^2}{q^2} = 2.$$

Demnach ist $2q^2 = p^2$. Das heißt, p^2 wäre eine gerade Zahl, mithin auch p. Quadriert man eine gerade Zahl, in diesem Fall p, so erhält man ein Vielfaches von 4. Wenn aber $2q^2$ ein Vielfaches von 4 wäre, müsste q^2 gerade sein, mithin auch q. Dann hätten aber p und q den gemeinsamen Teiler 2, was der Voraussetzung widerspricht.

Will man also alle Strecken exakt messen können, muss man zur bisherigen Welt der Zahlen noch Maßzahlen und schließlich noch ihr negatives Pendant hinzufügen. Man erweitert die Menge $\mathbb{Q}$ der rationalen Zahlen (lat. ratio, dt. Verhältnis) um die **irrationalen Zahlen,** also Zahlen, die sich nicht durch einen (positiven oder negativen) Bruch darstellen lassen. So gelangt man zu den **reellen Zahlen,** deren Menge mit $\mathbb{R}$ bezeichnet wird.

Wie steht es mit der Zahl π als Verhältnis von Umfang und Durchmesser des Kreises? Lässt sie sich als Bruch schreiben oder ist sie irrational? Damit beschäftigen wir uns im Schlusskapitel (Abschn. 4.5).

Da man jede Strecke von einem festen Punkt aus, dem Ursprung, auf einer Geraden abtragen kann, ist die **Zahlengerade** die beste Veranschaulichung der reellen Zahlen.

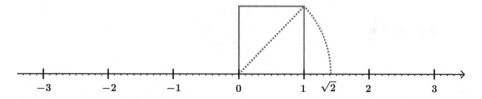

Jedem Punkt der Zahlengeraden entspricht genau eine reelle Zahl und umgekehrt. Skaliert man die Zahlengerade mit einer Dezimaleinteilung, dann ist ein Punkt entweder einer der Skalierungspunkte – d. h., die zugehörige Zahl ist durch einen endlichen Dezimalbruch darstellbar – oder der Punkt lässt sich durch immer feiner werdende Einteilungen einschachteln, dann ist die Zahl durch einen unendlichen Dezimalbruch darstellbar. Kurz: Die einfachste arithmetische Charakterisierung von $\mathbb{R}$ ist die, dass sich jede von Null verschiedene reelle Zahl durch einen positiven oder negativen endlichen oder unendlichen (periodischen oder nichtperiodischen) **Dezimalbruch** darstellen lässt.

2.2   Einführung der komplexen Zahlen

Wir fassen die bisherigen Erweiterungsschritte noch einmal zusammen und kündigen zugleich den nächsten Schritt an.

Störungen beim …	führen zur Einführung von..	zusammen mit den alten Zahlen zu..
Subtrahieren natürlicher Zahlen	negativen Zahlen	ganzen Zahlen (Menge $\mathbb{Z}$)
Dividieren* natürlicher Zahlen	Brüchen	(positiven) Bruchzahlen
Dividieren* ganzer Zahlen oder Subtrahieren von Bruchzahlen		rationalen Zahlen (Menge $\mathbb{Q}$)
Messen	irrationalen Zahlen	reellen Zahlen (Menge $\mathbb{R}$)
Wurzelziehen	imaginären Zahlen	komplexen Zahlen (Menge $\mathbb{C}$)

*Die Division durch Null ist und bleibt aus logischen Gründen verboten, da sie mit den übrigen Rechengesetzen kollidiert

In der Welt der reellen Zahlen heißt es beim Wurzelziehen aus einer negativen Zahl: „Geht nicht!" Warum? Eine von Null verschiedene reelle Zahl ist entweder positiv oder negativ.

Das Quadrat einer positiven Zahl ist positiv, das Quadrat einer negativen Zahl ist aber auch positiv, wie oben gesehen. Also gibt es keine reelle Zahl, deren Quadrat negativ ist. Anders ausgedrückt: Keine der „alten" Zahlen löst zum Beispiel die Gleichung $x^2 + 1 = 0$.

Um diese „Störung" zu beheben, wird zu der alten Welt $\mathbb{R}$ der reellen Zahlen eine neue Zahl i, die imaginäre Einheit, hinzugefügt. Für diese Zahl i soll gelten: Ihr Quadrat ist -1.

Imaginäre Einheit *i*

$$i^2 = -1$$

Man könnte zunächst meinen, dass man nun noch weitere Zahlen hinzufügen muss, nämlich zu jeder negativen Zahl diejenige, deren Quadrat sie ist. Dass das nicht nötig ist, folgt aus dem Permanenzprinzip. Die imaginäre Einheit i soll mit den reellen Zahlen multipliziert werden können. So erhält man die imaginären Zahlen $b \cdot i$ oder kurz bi mit beliebiger, von Null verschiedener reeller Zahl b. Da die Reihenfolge der Faktoren beliebig ist, gilt $(b \cdot i) \cdot (b \cdot i) = b^2 \cdot i^2 = -b^2$. Imaginäre Zahlen sind also die Zahlen, deren Quadrat eine negative reelle Zahl ergibt.

Imaginäre Zahl *b · i* (oder kurz *bi* bzw. *ib*) mit *b* ∈ $\mathbb{R}$

$$(bi)^2 = -b^2$$

Zu jeder negativen reellen Zahl gibt es zwei solche imaginäre Zahlen, z. B. $(2i)^2 = -4$ und $(-2i)^2 = -4$.

Die imaginären Zahlen $b \cdot i$ mit beliebiger, von Null verschiedener reeller Zahl b sind damit die „neuen", den reellen Zahlen hinzugefügten Zahlen.

Wie rechnet man mit den neuen Zahlen, wenn das Permanenzprinzip gelten soll? Die Addition und die Subtraktion zweier imaginärer Zahlen führen nach dem Distributivgesetz wieder zu imaginären Zahlen.

Die imaginären Zahlen $b \cdot i$ sollen außerdem zu einer beliebigen von Null verschiedenen reellen Zahl a addiert werden können. Das Ergebnis kann weder eine reelle Zahl noch eine imaginäre Zahl sein. Denn wäre $a + b \cdot i$ eine reelle Zahl c, dann wäre die imaginäre Zahl $b \cdot i$ gleich der reellen Zahl $c - a$. Wäre dagegen $a + b \cdot i$ eine imaginäre Zahl $c \cdot i$, dann wäre die reelle Zahl a gleich der imaginären Zahl $(c - b) \cdot i$. Eine imaginäre Zahl kann aber keine reelle Zahl sein, da das Quadrat der ersteren negativ ist, das der letzteren aber nicht.

Durch Addition von reellen und imaginären Zahlen erhält man die komplexen Zahlen $z = a + b \cdot i$ mit beliebigen reellen Zahlen a und b. Die reelle Zahl a heißt auch Realteil, die reelle Zahl b Imaginärteil der komplexen Zahl z.

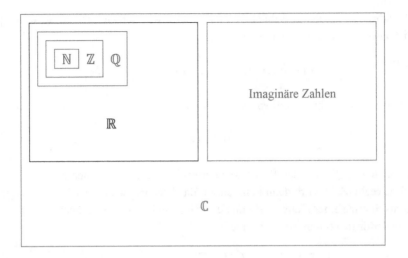

Abb. 2.3 Von den natürlichen Zahlen zu den komplexen Zahlen

> **Komplexe Zahl** $z = a + b \cdot i$ mit $a, b \in \mathbb{R}$
> a Realteil von z $\quad$ b Imaginärteil von z

Die Menge der komplexen Zahlen wird mit $\mathbb{C}$ bezeichnet (Abb. 2.3). Sie enthält die Menge der reellen Zahlen (Imaginärteil $b = 0$) und die Menge der imaginären Zahlen (Realteil $a = 0$ und Imaginärteil $b \neq 0$) als disjunkte Teilmengen.

Wir gehen davon aus, dass die Rechenoperationen auf die neuen Zahlen übertragen werden können, und zwar so, dass das Permanenzprinzip beachtet wird. Das bedeutet u. a.:

- Ist der Imaginärteil null, so ergeben sich Summe, Differenz, Produkt und Quotient wie bei reellen Zahlen üblich. Die Menge $\mathbb{R}$ mit den vier Grundrechenarten und ihren Rechenregeln ist in $\mathbb{C}$ eingebettet (Einbettungsprinzip).
- Ist der Realteil null,
  - so sind Summe und Differenz imaginäre Zahlen, die sich durch Addition bzw. Subtraktion der Imaginärteile ergeben (Distributivgesetz!).
  - so sind Produkt und Quotient reelle Zahlen (warum?).

Nach den bekannten Rechengesetzen der Addition, Subtraktion und Multiplikation folgt:

Addition	$(a + b \cdot i) + (c + d \cdot i) = (a + c) + (b + d) \cdot i$
Subtraktion	$(a + b \cdot i) - (c + d \cdot i) = (a - c) + (b - d) \cdot i$
Multiplikation	$(a + b \cdot i) \cdot (c + d \cdot i) = (a \cdot c - b \cdot d) + (a \cdot d + b \cdot c) \cdot i$

Das Dividieren komplexer Zahlen gestaltet sich etwas schwieriger. Welche komplexe Zahl ist das Ergebnis der Division

$$(a + b \cdot i) : (c + d \cdot i) \quad \text{bzw.} \quad \frac{a + b \cdot i}{c + d \cdot i}?$$

Fangen wir mit dem Spezialfall an: Welche komplexe Zahl ist das Ergebnis der Division

$$1 : (c + d \cdot i) \quad \text{bzw.} \quad \frac{1}{c + d \cdot i}?$$

Dazu müsste es gelingen, den Bruch so zu erweitern, dass der Nenner eine von Null verschiedene reelle Zahl wird; dann könnten wir das Ergebnis wieder nach dem Distributivgesetz als Summe einer reellen Zahl und einer imaginären Zahl schreiben.

Nach der dritten binomischen Formel gilt

$$(c + d \cdot i) \cdot (c - d \cdot i) = c^2 - (d \cdot i)^2 = c^2 + d^2.$$

Folglich müssen wir den Bruch mit $(c - d \cdot i)$ erweitern und erhalten

$$\frac{1}{c + d \cdot i} = \frac{c - d \cdot i}{(c + d \cdot i) \cdot (c - d \cdot i)} = \frac{c}{c^2 + d^2} - \frac{d}{c^2 + d^2} \cdot i.$$

Für den allgemeinen Fall gilt

$$\frac{a + b \cdot i}{c + d \cdot i} = \frac{(a + b \cdot i) \cdot (c - d \cdot i)}{(c + d \cdot i) \cdot (c - d \cdot i)} = \frac{a \cdot c + b \cdot d}{c^2 + d^2} + \frac{b \cdot c - a \cdot d}{c^2 + d^2} i$$

Wichtiger als die Formel für das Dividieren komplexer Zahlen ist die Idee, wie man aus einem Bruch mit einem komplexen Nenner einen Bruch mit einem reellen Nenner macht: mit der konjugiert komplexen Zahl des Nenners erweitern!

Konjugiert komplexe Zahl

Zu einer komplexen Zahl $z = a + b \cdot i$ heißt die Zahl $\bar{z} = a - b \cdot i$ die zu z konjugiert komplexe Zahl. Es gilt

$$z \cdot \bar{z} = a^2 + b^2.$$

Das Konjugieren einer komplexen Zahl ist eine wichtige Operation (nicht nur beim Dividieren). Man zeigt leicht (Aufgabe 2.1):

Komplexe Konjugation

Addieren bzw. Multiplizieren und Konjugieren sind vertauschbare Operationen: Erst addieren bzw. multiplizieren und dann konjugieren ergibt dasselbe wie erst konjugieren und dann addieren bzw. multiplizieren.

Aufgabe 2.1: Komplexe Konjugation

Seien $z = a + b \cdot i$ mit $a, b \in \mathbb{R}$ und $w = c + d \cdot i$ mit $c, d \in \mathbb{R}$ zwei komplexe Zahlen. Nutze die bekannten Rechengesetze der Addition und Multiplikation und zeige, dass die folgenden Regeln gelten:

$$\text{a) } \overline{z} + \overline{w} = \overline{z + w} \quad \text{b) } \overline{z} \cdot \overline{w} = \overline{z \cdot w}$$

In der Menge $\mathbb{C}$ der komplexen Zahlen kann man uneingeschränkt alle vier Grundrechenarten ausführen und die bekannten Rechengesetze gelten weiterhin. Die Division durch Null ist und bleibt aus logischen Gründen verboten, da sie mit den übrigen Rechengesetzen kollidiert. Die neue Errungenschaft ist: In der Menge $\mathbb{C}$ kann man die Wurzel aus negativen reellen Zahlen ziehen, und das, wie wir später sehen, sogar uneingeschränkt aus allen komplexen Zahlen.

Exkurs: Das Symbol _i_

Cardano. (© Mary Evans Picture Library/picture alliance)

Das Konstrukt „Wurzel aus einer negativen Zahl" ist den Mathematikern schon seit dem 16. Jahrhundert vertraut. Girolamo Cardano (1501–1576), ein berühmter Arzt und Universalgelehrter, schreibt in Kap. 37 seines Buchs *Artis magnae, sive de regulis algebraicis liber unus,* in dem er 1545 u. a. das Lösen quadratischer Gleichungen behandelt:

„Wenn jemand sagt: Teile 10 in zwei Teile, deren Produkt (…) 40 ist, so ist klar, dass dieser Fall unmöglich ist."

Dessen ungeachtet rechnet Cardano und gibt die beiden „Teile" an, nämlich $5 + \sqrt{-15}$ und $5 - \sqrt{-15}$; denn ihre Summe ist 10 und ihr Produkt ist nach dem dritten binomischen Lehrsatz 40. Mit Wurzeln aus negativen Zahlen zu rechnen ist ungewöhnlich und suspekt in einer Zeit, als man selbst negativen Zahlen noch mit Skepsis begegnet (da ihnen ein erkennbarer realer Bezug fehlt). Cardano nennt die Wurzel aus einer negativen Zahl *„quantitas sophistica"*, also „spitzfindige Größe", und hält sie für eine unnütze Spielerei.

Gottfried Wilhelm Leibniz (1646–1716) meint, dass

„was wir eine imaginäre Wurzel nennen, einen eleganten und wunderbaren Ausweg in jenem Wunder der Analysis, einem Monstrum der idealen Welt, fast einem Amphibium zwischen Sein und Nichtsein findet".[3]

René Descartes (1596–1650) vermutet, dass eine Gleichung *n*-ten Grades immer *n* Lösungen hat, wenn man die mehrfachen Lösungen entsprechend oft zählt. (Die Vermutung ist als „Fundamentalsatz der Algebra" bekannt (Abschn. 2.5).) Allerdings seien diese Lösungen nicht immer reell, sondern manchmal *„seulement imaginaires"*, also nur vorgestellt. Daher kommt wohl die Bezeichnung „imaginäre Zahlen".

Im Laufe des 18. Jahrhunderts freunden sich die Mathematiker zunehmend mit den neuen Zahlen an. Zwei Zitate von Leonhard Euler (1707–1783) belegen allerdings die noch ambivalente Haltung zu ihnen:

„Weil nun alle mögliche Zahlen, die man sich nur immer vorstellen mag, entweder größer oder kleiner sind als 0, oder etwa 0 selbst; so ist klar, daß die Quadrat-Wurzeln von Negativ-Zahlen nicht einmahl unter die möglichen Zahlen können gerechnet werden: folglich müßen wir sagen, daß dieselben ohnmögliche Zahlen sind. Und dieser Umstand leitet uns auf den Begriff von solchen Zahlen, welche ihrer Natur nach ohnmöglich sind, und gemeiniglich Imaginäre Zahlen, oder eingebildete Zahlen genennt werden, weil sie blos allein in der Einbildung statt finden."[4]

Und an anderer Stelle:

„Endlich muß noch ein Zweifel gehoben werden, welcher darinn besteht, daß da dergleichen Zahlen ohnmöglich sind, dieselben auch gantz und gar keinen Nutzen zu haben scheinen und diese Lehre als eine bloße Grille angesehen werden könnte. Allein dieselbe ist in der That von der größten Wichtigkeit, indem öfters Fragen vorkommen, von welchen man so gleich nicht wißen kann, ob sie möglich sind oder nicht. Wann nun die Auflösung

---

[3]G. W. Leibniz, *Mathematische Schriften*. Band V, hg. von C. I Gebhardt, Georg Olms, Hildesheim 1971, S. 357, übersetzt von hdr. „Analysis" steht bei Leibniz für eine Methode des Denkens, nicht für das Teilgebiet der Mathematik im heutigen Sinne.

[4]Leonhard Euler, *Vollständige Anleitung zur Algebra. Erster Theil. Von den verschiedenen Rechnungs-Arten, Verhältnissen und Proportionen*. St. Petersburg 1770. Hg. von Heinrich Weber, Leipzig und Berlin, Teubner 1911. Capitel 13, § 143.

derselben auf solche ohnmögliche Zahlen führt, so ist es ein sicheres Zeichen, daß die Frage selbst ohnmöglich sey. "[5]

Euler führt 1777 den Buchstaben i für $\sqrt{-1}$ ein, ohne ihn allerdings durchgängig zu benutzen.

Allgemeine Verbreitung findet das neue Symbol durch Carl Friedrich Gauß (1777–1855), der auch die Bezeichnung „komplexe Zahl" einführt. Er beschreibt noch 1831 die Haltung der meisten Mathematiker den komplexen Zahlen gegenüber sehr prägnant:

„... allein die den reellen Grössen gegenübergestellten imaginären – ehemals, und hin und wieder noch jetzt, obwohl unschicklich, unmögliche genannt – sind noch immer weniger eingebürgert als nur geduldet, und erscheinen also mehr wie ein an sich inhaltsleeres Zeichenspiel, dem man ein denkbares Substrat unbedingt abspricht, ohne doch den reichen Tribut, welchen dieses Zeichenspiel zuletzt in den Schatz der Verhältnisse der reellen Grössen steuert, verschmähen zu wollen. "[6]

Im Laufe des 19. Jahrhunderts werden die Zahlbereichserweiterungen auf eine formale Basis gestellt, sodass Leopold Kronecker (1823–1891) am Ende des Jahrhunderts feststellt: „*Die ganzen Zahlen hat der liebe Gott gemacht, alles andere ist Menschenwerk.*"

2.3 Gaußsche Zahlenebene

Es gibt einen Preis für den Fortschritt, den wir mit der Erweiterung der reellen zu den komplexen Zahlen erzielt haben. Der Preis ist der **Verlust der Ordnung.**

Reelle Zahlen kann man auf der Zahlengeraden von links nach rechts der Größe nach anordnen. Geht das auch mit den komplexen Zahlen? Ließen sich die komplexen Zahlen anordnen wie die reellen, dann müsste auch die Zahl i einen Platz zwischen den reellen Zahlen auf der Zahlengeraden finden. Da sie nicht null ist, muss sie entweder positiv oder negativ sein. Diese Anordnung müsste mit den üblichen Rechenregeln verträglich sein: Sowohl das Quadrat einer positiven Zahl als auch das Quadrat einer negativen Zahl sind positiv. Aber das Quadrat von i ist negativ. Widerspruch!

Ein formaler Beweis könnte so gehen: Würde man die Kleiner-Relation samt Rechenregeln (Abschn. 5.2.1) auf $\mathbb{C}$ übertragen können, dann müsste (nach dem Trichotomiegesetz) die imaginäre Einheit i, da sie nicht null ist, entweder kleiner als null sein oder null kleiner als i. Aus $0 < i$ würde nach dem Monotoniegesetz der Multiplikation $0 \cdot i < i \cdot i$, also $0 < -1$ folgen; Widerspruch.

Aus $i < 0$ würde nach dem Monotoniegesetz der Addition $0 < -i$ folgen. Nach dem Monotoniegesetz der Multiplikation hätte das $0 \cdot (-i) < (-i) \cdot (-i)$, also ebenfalls $0 < -1$ zur Folge; Widerspruch.

---

[5] Leonhard Euler, wie Fußnote 3, § 151.

[6] Carl Friedrich Gauß, *Werke.* Band II, Königliche Gesellschaft der Wissenschaften, Göttingen 1876, S. 175.

Fazit: Die Kleiner-Relation und folglich auch die Größer-Relation lassen sich *nicht* unter Erhalt der bekannten Rechenregeln im Umgang mit Ungleichungen (Monotoniegesetze) auf $\mathbb{C}$ übertragen. Man kann die komplexen Zahlen nicht linear auf einer Zahlengeraden anordnen.

Aber die komplexen Zahlen können als Punkte in der Ebene mithilfe eines rechtwinkligen Koordinatensystems dargestellt werden. Diese Darstellung nennt man nach Carl Friedrich Gauß die Darstellung in der gaußschen Zahlenebene (Abb. 2.4). Dabei werden auf der waagerechten Achse die reellen Zahlen (reelle Achse) und auf der dazu senkrechten Achse die imaginären Zahlen (imaginäre Achse) in gewohnter Weise notiert.

Komplexe Zahlen in der gaußschen Zahlenebene

Der komplexen Zahl $z = a + b \cdot i$ entspricht der Punkt mit den **kartesischen Koordinaten** $(a|b)$; a ist der Realteil und b der Imaginärteil von z.

Die imaginäre Einheit i hat also die kartesischen Koordinaten $(0|1)$. Die reelle Zahl 1 hat, als komplexe Zahl aufgefasst, die kartesischen Koordinaten $(1|0)$.

Diese Darstellung legt nahe, sich den Punkt z auch als Ortsvektor vorzustellen, der vom Ursprung des Koordinatensystems zum Punkt z mit den Koordinaten $(a|b)$ geht. Tatsächlich entspricht die **Addition** komplexer Zahlen der Vektoraddition, formal wie anschaulich. Komplexe Zahlen werden addiert, indem man Realteil und Imaginärteil jeweils einzeln addiert. Vektoren werden formal addiert, indem man die einzelnen Komponenten addiert. Anschaulich bedeutet dies, dass man die Ortsvektoren aneinanderlegt, Schaft an Pfeil.

Abb. 2.4 Gaußsche
Zahlenebene

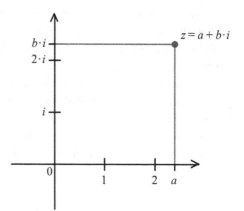

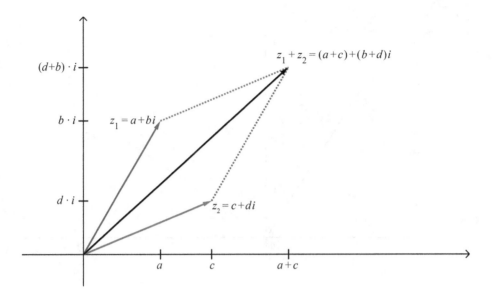

Die Analogie zur Vektorrechnung findet aber ihre Grenzen bei der Multiplikation. Bei zweidimensionalen Vektoren kennt man zwei Sorten von Multiplikation, und keine passt für die Analogiebildung. Die eine ist das sogenannte Skalarprodukt: Das Produkt zweier ebener Vektoren ist ein Skalar, also eine reelle Zahl und kein Vektor; das Produkt zweier komplexer Zahlen ist aber eine komplexe Zahl, deren Imaginärteil durchaus von Null verschieden sein kann.

Bei der anderen Sorte, der sogenannten Skalarmultiplikation, multipliziert man einen Vektor $(a|b)$ mit einer reellen Zahl r (Skalar) und erhält wieder einen Vektor: $r \cdot (a|b) = (r \cdot a | r \cdot b)$. Bei einem positiven Skalar bedeutet das anschaulich eine Streckung ($r > 1$) oder Stauchung ($r < 1$) des Vektors; die Multiplikation mit $r = -1$ bedeutet eine Drehung des Vektors um $180°$. Diese Vorstellung kann man auch auf die Multiplikation einer komplexen Zahl $a + b \cdot i = (a|b)$ mit einer reellen Zahl r übertragen. Nach dem Distributivgesetz ist $r \cdot (a + b \cdot i) = (r \cdot a) + (r \cdot b) \cdot i$. Das Ergebnis ist also eine komplexe Zahl mit den kartesischen Koordinaten $(r \cdot a | r \cdot b)$. Vektorielle Darstellung von $2 \cdot (3 + 2 \cdot i) = 6 + 4 \cdot i$:

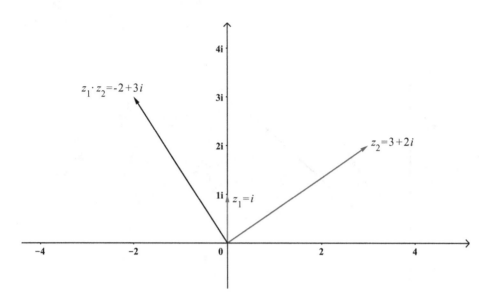

Multipliziert man dagegen die komplexe Zahl $a + b \cdot i$ mit der imaginären Einheit i, erhält man die komplexe Zahl $-b + a \cdot i$ mit den kartesischen Koordinaten $(-b|a)$. Das bedeutet in der Vektorinterpretation: Der Vektor $(a|b)$ wird bei Multiplikation mit i um 90° entgegen dem Uhrzeigersinn gedreht.

Fügt man die beiden anschaulichen Deutungen zusammen – Multiplizieren einer komplexen Zahl mit einer reellen Zahl bedeutet Strecken oder Stauchen, Multiplizieren mit der imaginären Einheit bedeutet Drehen um 90°, Addieren zweier komplexer Zahlen bedeutet Hintereinanderlegen –, dann entwickelt sich eine (zugegeben noch etwas komplizierte) anschauliche Interpretation vom Multiplizieren einer komplexen Zahl mit einer anderen komplexen Zahl.

Klarer wird dies, wenn wir neben den kartesischen Koordinaten eine andere Darstellung der Punkte in der gaußschen Zahlenebene wählen, nämlich die Darstellung in **Polarkoordinaten** (Abb. 2.5).

Ein Punkt in der Zahlenebene kann durch den **Abstand r vom Ursprung** des Koordinatensystems und den **Winkel φ, den der Ortsvektor mit der positiven reellen Achse bildet,** beschrieben werden. Um Eindeutigkeit zu erhalten, legen wir fest: $0 \le \varphi < 2\pi$. Das Zahlenpaar $(r|\varphi)$ nennt man die Polarkoordinaten der komplexen Zahl z. Der Abstand r heißt auch (Absolut-)Betrag der komplexen Zahl z; man bezeichnet den Winkel φ auch als Argument der komplexen Zahl z. Die zugehörigen Symbole sind $r = |z|$ und $\varphi = arg\ z$.

Polarkoordinaten
Der komplexen Zahl z entspricht der Punkt mit den **Polarkoordinaten $(r|\varphi)$,**
wobei der Abstand r vom Ursprung der (Absolut-)Betrag $|z|$ und
der Winkel φ das Argument $arg\ z$ der Zahl z ist.

Abb. 2.5 Polarkoordinaten

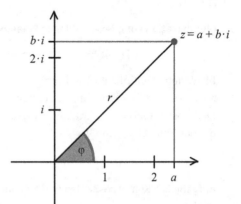

Die Trigonometrie (Abschn. 1.4) und Abb. 2.5 liefern den

Zusammenhang zwischen kartesischen Koordinaten und Polarkoordinaten

$$a = r \cdot \cos \varphi \qquad b = r \cdot \sin \varphi$$

$$\text{Also: } z = a + b \cdot i = r \cdot (\cos \varphi + i \cdot \sin \varphi)$$

Aus der trigonometrischen Version des Satzes von Pythagoras ergibt sich der

Zusammenhang zwischen dem Betrag r und den kartesischen Koordinaten $(a|b)$

$$r^2 = a^2 + b^2 = z \cdot \overline{z}$$

Mithilfe der Polarkoordinaten gelingt die anschauliche Deutung der Multiplikation komplexer Zahlen. Nach den Regeln des Multiplizierens ergibt sich für das Produkt zweier beliebiger komplexer Zahlen

$$z_1 = r_1 \cdot (\cos \varphi_1 + i \cdot \sin \varphi_1) \quad \text{und} \quad z_2 = r_2 \cdot (\cos \varphi_2 + i \cdot \sin \varphi_2):$$

$$z_1 \cdot z_2 = r_1 \cdot r_2 \cdot ((\cos \varphi_1 \cdot \cos \varphi_2 - \sin \varphi_1 \cdot \sin \varphi_2) + i \cdot (\sin \varphi_1 \cdot \cos \varphi_2 + \sin \varphi_2 \cdot \cos \varphi_1)).$$

Das sieht recht kompliziert aus. Ein Blick auf die Additionstheoreme (Abschn. 1.4.2) hilft, hieraus eine prägnante Formel zu machen:

Multiplikation komplexer Zahlen in Polarkoordinaten

$$z_1 \cdot z_2 = r_1 \cdot r_2 \cdot (\cos(\varphi_1 + \varphi_2) + i \cdot \sin(\varphi_1 + \varphi_2))$$

In Worten: Multipliziere die Beträge und addiere die Winkel.

Anschauliche Deutung: Drehstreckung

Der Ortsvektor $(r_1|\varphi_1)$ wird um den Betrag r_2 gestreckt oder gestaucht und um den Winkel φ_2 gedreht.

Aufgabe 2.2: Komplexe Zahlen und der Einheitskreis

In der gaußschen Zahlenebene bilden alle komplexen Zahlen z, die den Abstand 1 von null (den Absolutbetrag 1) haben, den sogenannten Einheitskreis. Betrachte eine beliebige komplexe Zahl z auf dem Einheitskreis, d. h. $z = a + b \cdot i$ mit $a^2 + b^2 = 1$ bzw. $z = \cos \varphi + i \cdot \sin \varphi$.

a) Bestimme zu einer beliebigen komplexen Zahl z auf dem Einheitskreis und ihrer konjugiert komplexen Zahl $\bar{z}$ den Kehrwert $\frac{1}{z}$ bzw. $\frac{1}{\bar{z}}$ in kartesischen Koordinaten und in Polarkoordinaten.

b) Erstelle eine Skizze und beschreibe den Zusammenhang zwischen den Zahlen

$$z, \bar{z}, \frac{1}{z} \text{ und } \frac{1}{\bar{z}}$$

anschaulich in der gaußschen Zahlenebene.

Bei der Addition von Winkeln, die zwischen 0 und 2π liegen, kann die Summe φ' größer als der Vollwinkel sein. Wegen der Periodizität der trigonometrischen Funktionen (Abschn. 1.4.4) liefern Sinus und Kosinus dann für φ' dieselben Werte wie für $\varphi' - 2\pi = \varphi$, d. h., die Polarkoordinaten $(r|\varphi')$ und $(r|\varphi)$ bezeichnen denselben Punkt in der Zahlenebene. Allgemein gilt: Die Polarkoordinaten $(r|\varphi')$ und $(r|\varphi)$ bezeichnen denselben Punkt in der Zahlenebene, wenn sich φ' und φ um ein ganzzahliges Vielfaches von 2π unterscheiden.

2.4   Potenzieren und Wurzelziehen

In allen Zahlbereichen – von den natürlichen Zahlen über die rationalen und reellen Zahlen bis hin zu den komplexen Zahlen – gilt: **Wenn man multiplizieren kann, dann kann man auch potenzieren,** denn die Potenz z^n wird eingeführt als Abkürzung für das n-fache Produkt des Faktors z; das macht allerdings nur Sinn für **natürliche Zahlen als Exponenten** $(n \geq 1)$, wobei z^1 gleich z gesetzt wird. Wir betrachten in diesem Kapitel

Potenzen mit beliebigen komplexen Zahlen als Basis und beliebigen natürlichen Zahlen als Exponenten. In Abschn. 3.1 widmen wir uns der Frage, ob und gegebenenfalls wie man als Exponenten auch andere Zahlen (ganze, rationale, reelle) zulassen kann, und beschränken uns dabei aus guten Gründen zunächst auf positive reelle Zahlen als Basis. Das Ziel des Buches ist allerdings, Einsicht in die Gleichung $e^{i \cdot \pi} + 1 = 0$ zu gewinnen. Die Basis e ist eine positive reelle Zahl, der Exponent $i \cdot \pi$ aber eine imaginäre Zahl. Wie man die Potenz $e^{i \cdot \pi}$ sinnvoll erklären kann, erfahren wir im Finale in Abschn. 4.1. Dann erklimmen wir noch die letzte Stufe der Verallgemeinerungsleiter und untersuchen Potenzen mit einer beliebigen komplexen Basis und einem beliebigen komplexen Exponenten (Abschn. 4.2).

Aufgabe 2.3: Potenzen von i

a) Berechne die Potenzen i, i^2, i^3, i^4, i^5, i^6, i^7 und i^8. Was fällt auf?

b) Berechne die Potenz $i^{xxyyzzzz}$, wobei $xxyyzzzz$ für dein Geburtsdatum steht
(z. B. für das Geburtsdatum 15.08.1997 berechne $i^{15081997}$).

Höhere Potenzen einer beliebigen komplexen Zahl z auszurechnen, erfordert einigen Aufwand, wenn z in kartesischen Koordinaten gegeben ist und man die üblichen Rechenregeln (Abschn. 5.2.1) anwendet. Mithilfe der Polarkoordinaten haben wir eine anschauliche Deutung der Multiplikation kennengelernt: Multiplikation zweier komplexer Zahlen bedeutet Multiplikation der Beträge und Addition der Winkel. Für die komplexe Zahl $\quad z = r \cdot (\cos \varphi + i \cdot \sin \varphi)$ gilt also:

Quadrat $z^2 = r^2 \cdot (\cos (2 \cdot \varphi) + i \cdot (2 \cdot \varphi))$

3. Potenz $z^3 = r^3 \cdot (\cos (3 \cdot \varphi) + i \cdot \sin (3 \cdot \varphi))$

Allgemein:

Potenzieren einer komplexen Zahl z in Polarkoordinaten

$$z^n = r^n \cdot (\cos \varphi + i \cdot \sin \varphi)^n$$
$$= r^n \cdot (\cos(n \cdot \varphi) + i \cdot \sin(n \cdot \varphi))$$

In Worten: Potenziere den Betrag und vervielfache den Winkel.

Der Winkel $n \cdot \varphi$ kann größer als der Vollwinkel sein; dann identifizieren wir ihn mit dem Winkel φ', der zwischen 0 und 2π liegt und sich von $n \cdot \varphi$ um ein ganzzahliges Vielfaches von 2π unterscheidet.

Als Spezialfall der Formel $r^n \cdot (\cos \varphi + i \cdot \sin \varphi)^n = r^n \cdot (\cos(n \cdot \varphi) + i \cdot \sin(n \cdot \varphi))$ erhält man für komplexe Zahlen auf dem Einheitskreis, d. h. für $r = 1$, die nach Abraham de Moivre (1667–1754) benannten Formeln:

Moivresche Formeln

$$(\cos \varphi + i \cdot \sin \varphi)^n = \cos(n \cdot \varphi) + i \cdot \sin(n \cdot \varphi)$$

Links steht ein Binom; rechnet man es aus, ordnet man die Summe nach Realteil und Imaginärteil, und nutzt man die Beziehung $(\sin \alpha)^2 + (\cos \alpha)^2 = 1$ aus, dann kann man $\cos(n \cdot \varphi)$ nur durch Potenzen von $\cos \varphi$ ausdrücken sowie $\sin(n \cdot \varphi)$ nur durch Potenzen von $\sin \varphi$.

Beispiel: $n = 3$

$$
\begin{aligned}
(\cos \varphi + i \cdot \sin \varphi)^3 &= ((\cos \varphi)^3 - 3 \cdot \cos \varphi \cdot (\sin \varphi)^2) + i \cdot (3 \cdot (\cos \varphi)^2 \cdot \sin \varphi - (\sin \varphi)^3) \\
&= \left(4 \cdot (\cos \varphi)^3 - 3 \cdot \cos \varphi\right) + i \cdot \left(3 \cdot \sin \varphi - 4 \cdot (\sin \varphi)^3\right)
\end{aligned}
$$

Der Vergleich mit $(\cos \varphi + i \cdot \sin \varphi)^3 = \cos(3\varphi) + i \cdot \sin(3\varphi)$ liefert

$$\cos(3\varphi) = 4 \cdot (\cos \varphi)^3 - 3 \cdot \cos \varphi \text{ und } \sin(3\varphi) = 3 \cdot \sin \varphi - 4 \cdot (\sin \varphi)^3.$$

Mit diesen Formeln kann man zum Beispiel den Wert von $\cos 20°$ berechnen, da der Wert für den dreifachen Winkel bekannt ist: $\cos 60° = \frac{1}{2}$. Setzen wir $x = \cos 20°$, dann gilt $\frac{1}{2} = 4 \cdot x^3 - 3 \cdot x$.

Entsprechend können wir $\sin 10°$ berechnen. Aus $\sin 30° = \frac{1}{2}$ und $x = \sin 10°$ ergibt sich die Gleichung $\frac{1}{2} = 3 \cdot x - 4 \cdot y^3$.

Zur Lösung von Gleichungen dritten Grades gibt es zwar kein Standardverfahren, das man in der Schule lernt. Gerolamo Cardano (1501–1576) hat allerdings schon eine allgemeine Formel veröffentlicht, mit der man $\cos 20°$ und $\sin 10°$ bestimmen kann.

Nun wollen wir uns der Umkehrung des Potenzierens zuwenden. Das ist das Wurzelziehen: Gegeben sei eine komplexe Zahl a; für welche Zahlen z gilt $z^n = a$?

Wurzelziehen aus einer komplexen Zahl
Für eine natürliche Zahl $n \in \mathbb{N}$ und eine komplexe Zahl a heißen
Lösungen der Gleichung $z^n = a$ *n*-te **Wurzeln aus** a.
Im Fall $n = 2$ spricht man von **Quadratwurzeln.**

Von den reellen Zahlen ist bekannt, dass beim Wurzelziehen besondere Bedingungen herrschen:

- Für ungerades n erhält man zu jeder Zahl a immer genau eine reelle *n*-te Wurzel;
  ist a positiv, ist auch die *n*-te Wurzel aus a positiv; ist a negativ, ist auch die *n*-te Wurzel aus a negativ.

- Für gerades n existiert nur dann eine reelle Zahl als n-te Wurzel aus a, wenn a nicht negativ ist. (Dass es für negatives a keine reellen Quadratwurzeln gibt, war ja gerade der Anlass dafür, die komplexen Zahlen einzuführen.) Für positives a gibt es genau zwei Zahlen, deren n-te Potenz a ergibt; sie unterscheiden sich nur durch das Vorzeichen.

Wie sieht es bei Wurzeln komplexer Zahlen aus?

- Wir nähern uns der Beantwortung dieser Frage durch die Betrachtung spezieller Fälle. Als Erstes bestimmen wir die Lösungen der Gleichung $z^n = 1$, also die **n-ten Wurzeln aus 1**. Das ist uns doch scheinbar vertraut.
- Dann ziehen wir die **n-ten Wurzeln aus -1**, was im reellen Fall nicht immer geht. Für $n = 2$ haben wir i als Quadratwurzel kennengelernt. Aber auch $z = -i$ ist eine Lösung der Gleichung $z^2 = -1$, also eine Quadratwurzel. Dass es zwei Lösungen gibt, ist nicht wirklich erstaunlich. Das kennen wir aus dem Reellen. Aber wie steht es, wenn wir die vierte Wurzel oder allgemein die n-ten Wurzeln aus -1 ermitteln wollen?
- Schließlich fragen wir uns: Kann man auch die **n-ten Wurzeln aus i** ziehen? Oder müssen wir hier wieder „neue" Zahlen einführen, wie wir es getan haben, um eine Quadratwurzel aus -1 angeben zu können?

Nach Definition bedeutet Wurzelziehen: Suche diejenigen komplexen Zahlen z, für die $z^n = a$ gilt. Wir haben vorsichtshalber von Zahlen in der Mehrzahl gesprochen, da wir ja von den reellen Zahlen wissen, dass es mehr als eine geben kann. Da Potenzieren, also fortgesetztes Multiplizieren im Spiel ist, macht es Sinn, nach den Polarkoordinaten der gesuchten Zahl z zu forschen. Wir setzen also $z = r \cdot (\cos \varphi + i \cdot \sin \varphi)$ an und möchten r und φ ermitteln. Potenzieren einer komplexen Zahl mit einer natürlichen Zahl n bedeutet Potenzieren des Betrags und Vervielfachen des Winkels.

Also ist $z^n = a$ gleichbedeutend mit $r^n \cdot (\cos(n \cdot \varphi) + i \cdot \sin(n \cdot \varphi)) = a$.

Der Fall $z^n = 1$

Man spricht hier auch von den (komplexen) **n-ten Einheitswurzeln**. Die (komplexe) Zahl 1 hat den Betrag 1. Also muss $r^n = 1$ und folglich $r = 1$ sein, da der Betrag immer eine nichtnegative reelle Zahl ist. Das bedeutet: Alle komplexen n-ten Einheitswurzeln haben den Betrag 1. Sie liegen auf dem Einheitskreis.

Welche Winkel φ zwischen 0 und 2π kommen als Argument von z infrage? Der zur komplexen Zahl 1 gehörende Winkel ist 0 oder ein Vielfaches des Vollwinkels 2π. Aus der anschaulichen Interpretation der Multiplikation als Drehstreckung folgt, dass das n-Fache des Winkels φ gleich 0 oder gleich einem ganzzahligen Vielfachen des Vollwinkels 2π sein muss, kurz

$$n \cdot \varphi = k \cdot 2\pi \quad \text{mit } k \in \mathbb{Z}.$$

Das sieht so aus, als gäbe es unendlich viele Möglichkeiten für den Winkel φ. Das ist aber nicht der Fall. Da $0 \leq \varphi < 2\pi$ ist, gilt $0 \leq n \cdot \varphi < n \cdot 2\pi$, folglich $0 \leq k \cdot 2\pi < n \cdot 2\pi$, mithin $0 \leq k < n$. Demnach gibt es genau n verschiedene solcher Winkel

$$\varphi_k = k \cdot \frac{2\pi}{n} \quad \text{mit} \quad k = 0, 1, \ldots, n - 1.$$

Anders ausgedrückt: Außer dem Winkel von $0°$ gibt es noch $n - 1$ weitere Winkel, und zwar den n-ten Teil des Vollwinkels und alle Vielfachen davon, die kleiner als der Vollwinkel sind.

Einheitswurzeln

Es gibt n komplexe n-te Einheitswurzeln.

Sie liegen auf dem Einheitskreis.

Für die Winkel der Einheitswurzeln gilt:

Außer dem Winkel von $0°$ gibt es noch $n - 1$ weitere Winkel,

und zwar den n-ten Teil des Vollwinkels und alle Vielfachen davon, die

kleiner als der Vollwinkel sind.

$$z_k = \cos(k \cdot \frac{2\pi}{n}) + i \cdot \sin(k \cdot \frac{2\pi}{n}) \quad \text{mit} \quad k = 0, 1, \ldots, n - 1.$$

In der Abb. 2.6 sind die vierten, fünften und sechsten Einheitswurzeln in der gaußschen Zahlenebene dargestellt. Sie liegen auf dem Einheitskreis und bilden die Ecken eines regelmäßigen Vielecks mit der Ecke $+1$ auf der reellen Achse.

Für ungerades n ist $+1$ die einzige reelle Einheitswurzel, es gibt darüber hinaus noch $n - 1$ komplexe Einheitswurzeln. Für gerades n sind $+1$ und -1 die reellen Einheitswurzeln.

Alle Einheitswurzeln liegen symmetrisch zur reellen Achse, d. h., mit jeder Einheitswurzel z ist auch die dazu konjugierte Zahl $\bar{z}$ eine Einheitswurzel. Denn wenn

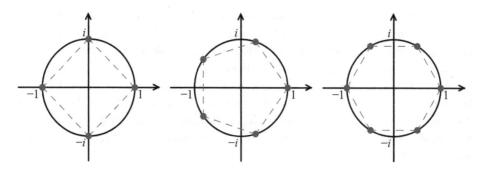

Abb. 2.6 Vierte, fünfte und sechste Einheitswurzeln

z den Winkel φ hat, dann besitzt $\bar{z}$ den Winkel $-\varphi$; mit $\cos(n \cdot \varphi) = 1$ ist auch $\cos(n \cdot (-\varphi)) = 1$ und mit $\sin(n \cdot \varphi) = 0$ ist auch $\sin(n \cdot (-\varphi)) = 0$. Also gilt $\bar{z}^n = 1$.

Die Einführung der komplexen Zahlen löst die Unterscheidung hinsichtlich der Anzahl von Ergebnissen beim Wurzelziehen von reellen Zahlen in gewisser Weise auf: Die Suche nach den n-ten Einheitswurzeln führt immer zu n Ergebnissen. Man kann diese Überlegungen auf beliebige Radikanden a übertragen.

Der Fall $z^n = -1$

Hier existiert in der Welt der reellen Zahlen nur dann eine n-te Wurzel, nämlich -1, wenn n ungerade ist. Wie sieht das im komplexen Fall aus? Da die komplexe Zahl -1 den Betrag 1 hat, müssen auch alle n-ten Wurzeln den Betrag 1 haben, d. h. auf dem Einheitskreis liegen.

Das Argument von -1 ist $180°$ bzw. π. Aus der anschaulichen Interpretation der Multiplikation als Drehstreckung folgt, dass das n-Fache des Winkels φ gleich π oder gleich der Summe aus π und einem Vielfachen des Vollwinkels sein muss:

$$n \cdot \varphi = \pi + k \cdot 2\pi \quad \text{mit } k = 0, 1, \ldots, n-1.$$

Demnach gibt es n verschiedene solcher Winkel

$$\varphi_k = \frac{\pi}{n} + k \cdot \frac{2\pi}{n} \quad \text{mit} \quad k = 0, 1, \ldots, n-1.$$

Anschaulich:

Wurzelziehen aus i
Es gibt n verschiedene komplexe Zahlen z mit $z^n = -1$ (n-te Wurzeln aus -1).
Sie liegen auf dem Einheitskreis.
Man erhält sie, indem man die n-ten Einheitswurzeln um $\frac{\pi}{n}$ dreht.

Wenn n gerade ist, liegt keine dieser n-ten Wurzeln auf der reellen Achse. Das entspricht dem „Verbot", aus negativen Zahlen gerade Wurzeln zu ziehen, solange man noch keine komplexen Zahlen kennt.

Wenn n ungerade, also $n = 2m + 1$ ist und man $k = m$ einsetzt, erhält man $\varphi_m = \pi$. Also liegt genau eine dieser n-ten Wurzeln, nämlich $z_m = -1$, auf der reellen Achse.

Die Einführung der komplexen Zahlen löst somit die Ungleichbehandlung gerader und ungerader n-ter Wurzeln auf bzw. klärt sie.

In der Abb. 2.7 sind die vierten, fünften und sechsten Wurzeln aus -1 in der gaußschen Zahlenebene dargestellt.

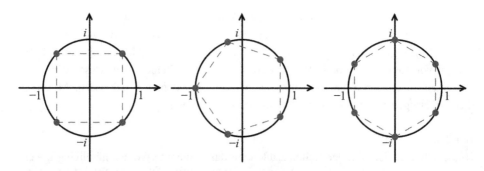

Abb. 2.7 Vierte, fünfte und sechste Wurzeln aus -1

Der Fall $z^n = i$

Nun gehen wir einen Schritt weiter und wollen die n-ten Wurzeln aus der imaginäen Einheit i ziehen.

Da i den Betrag 1 hat, müssen auch alle n-ten Wurzeln aus i den Betrag 1 haben, d. h. auf dem Einheitskreis liegen. Das Argument von i ist 90° bzw. $\frac{\pi}{2}$. Aus der anschaulichen Interpretation der Multiplikation als Drehstreckung folgt, dass das n-Fache des Winkels φ gleich $\frac{\pi}{2}$ oder gleich der Summe aus $\frac{\pi}{2}$ und einem Vielfachen des Vollwinkels sein muss:

$$n \cdot \varphi = \frac{\pi}{2} + k \cdot 2\pi \quad \text{mit} \quad k = 0, 1, \ldots, n - 1.$$

Demnach gibt es n verschiedene solcher Winkel:

$$\varphi_k = \frac{\pi}{2n} + k \cdot \frac{2\pi}{n} \quad \text{mit} \quad k = 0, 1, \ldots, n - 1.$$

Anschaulich:

> **Wurzelziehen aus i**
> Es gibt n verschiedene komplexe n-te Wurzeln aus i.
> Sie liegen auf dem Einheitskreis.
> Man erhält sie, indem man die n-ten Einheitswurzeln um $\frac{\pi}{2n}$ dreht.

Keine dieser n-ten Wurzeln aus i kann auf der reellen Achse liegen. Andernfalls müsste eine der Wurzeln den Winkel 0 oder π haben. Im ersten Fall müsste es eine natürliche Zahl k geben mit

$$\varphi_k = \frac{\pi}{2n} + k \cdot \frac{2\pi}{n} = 0, \quad \text{also} \quad \frac{1}{2} + k \cdot 2 = 0.$$

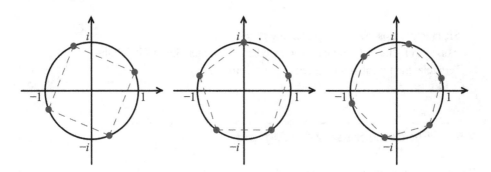

Abb. 2.8 Vierte, fünfte und sechste Wurzeln aus i

Die gibt es aber nicht. Im anderen Fall müsste es eine natürliche Zahl k geben mit

$$\varphi_k = \frac{\pi}{2n} + k \cdot \frac{2\pi}{n} = \pi, \quad \text{also} \quad \frac{1}{2} + k \cdot 2 = n.$$

Die gibt es auch nicht.

In der Abb. 2.8 sind die vierten, fünften und sechsten Wurzeln aus i in der gaußschen Zahlenebene dargestellt.

Aufgabe 2.4: Wurzelziehen aus einer komplexen Zahl

a) Wir haben gesehen, wie man n-te Wurzeln aus komplexen Zahlen zieht, die auf dem Einheitskreis liegen. Wie sieht es aus, wenn wir aus der komplexen Zahl a mit dem Betrag 64 und dem Winkel 120° die n-te Wurzel ziehen wollen? Wir suchen also komplexe Zahlen z mit

$$z^n = 64 \cdot (\cos 120° + i \cdot \sin 120°).$$

Setze $z = r \cdot (\cos \varphi + i \cdot \sin \varphi)$ und berechne die dritten, vierten und sechsten Wurzeln.

b) Verallgemeinere. Bestimme die n-ten Wurzeln aus einer beliebigen komplexen Zahl a, d. h. die Lösungen der Gleichung $z^n = a$.

Setze $a = |a| \cdot (\cos \alpha + i \cdot \sin \alpha)$ mit $0 \le \alpha < 2\pi$ sowie $z = r \cdot (\cos \varphi + i \cdot \sin \varphi)$ und berechne r und die n verschiedenen Winkel $\varphi_k, k = 0, 1, \ldots, n - 1$.

Wir fassen die Überlegungen von Abschn. 2.4 zusammen:

Potenzieren und Wurzelziehen

Jede komplexe Zahl z kann mit einem natürlichen Exponenten n potenziert werden und das Ergebnis ist eine eindeutig bestimmte komplexe Zahl, die Potenz z^n.

Aus jeder komplexen Zahl a kann man die n-ten Wurzeln ziehen.

Sie sind die Lösungen der Gleichung $z^n = a$.

Außer im Fall $a = 0$ gibt es n verschiedene Lösungen dieser Gleichung.

Wurzelziehen ist also im Allgemeinen mehrdeutig.

2.5   Fundamentalsatz der Algebra

Wir haben eben gesehen: Eine Gleichung der Form $z^n - a = 0$ hat für jede beliebige komplexe Zahl a genau n Lösungen. Die Gleichung $z^{n+1} - 1 = 0$ hat genau $n + 1$ verschiedene Lösungen, nämlich die $n + 1$-ten Einheitswurzeln mit der speziellen Lösung $z_1 = 1$.

Wie man durch Ausmultiplizieren der rechten Seite leicht beweisen kann, gilt:

$$z^{n+1} - 1 = (z - 1)\left(z^n + z^{n-1} + \ldots + z + 1\right)$$

Die Gleichung $z^n + z^{n-1} + \ldots + z + 1 = 0$ hat also genau n Lösungen, nämlich die von 1 verschiedenen $(n + 1)$-ten Einheitswurzeln. Diese Gleichung heißt auch Kreisteilungsgleichung, weil ihre Lösungen zusammen mit $z_1 = 1$ den Einheitskreis in gleich große Abschnitte teilen, wie wir oben gesehen haben.

Für uns ist im Moment wichtig: Die Gleichung $z^n + z^{n-1} + \ldots + z + 1 = 0$ hat genau n verschiedene Lösungen. Auf der linken Seite steht ein Polynom; das ist ein Term, der aus der Summe verschiedener Potenzen besteht, in diesem Spezialfall mit dem Faktor 1 oder, wie man bei Polynomen sagt, mit dem Koeffizienten 1 versehen.

Verallgemeinerung:

Algebraische Gleichungen und Polynomfunktionen

Im Folgenden sind die Koeffizienten a_k komplexe Zahlen und
z ist eine komplexe Variable.

- Der Term $a_n \cdot z^n + a_{n-1} \cdot z^{n-1} + a_{n-2} \cdot z^{n-2} + \ldots + a_1 \cdot z + a_0$ mit $a_n \neq 0$ heißt **Polynom n-ten Grades.**
- Die Gleichung $a_n \cdot z^n + a_{n-1} \cdot z^{n-1} + a_{n-2} \cdot z^{n-2} + \ldots + a_1 \cdot z + a_0 = 0$ mit $a_n \neq 0$ heißt **algebraische Gleichung n-ten Grades**.
- Die Funktion f mit dem Definitions- und Wertebereich $\mathbb{C}$ und der Funktionsvorschrift $f(z) = a_n \cdot z^n + a_{n-1} \cdot z^{n-1} + a_{n-2} \cdot z^{n-2} + \ldots + a_1 \cdot z + a_0$ mit $a_n \neq 0$ heißt **komplexe Polynomfunktion n-ten Grades.**

Die Lösungen der algebraischen Gleichung sind die Nullstellen der
Polynomfunktion und umgekehrt.

Algebraische Gleichungen zweiten Grades mit **reellen** Koeffizienten (quadratische Gleichungen) in der Menge der reellen Zahlen zu lösen bzw. die Nullstellen von reellen quadratischen Funktionen zu bestimmen, lernt man in der Schule. Der Funktionsgraph macht plausibel, was die Arithmetik ergibt: Die Parabel schneidet die x-Achse keinmal, einmal oder zweimal; d. h., die Funktion hat keine, eine oder zwei Nullstellen, wobei man im Fall einer Nullstelle von einer doppelten Nullstelle spricht. Die quadratische Gleichung hat keine, eine oder zwei reelle Lösungen. Im Fall keiner reellen Lösung liegt das arithmetisch daran, dass die Wurzel aus einer negativen reellen Zahl zu ziehen ist; das führt, wie wir wissen, zu zwei konjugiert komplexen Zahlen mit von Null verschiedenem Imaginärteil.

Genau wie im Reellen zeigt man durch Äquivalenzumformungen und mithilfe der Aussagen über Quadratwurzeln aus komplexen Zahlen (Abschn. 2.3), dass die quadratische Gleichung $z^2 + pz + q = 0$ mit komplexen Koeffizienten p und q genau zwei Lösungen hat, die unter gewissen Umständen zusammenfallen können:

$$z^2 + pz + q = 0 \Leftrightarrow z^2 + pz = -q$$

$$\Leftrightarrow z^2 + pz + \left(\frac{p}{2}\right)^2 = \left(\frac{p}{2}\right)^2 - q$$

$$\Leftrightarrow \left(z + \frac{p}{2}\right)^2 = \left(\frac{p}{2}\right)^2 - q$$

Lösungen: Bestimme die Quadratwurzeln von $\left(\frac{p}{2}\right)^2 - q$ und addiere jeweils $-\frac{p}{2}$.

Wenn $\left(\frac{p}{2}\right)^2 = q$ ist, gibt es nur eine Lösung, nämlich $-\frac{p}{2}$. In diesem Fall spricht man von einer „doppelten Nullstelle" der quadratischen Funktion. Oder man sagt: Die Lösung der quadratischen Gleichung hat die Vielfachheit 2.

Lösungen für Gleichungen dritten und vierten Grades mit reellen Koeffizienten wurden durch (komplizierte) Formeln im 16. Jahrhundert angegeben (Tartaglia, Cardano). Bemühungen um eine Lösung der allgemeinen Gleichung fünften Grades scheiterten bis zum Ende des 18. Jahrhunderts. Für algebraische Gleichungen höheren Grades fehlt bis auf Sonderfälle jede Lösungsformel.

Besonders einfache Sonderfälle liefern die binomischen Formeln (Abschn. 5.2.2). Die Lösung der Gleichung $z^4 - 4z^3 + 6z^2 - 4z + 1 = 0$ ergibt sich sofort, wenn man weiß, dass $z^4 - 4z^3 + 6z^2 - 4z + 1 = (z - 1)^4$ ist. Es kommt also nur 1 als Lösung infrage. Man sagt in diesem Fall: Die Lösung 1 hat die Vielfachheit 4.

Umso erstaunlicher klingt es, dass 1799 Carl Friedrich Gauß (1777–1855) in seiner Doktorarbeit ohne eine Formel anzugeben bewies, dass *jede* algebraische Gleichung vom Grad $n \geq 1$ *mindestens* eine komplexe Lösung hat (Satz von Gauß). Beachte: Eine komplexe Lösung kann auch den Imaginärteil null haben, also reell sein.

© Heritage Images/picture-alliance

Carl Friedrich Gauß (1777–1855)

Carl Friedrich Gauß, in Braunschweig geboren, sagte von sich selbst, er habe früher rechnen als sprechen gelernt. Berühmt ist die Anekdote vom „kleinen Gauß": In der mit 100 Schülern überfüllten Schulstube stellte der Lehrer die Aufgabe, alle Zahlen von 1 bis 100 zu addieren. Nach kürzester Zeit lieferte der kleine Carl Friedrich das richtige Ergebnis: 5050. Er hatte die Summe von 1 bis 100 in 50 Zahlenpaare mit der gleichen Summe 101 zerlegt ($1 + 100, 2 + 99, 3 + 98$ und so weiter).

Gauß' Talent wurde schon früh entdeckt und gefördert. 1807 wurde er Professor in Göttingen und Direktor der dortigen Sternwarte. Dort musste er Lehrveranstaltungen halten, gegen die er aber eine Abneigung entwickelte. Er blieb Göttingen zeitlebens treu und trug wesentlich zum wachsenden Ruf seiner Universität bei. Bereits ein Jahr nach seinem Tod 1855 ließ der König von Hannover Gedenkmünzen mit dem Bild von Gauß und der Inschrift „Mathematicorum Principi" (dt. „dem Fürsten der Mathematiker") prägen.

Gauß gehört zu den größten Mathematikern aller Zeiten, hat aber wie Archimedes, Newton und andere auch in anderen Disziplinen Bahnbrechendes geleistet. Er veröffentlichte seine Ergebnisse erst, wenn eine Theorie seiner Meinung nach komplett war. „Pauca sed matura" (dt. „Weniges, aber Reifes") stand auf seinem Siegel. Dies führte dazu, dass er Kollegen gelegentlich darauf hinwies, dieses oder jenes Resultat schon lange vor ihnen bewiesen, wegen der noch unvollständigen zugrunde liegenden Theorie oder der ihm fehlenden, zum schnellen Arbeiten nötigen Unbekümmertheit nur noch nicht veröffentlicht zu haben. Den Beleg für diese Behauptung lieferten seine über 20 Tagebücher, die erst 1898 entdeckt wurden.

Der Satz von Gauß wird oft schon als Fundamentalsatz der Algebra bezeichnet, da er der schwieriger zu beweisende Teil der folgenden Verallgemeinerung ist. Die Verallgemeinerung können wir auf drei Weisen formulieren, die zueinander äquivalent sind.

Äquivalente Formulierungen für den Fundamentalsatz der Algebra
- Eine algebraische Gleichung n-ten Grades
  $$a_n \cdot z^n + a_{n-1} \cdot z^{n-1} + a_{n-2} \cdot z^{n-2} + \ldots + a_1 \cdot z + a_0 = 0 \text{ mit komplexen}$$
  Koeffizienten a_k und $a_n \neq 0$ hat genau n komplexe Lösungen.

Dabei muss jede Lösung entsprechend ihrer Vielfachheit gezählt werden.

- Eine Polynomfunktion n-ten Grades
  $f(z) = a_n \cdot z^n + a_{n-1} \cdot z^{n-1} + a_{n-2} \cdot z^{n-2} + \ldots + a_1 \cdot z + a_0$ mit komplexen Koeffizienten a_k und $a_n \neq 0$ hat genau n komplexe Nullstellen.
  Dabei muss jede Nullstelle entsprechend ihrer Vielfachheit gezählt werden.
- Jedes Polynom n-ten Grades
  $a_n \cdot z^n + a_{n-1} \cdot z^{n-1} + a_{n-2} \cdot z^{n-2} + \ldots + a_1 \cdot z + a_0$ mit komplexen Koeffizienten a_k und $a_n \neq 0$ kann als Produkt von n Linearfaktoren
  $a_n \cdot (z - z_1) \cdot (z - z_2) \cdot (z - z_3) \cdot \ldots \cdot (z - z_n)$ geschrieben werden.
  Die komplexen Zahlen z_k sind die Nullstellen der Polynomfunktion bzw.
  die Lösungen der algebraischen Gleichung. Dabei muss jede Nullstelle bzw.
  jede Lösung entsprechend ihrer Vielfachheit vorkommen.

Die Vermutung, dass Gleichungen n-ten Grades höchstens n Lösungen haben, sprachen schon René Descartes (1596–1650) und *Franciscus Vieta* (1540–1603) aus, denen wir in Abschn. 1.2 bereits begegnet sind. Leonhard Euler (1707–1783) gab die dritte Formulierung des Fundamentalsatzes an.

Es gibt inzwischen eine Fülle verschiedener Beweise[7]. Keiner davon kommt allerdings nur mit algebraischen Methoden aus. Jeder benutzt Erkenntnisse aus anderen Disziplinen der Mathematik.

Hat man erst einmal gezeigt, dass jede algebraische Gleichung n-ten Grades ($n \geq 1$) mindestens eine komplexe Lösung hat, ist die Verallgemeinerung auf n Lösungen vergleichsweise einfach: Wir gehen schrittweise immer um einen Grad zurück. Die Idee ist einfach, die Durchführung rechnerisch aufwändig; denn sie benutzt die sogenannte Polynomdivision (Abschn. 5.2.3). Wir ersparen uns hier die Einzelheiten und geben nur den Grundgedanken wieder. Wir beweisen dabei den verallgemeinerten Fundamentalsatz in seiner dritten Formulierung.

Nach dem Satz von Gauß hat jede algebraische Gleichung vom Grad $n \geq 1$
$a_n \cdot z^n + a_{n-1} \cdot z^{n-1} + a_{n-2} \cdot z^{n-2} + \ldots + a_1 \cdot z + a_0 = 0$ mit komplexen Koeffizienten a_k und $a_n \neq 0$ mindestens eine komplexe Lösung. Da $a_n \neq 0$ ist, können wir die Gleichung durch a_n dividieren und erhalten die äquivalente Aussage:

Jede algebraische Gleichung vom Grad n der Form
$z^n + b \cdot z^{n-1} + b_{n-2} \cdot z^{n-2} + \ldots + b_1 \cdot z + b_0 = 0$ mit komplexen Koeffizienten b_k hat mindestens eine komplexe Lösung, wir nennen sie z_1.

In der Terminologie der Polynomfunktion ausgedrückt:

Jede Polynomfunktion f vom Grad n mit der Funktionsvorschrift

---

[7]Vgl. z. B. Toenissen (2010), S. 185 ff.

$f(z) = z^n + b_{n-1} \cdot z^{n-1} + b_{n-2} \cdot z^{n-2} + \ldots + b_1 \cdot z + b_0$ mit komplexen Koeffizienten b_k hat mindestens eine komplexe Nullstelle z_1, also $f(z_1) = 0$. Dann gilt:

$$f(z) = f(z) - f(z_1) = \left(z^n - z_1^n\right) + b_{n-1} \cdot \left(z^{n-1} - z_1^{n-1}\right) + b_{n-2} \cdot (z^{n-2} - z_1^{n-2}) + \ldots + b_1 \cdot (z - z_1).$$

Hier kommt jetzt die Polynomdivision ins Spiel. Wir dividieren das Polynom

$$\left(z^n - z_1^n\right) + b_{n-1} \cdot \left(z^{n-1} - z_1^{n-1}\right) + b_{n-2} \cdot (z^{n-2} - z_1^{n-2}) + \ldots + b_1 \cdot (z - z_1)$$

durch $(z - z_1)$ und erhalten ein Polynom $g(z)$ vom Grad $n - 1$. Dann ist also

$$f(z) = (z - z_1) \cdot (\text{Polynom} g(z) \text{ vom Grad } n - 1).$$

Nun ist klar, wie es weitergeht: Jede Polynomfunktion g vom Grad $n - 1$ hat mindestens eine komplexe Nullstelle z_2, also $g(z_2) = 0$. Dann gilt

$g(z) = g(z) - g(z_2) = (z - z_2) \cdot (\text{Polynom } h(z) \text{ vom Grad } n - 2)$ und folglich

$f(z) = (z - z_1) \cdot (z - z_2) \cdot (\text{Polynom } h(z) \text{ vom Grad } n - 2).$

Es kann übrigens sein, dass $z_2 = z_1$ ist. Das stört unsere Überlegungen aber nicht.

Wir fahren nun mit dem Polynom $h(z)$ fort und erhalten schließlich

$$f(z) = (z - z_1) \cdot (z - z_2) \cdot (z - z_3) \cdot \ldots \cdot (z - z_n).$$

Also: Jede Polynomfunktion f vom Grad n lässt sich in Produktform mit n Linearfaktoren schreiben und hat folglich genau n komplexe Nullstellen.

Aus dem Fundamentalsatz der Algebra ergeben sich weitere einfache, aber wichtige Folgerungen.

Die Einheitswurzeln sind die Nullstellen der Polynomfunktion $f(z) = z^n - 1$. Wir haben gesehen (Abschn. 2.4): Alle Einheitswurzeln liegen symmetrisch zur reellen Achse, d. h., mit jeder Einheitswurzel ist auch die dazu konjugierte Zahl eine Nullstelle der Polynomfunktion $f(z) = z^n - 1$. Nun verallgemeinern wir diese Aussage auf beliebige Polynomfunktionen mit reellen Koeffizienten.

Nullstellen von Polynomfunktionen mit reellen Koeffizienten
Sind die Koeffizienten a_k der Polynomfunktion
$f(z) = a_n \cdot z^n + a_{n-1} \cdot z^{n-1} + a_{n-2} \cdot z^{n-2} + \ldots + a_1 \cdot z + a_0$ *reelle* Zahlen,
dann liegen die Nullstellen symmetrisch zur reellen Achse, d. h., mit der Nullstelle
$z_0 = x_0 + iy_0$ ist auch die *konjugierte Zahl* $\overline{z_0} = x_0 - iy_0$ eine Nullstelle.

Beweis
Multiplizieren und Konjugieren sind vertauschbare Operationen („erst multiplizieren und dann konjugieren ergibt dasselbe wie erst konjugieren und dann multiplizieren") (Aufgabe 2.1b). Dann sind auch Potenzieren und Konjugieren vertauschbare Operationen:

$\overline{z^k} = \overline{z}^k$ („erst potenzieren und dann konjugieren ergibt dasselbe wie erst konjugieren und dann potenzieren"). Alle Koeffizienten a_k sind reell. Das bedeutet: $\overline{a_k} = a_k$. Also gilt $\overline{a_k \cdot z^k} = \overline{a_k} \cdot \overline{z^k} = a_k \cdot \overline{z}^k$.

Addieren und Konjugieren sind ebenfalls vertauschbare Operationen („erst addieren und dann konjugieren ergibt dasselbe wie erst konjugieren und dann addieren") (Aufgabe 2.1a).

Damit ergibt sich:

$$\begin{aligned}\overline{f(z)} &= \overline{a_n \cdot z^n + a_{n-1} \cdot z^{n-1} + a_{n-2} \cdot z^{n-2} + \ldots + a_1 \cdot z + a_0} \\ &= a_n \cdot \overline{z}^n + a_{n-1} \cdot \overline{z}^{n-1} + a_{n-2} \cdot \overline{z}^{n-2} + \ldots + a_1 \cdot \overline{z} + a_0 \\ &= f(\overline{z})\end{aligned}$$

Mit $f(z_0) = 0$ ist auch $\overline{f(z_0)} = 0$ und folglich $f(\overline{z_0}) = 0$; in Worten: Mit der Nullstelle z_0 ist auch die **konjugierte Zahl** $\overline{z_0}$ eine Nullstelle von f.

Den gerade bewiesenen Sachverhalt kann man auch so ausdrücken: Bei Polynomfunktionen mit reellen Koeffizienten treten Nullstellen mit von Null verschiedenem Imaginärteil immer paarweise auf, das heißt, die Anzahl der komplexen Nullstellen mit von Null verschiedenem Imaginärteil ist gerade.

Daraus folgt: Wenn eine Polynomfunktion mit reellen Koeffizienten einen ungeraden Grad hat, dann muss sie mindestens eine reelle Nullstelle besitzen.

Eine weitere einfache Folgerung aus dem Fundamentalsatz der Algebra, die noch eine entscheidende Rolle bei der Herleitung der Gleichung $e^{i \cdot \pi} + 1 = 0$ (Abschn. 4.1) spielen wird, ist:

Gleichheit von Funktionen
Zwei Polynomfunktionen verschiedenen Grades können nicht gleich sein.

Beweis
Zwei Funktionen sind gleich, wenn die Funktionswerte an allen Stellen ihres Definitionsbereichs übereinstimmen. Zwei Polynomfunktionen verschiedenen Grades stimmen aber nicht in ihren Nullstellen überein, können folglich nicht gleich sein.

Wir werden den Fundamentalsatz der Algebra auch noch benutzen, um damit faszinierende Formeln für die Kreiszahl π herzuleiten (Abschn. 4.3).

Rückblick und Ausblick
Wir haben gesehen, wie die „Störungen des Rechnens" dazu führen, immer neue Zahlbereiche zu erfinden. Will man darin „ungestört" rechnen, muss man die alten Rechenoperationen durch Begriffserweiterung unter Beibehaltung der alten Rechengesetze (Permanenzprinzip), soweit dies möglich ist, auf die neuen Zahlbereiche übertragen.

Unter „Rechnen" kann man letztlich das Lösen von Gleichungen verstehen. Bei den komplexen Zahlen ist man schließlich im gelobten Land des Rechnens angekommen, zumindest was die algebraischen Gleichungen anbelangt: Jede algebraische Gleichung vom Grad ≥ 1 hat mindestens eine komplexe Lösung (Satz von Gauß). Man nennt diese Eigenschaft der Menge der komplexen Zahlen auch algebraische Abgeschlossenheit. Genauer gilt sogar: Jede algebraische Gleichung vom Grad $n \geq 1$ hat n Lösungen, wobei einige gegebenenfalls mehrfach gezählt werden müssen.

Lösungen einer algebraischen Gleichung vom Grad $n \geq 2$ und n-te Wurzeln sind zwei Seiten derselben Medaille. So können wir in den komplexen Zahlen „ungestört" n-te Wurzeln ziehen.

Wurzeln aus komplexen Zahlen zu ziehen, ist nicht das Problem, wie wir gesehen haben: Wer mit natürlichen Exponenten potenzieren kann – und das geht überall, wo man multiplizieren kann –, kann auch die Umkehrfrage stellen. Sie führt in der Welt der komplexen Zahlen immer zu Lösungen, genauer: Sie führt außer im Fall Null zu einer Lösungsmenge mit mehreren Elementen.

In der geheimnisvollen Gleichung $e^{i \cdot \pi} + 1 = 0$ ist die Basis e der Potenz $e^{i \cdot \pi}$ eine positive reelle Zahl, aber der Exponent eine imaginäre Zahl. Wir wissen weder, was es heißt, eine imaginäre Zahl mit einem Bruch zu potenzieren, noch eine reelle Zahl mit einer imaginären Zahl zu potenzieren. Wir müssen also noch den Potenzbegriff erweitern, um dem Geheimnis der Gleichung näher zu kommen. Das soll im nächsten Kapitel geschehen.

Die Basis *e* 3

Ausgangspunkt des Kap. 2 war die Erweiterung des Zahlbegriffs von den natürlichen über die reellen bis zu den komplexen Zahlen. Mit den Zahlbereichserweiterungen einher geht die Begriffserweiterung der Rechenoperationen; für die neuen Zahlen müssen Addition und Subtraktion sowie Multiplikation und Division definiert werden. Leitidee ist dabei das Permanenzprinzip: Die für die bekannten Zahlen gültigen Rechenregeln sollen auch für die neuen Zahlen gelten – nach Möglichkeit! (Dass das nicht immer geht, mussten wir auch feststellen: Die Kleiner-Relation lässt sich auf die komplexen Zahlen nicht so übertragen, dass die bekannten Regeln für Ungleichungen erhalten bleiben. Wir haben das den Verlust der Ordnung genannt.)

Wir wenden uns nun der Erweiterung des Potenzierens zu. Dabei liegt der Fokus auf der Betrachtung der Exponenten. Bei ganzzahligen Exponenten geht die Erweiterung reibungslos. Bei rationalen Exponenten stoßen wir auf Probleme, wenn wir eine negative reelle Basis zulassen. Beschränken wir uns auf positive reelle Zahlen als Basis, können wir den Potenzbegriff auf beliebige reelle Exponenten erweitern (Abschn. 3.1).

Damit ist die Grundlage gelegt für einen wichtigen Perspektivwechsel: Wir können Funktionen betrachten, die bei einer fest vorgegebenen positiven reellen Basis q jedem reellen Exponenten x die zugehörige Potenz q^x zuordnen. Sie heißen Exponentialfunktionen. Eine Besondere unter ihnen ist die Exponentialfunktion zur Basis e, die e-Funktion.

Das Besondere an der Betrachtung von Funktionen in diesem Kapitel ist allerdings, dass wir nicht von einer Funktionsvorschrift ausgehen, die jedem Argument x den Funktionswert $f(x)$ zuordnet, um dann Eigenschaften der so definierten Funktion zu untersuchen, sondern dass wir Exponentialfunktionen als Funktionen mit speziellen Eigenschaften charakterisieren und aus diesen Eigenschaften die Funktionsvorschrift herleiten, und zwar nicht nur eine, sondern gleich mehrere äquivalente.

© Springer Fachmedien Wiesbaden GmbH, ein Teil von Springer Nature 2020
H.-D. Rinkens und K. Krüger, *Die schönste Gleichung aller Zeiten*,
https://doi.org/10.1007/978-3-658-28466-4_3

3.1   Erweiterung des Potenzbegriffs

Wenn man multiplizieren kann, dann kann man auch potenzieren, denn die Potenz z^n ($n \geq 1$) wird eingeführt als Abkürzung für das n-fache Produkt des Faktors z, wobei z^1 gleich z gesetzt wird. Aus der Definition des Potenzierens ergeben sich die **Potenzgesetze** für natürliche Zahlen als Exponenten mithilfe der üblichen Rechenregeln für die Grundrechenarten (Abschn. 5.2.1). Das Potenzgesetz für die Multiplikation von Potenzen mit gleicher Basis ist das wichtigste von allen.

Multiplizieren von Potenzen mit gleicher Basis (PG1)

Potenzen mit gleicher Basis werden multipliziert, indem man die Exponenten addiert.

$$z^m \cdot z^n = z^{m+n}$$

Es ist typisch für Begriffserweiterungen in der Mathematik, dass man danach fragt, ob man Einschränkungen, die sich aus der ursprünglichen Definition ergeben (im vorliegenden Fall die Einschränkung, dass der Exponent eine natürliche Zahl sein muss), fallen lassen kann. Das bedeutet, dass man die zugrunde liegende intuitive Vorstellung des Potenzierens als wiederholtes Multiplizieren aufgeben muss. Denn was soll schon z^0 bedeuten? Eine Erweiterung soll allerdings nach dem **Permanenzprinzip** erfolgen, d. h., die bisherigen Rechenregeln sollen möglichst ausnahmslos weiter gelten.

Soll das Potenzgesetz $z^m \cdot z^n = z^{m+n}$ seine Gültigkeit auch für $n = 0$ behalten – was ja auf der rechten Seite Sinn macht –, dann folgt $z^m \cdot z^0 = z^m$. Dividieren wir beide Seite durch z^m, ergibt sich $z^0 = 1$. Das Permanenzprinzip hat also zur Folge, dass wir zwangsläufig definieren müssen: $z^0 = 1$.

Achtung: Wir haben bei der Herleitung durch z^m dividiert; das geht nur, wenn z^m, also auch z von Null verschieden ist: 0^0 bleibt undefiniert.

Potenzen mit dem Exponenten Null

$$z^0 = 1 \text{ für alle } z \neq 0$$

Das Potenzgesetz $z^m \cdot z^n = z^{m+n}$ legt auch die Erweiterung des Potenzbegriffs auf **ganze Zahlen als Exponenten** nahe. Denn für $m = -n$ mit $n \in \mathbb{N}$ ergibt sich $z^{-n} \cdot z^n = z^0 = 1$. Also ist z^{-n} der Kehrwert von z^n, wieder für jede von Null verschiedene Basis z.

Potenzen mit negativen Exponenten

$$z^{-n} = \frac{1}{z^n} \text{ für alle } n \in \mathbb{N} \text{ und } z \neq 0$$

Es macht also ab sofort Sinn, ganze Zahlen als Exponenten zuzulassen. Die Basis kann dabei eine beliebige, von Null verschiedene komplexe Zahl sein. Der Sonderfall ergibt sich aus dem Verbot der Division durch Null. Man bestätigt leicht, dass das Potenzgesetz für die Multiplikation von Potenzen mit gleicher Basis nun auch für beliebige ganze Zahlen als Exponenten gilt – immer mit der Einschränkung an die Basis z, dass eine Division durch Null ausgeschlossen bleibt.

Wenn man dieselbe Potenz wiederholt mit sich multipliziert, ergibt sich aus dem ersten Potenzgesetz das Potenzgesetz für das Potenzieren von Potenzen:

Potenzieren von Potenzen (PG2)

Eine Potenz wird potenziert, indem man die Exponenten multipliziert.

$$(z^m)^n = z^{m \cdot n}$$

Mit der Einschränkung an die Basis z, dass eine Division durch Null ausgeschlossen bleibt, gilt auch dieses Potenzgesetz für eine beliebige komplexe Basis und beliebige ganze Zahlen als Exponenten.

Mithilfe der üblichen Rechenregeln für die Grundrechenarten gewinnt man auch das Potenzgesetz für die Multiplikation von Potenzen mit gleichem Exponenten:

Multiplizieren von Potenzen mit gleichem Exponenten (PG3)

Erst potenzieren und dann multiplizieren ergibt dasselbe wie erst multiplizieren und dann potenzieren.

$$z_1^n \cdot z_2^n = (z_1 \cdot z_2)^n$$

Als Basis kommen beliebige komplexe Zahlen, als Exponenten zunächst natürliche Zahlen, dann aber auch ganze Zahlen infrage, immer mit der Einschränkung, dass eine Division durch Null ausgeschlossen ist.

Nun wollen wir den Potenzbegriff auf **rationale Zahlen als Exponenten** erweitern. Wir wollen nun dem Ausdruck $a^{\frac{1}{n}}$ eine Bedeutung geben. Dazu müssen wir noch einmal an den Zusammenhang zwischen Potenzieren und Wurzelziehen erinnern (Abschn. 2.4). Für eine natürliche Zahl $n \in N$ und eine komplexe Zahl a heißen Lösungen der Gleichung $z^n = a$ n-te Wurzeln aus a.

Wenn (PG2) weiterhin gelten soll, ist $\left(a^{\frac{1}{n}}\right)^n = a^1 = a$, also $a^{\frac{1}{n}}$ Lösung der Gleichung $z^n = a$. Das sieht zunächst ganz selbstverständlich aus, hat aber seine Tücken.

Es tritt nämlich bei Potenzen mit beliebiger reeller Basis a folgendes Dilemma auf: Während bei ungeradem n zu jeder reellen Zahl a genau eine reelle Lösung der Gleichung $z^n = a$ existiert (vgl. Abschn. 2.4), darf a bei geradem n nicht negativ sein; denn es gibt keine reelle Zahl, die, mit einem geraden Exponenten potenziert, negativ wäre. Das führt im Zusammenhang mit den Potenzgesetzen in der Welt der reellen Zahlen zu Problemen.

1. Beispiel Was ist $(-1)^{0{,}2}$?

Welche der folgenden Antworten macht einen Fehler in der Argumentation?

1. Antwort: $(-1)^{0{,}2} = (-1)^{\frac{1}{5}}$— Löse die Gleichung $z^5 = -1$.
   - Es gibt nur eine reelle Lösung, nämlich -1.
2. Antwort: $(-1)^{0{,}2} = (-1)^{\frac{2}{10}} = \left((-1)^2\right)^{\frac{1}{10}} = 1^{\frac{1}{10}}$
   - Löse die Gleichung $z^{10} = 1$.
   - Es gibt zwei reelle Lösungen, nämlich $+1$ und -1.
3. Antwort: $(-1)^{0{,}2} = (-1)^{\frac{2}{10}} = \left((-1)^{\frac{1}{10}}\right)^2$
   - Löse erst die Gleichung $z^{10} = -1$, dann quadriere die Lösungen.
   - Es gibt keine reelle Lösung der Gleichung $z^{10} = -1$.

2. Beispiel Nach dem Potenzgesetz für die Multiplikation von Potenzen mit gleicher Basis müsste gelten: $(-1)^{\frac{1}{4}} \cdot (-1)^{\frac{1}{12}} = (-1)^{\frac{1}{4} + \frac{1}{12}} = (-1)^{\frac{1}{3}}$

Für die Gleichungen $z^4 = -1$ und $z^{12} = -1$ gibt es keine reellen Lösungen.

Dagegen besitzt die Gleichung $z^3 = -1$ die Lösung -1.

Also kann die Gleichung $(-1)^{\frac{1}{4}} \cdot (-1)^{\frac{1}{12}} = (-1)^{\frac{1}{3}}$ nicht stimmen.

Wie sieht es aus, wenn wir uns mit dem Wurzelziehen in die Welt der komplexen Zahlen begeben?

Auch nicht wirklich besser. Nehmen wir das zweite Beispiel. Wie wir in Abschn. 2.4 gesehen haben, erhält man beim Wurzelziehen aus -1 vier komplexe vierte Wurzeln, zwölf zwölfte Wurzeln und drei dritte Wurzeln. Auf der linken Seite gibt es also 48 verschiedene mögliche Produkte. Alle komplexen Wurzeln aus -1 haben den Betrag 1. Eine mögliche vierte Wurzel aus -1 hat den Winkel $\frac{\pi}{4}$. Eine mögliche zwölfte Wurzel aus -1 hat den Winkel $\frac{3 \cdot \pi}{12}$. Das Produkt dieser beiden Wurzeln hat also den Winkel $\frac{\pi}{4} + \frac{3 \cdot \pi}{12} = \frac{\pi}{2}$. Die zugehörige Zahl ist i und liegt zwar auf dem Einheitskreis, ist aber keine dritte Wurzel aus -1; denn i^3 ist $-i$ und nicht -1.

Dieses Dilemma hängt mit der Mehrdeutigkeit zusammen, die bei der Umkehrung des Potenzierens, dem Wurzelziehen, auftritt. Wir werden uns damit näher in Abschn. 4.2 beschäftigen. Eine Möglichkeit, in der **Welt der reellen Zahlen** aus dem offensichtlichen Dilemma herauszukommen, ist die „par force"-Methode:

Wir schließen beim Wurzelziehen negative Radikanden aus!

Um Eindeutigkeit zu erhalten, bezeichnen wir mit dem Symbol $\sqrt[n]{a}$— wie seit Schulzeiten bekannt – nur die nichtnegative Lösung der Gleichung aus $z^n = a$. Wollen wir die Doppeldeutigkeit berücksichtigen – z. B. beim Lösen von quadratischen Gleichungen –, schreiben wir das Vorzeichen $+$ oder $-$ vor das Wurzelzeichen. Mit diesen beiden Konventionen ist $a^{\frac{1}{n}}$ eindeutig festgelegt:

Potenzen mit Stammbrüchen als Exponenten

Für jede **positive reelle Basis** a und jede natürliche Zahl n ist

$$a^{\frac{1}{n}} = \sqrt[n]{a}$$

wobei mit $\sqrt[n]{a}$ die **nichtnegative** Lösung der Gleichung $z^n = a$ gemeint ist.

Aufgabe 3.1: Potenzgesetze für Potenzen mit Stammbrüchen als Exponenten

Benutze die Definition der Potenzen mit Stammbrüchen als Exponenten und die Potenzgesetze (PG1), (PG2) und (PG3) für *natürliche* Exponenten und zeige:

Für alle natürlichen Zahlen m und n gilt:

a) $a^{\frac{1}{n}} \cdot b^{\frac{1}{n}} = (a \cdot b)^{\frac{1}{n}}$

b) $\left(a^{\frac{1}{n}}\right)^m = (a^m)^{\frac{1}{n}}$

c) $a^{\frac{1}{m}} \cdot a^{\frac{1}{n}} = a^{\frac{1}{m} + \frac{1}{n}}$ Tipp: $a^{\frac{1}{n}} = a^{\frac{m}{m \cdot n}} = \left(a^{\frac{1}{m \cdot n}}\right)^m$

d) $\left(a^{\frac{1}{m}}\right)^{\frac{1}{n}} = a^{\frac{1}{m} \cdot \frac{1}{n}}$

Nun können wir bei positiven reellen Zahlen als Basis die **Erweiterung des Potenzbegriffs auf rationale Zahlen als Exponenten** vornehmen. Für einen beliebigen rationalen Exponenten $\frac{m}{n}$ mit $n \in \mathbb{N}$ und $m \in \mathbb{Z}$ definieren wir $a^{\frac{m}{n}}$ als die n-te Wurzel aus a^m oder, was dasselbe ist (Aufgabe 3.1b), als die m-te Potenz von $\sqrt[n]{a}$. Für zwei wertgleiche Brüche $\frac{m}{n}$ und $\frac{m'}{n'}$ gilt $a^{\frac{m}{n}} = a^{\frac{m'}{n'}}$.

Potenzen mit rationalen Exponenten

Für jede **positive reelle Basis** a und jede rationale Zahl $x = \frac{m}{n}$ mit $m \in \mathbb{Z}$ und $n \in \mathbb{N}$ ist

$$a^x = \sqrt[n]{a^m},$$

wobei mit $\sqrt[n]{\dots}$ die **nichtnegative Wurzel** gemeint ist.

Die Potenzgesetze gelten dann auch für Potenzen mit rationalen Exponenten x und y. Als Basis kommen beliebige positive reelle Zahlen a und b infrage.

Potenzgesetze

(PG1) $a^x \cdot a^y = a^{x+y}$ (PG2) $(a^x)^y = a^{x \cdot y}$ (PG3) $a^x \cdot b^x = (a \cdot b)^x$

Mit den Potenzgesetzen für beliebige rationale Exponenten haben wir nun unser Repertoire an Rechenregeln wirksam erweitert – allerdings mit der Einschränkung, dass wir bei den Potenzen nur positive reelle Zahlen als Basis zulassen dürfen.

Kann man auch Ausdrücken wie 2^π oder $2^{\sqrt{2}}$ eine Bedeutung geben? Allgemein: Kann man den **Potenzbegriff auf irrationale Zahlen als Exponenten** erweitern? Ja, es geht. Der Erweiterungsschritt benutzt wieder das Permanenzprinzip, allerdings etwas subtiler und aufwändiger: Er benötigt Eigenschaften des Potenzierens im Zusammenhang mit der Ordnung der reellen Zahlen.

Zum Rechnen gehören neben den vier Grundrechenarten und dem Potenzieren und Wurzelziehen auch der Größenvergleich (Kleiner- bzw. Größer-Relation) und seine Regeln. Das Monotoniegesetz der Multiplikation (Abschn. 5.2.1), hier für beliebige positive reelle Zahlen a, b und c formuliert, besagt: Aus $a < b$ folgt $a \cdot c < b \cdot c$.

Setzt man $b = 1$ und $c = a$, ergibt sich daraus sukzessive: Aus $a < 1$ folgt $a^2 < 1$ und daraus $a^3 < 1$ usw., also $a^m < 1$ für jede natürliche Zahl m. Entsprechend folgt aus $1 < a$ schließlich $1 < a^m$. Über den Zusammenhang zwischen Wurzelziehen und Potenzieren folgert man für eine beliebige positive Zahl a durch einen Widerspruchsbeweis: Aus $a < 1$ folgt $\sqrt[n]{a} < 1$ bzw. aus $1 < a$ folgt $1 < \sqrt[n]{a}$ für alle natürlichen Zahlen n. Beide Aussagen zusammengefasst ergibt für eine beliebige positive Zahl a: Aus $a < 1$ folgt $a^x < 1$ und aus $1 < a$ folgt $1 < a^x$ für alle positiven rationalen Zahlen x.

Nun verwenden wir den gerade beschriebenen Sonderfall $b = 1$, um zwei allgemeine Fälle zu behandeln.

Im ersten Fall vergleichen wir Potenzen mit gleichem Exponenten x, aber verschiedenen positiven reellen Zahlen a und b als Basis.

Mit $a < b$ ist $\frac{a}{b} < 1$, folglich $\left(\frac{a}{b}\right)^x = \frac{a^x}{b^x} < 1$. Wir können also schließen:

Aus $a < b$ folgt $a^x < b^x$ für alle positiven rationalen Zahlen x.

Wegen $a^{-x} = \frac{1}{a^x}$ und $b^{-x} = \frac{1}{b^x}$ ergibt sich:

Aus $a < b$ folgt $b^{-x} < a^{-x}$ für alle positiven rationalen Zahlen x.

Wir können beide Aussagen in Worten zusammenfassen:

Monotoniegesetz des Potenzierens „gleicher Exponent – wachsende Basis"
Für positive reelle Zahlen als Basis gilt:

Bei einem festen *positiven* rationalen Exponenten *wachsen* die Potenzen mit wachsender Basis.

Bei einem festen *negativen* rationalen Exponenten *fallen* die Potenzen mit wachsender Basis.

Im zweiten Fall betrachten wir eine feste positive reelle Basis a und verschiedene rationale Exponenten x_1 und x_2 mit $x_1 < x_2$, also $x_2 - x_1 > 0$. Damit $x_2 - x_1 > 0$ ergibt sich nach dem Sonderfall: Aus $a < 1$ folgt $a^{x_2 - x_1} < 1$.

Mithilfe des Potenzgesetzes (PG1) ergibt sich die Umformung

$$a^{x_2} = a^{x_1 + (x_2 - x_1)} = a^{x_1} \cdot a^{x_2 - x_1}$$

Daraus können wir schlussfolgern: Aus $a < 1$ folgt $a^{x_2} < a^{x_1}$.

Entsprechend gilt: Aus $1 < a$ folgt $a^{x_1} < a^{x_2}$.

Wir können wieder beide Aussagen in Worten zusammenfassen:

Monotoniegesetz des Potenzierens „gleiche Basis – wachsender Exponent"

Für eine reelle Basis **größer als 1** gilt:

Mit wachsendem rationalem Exponenten **wächst** die Potenz.

Für eine reelle Basis **zwischen 0 und 1** gilt:

Mit wachsendem rationalem Exponenten **fällt** die Potenz.

Nun besitzen wir das Instrumentarium, um den Potenzbegriff auf irrationale Zahlen als Exponenten zu erweitern. Dabei ist nicht nur Arithmetik im Spiel, sondern es kommt ein Argument der Analysis hinzu, die Intervallschachtelung (vgl. Abschn. 5.3.1). Wir skizzieren den Weg. Eine präzisere Ausführung dieser Gedanken erfordert einigen Aufwand.

Wir wollen a^x für eine beliebige positive reelle Zahl a und eine beliebige irrationale Zahl x definieren. Wer es konkreter mag, denke bei a an 2 und bei x an π.

Eine irrationale Zahl x lässt sich beliebig gut durch rationale Zahlen $u, u', u'', \ldots$ von unten und $v, v', v'', \ldots$ von oben einschachteln, d. h. es gilt

$$u < u' < u'' < \ldots < x < \ldots < v'' < v' v,$$

wobei die Differenzen $v - u$, $v' - u', v'' - u'', \ldots$ positive rationale Zahlen sind, die immer kleiner werden. Anders ausgedrückt: Wir bilden eine Folge von Intervallen $[u, v]$, $[u', v']$, $[u'', v'']$, …, die ineinandergeschachtelt sind und deren Länge immer kleiner wird.

Im Fall $1 < a$ gilt nach dem 2. Monotoniegesetz für Potenzen $1 < a^u < a^{u'} < \ldots < a^{v'} < a^v$, d. h., auch die Potenzen bilden eine Folge ineinander-geschachtelter Intervalle $[a^u, a^v]$, $[a^{u'}, a^{v'}]$ …. Man kann zeigen: Wenn die Differenz von u und v immer kleiner wird, also $v - u$ gegen null geht, geht auch der Unterschied zwischen a^u und a^v gegen null. Die beiden Potenzen a^u und a^v schachteln also eine positive reelle Zahl ein. Diese Zahl definieren wir deshalb als a^x. Der Fall $a < 1$ verläuft völlig analog. Wir fassen zusammen:

Potenzen mit irrationalen Exponenten

Für jede **positive reelle Basis** a und jede irrationale Zahl x erhält man a^x durch

Intervallschachtelung: Man schachtelt x durch rationale Zahlen u und v ein.

Die Potenzen a^u und a^v schachteln dann eine positive reelle Zahl ein, die wir als a^x definieren.

Einen anderen Weg zur Definition von Potenzen mit irrationalen Exponenten, sozusagen einen zweiten Anlauf, nehmen wir zu Beginn von Abschn. 3.2. Er ist verbunden mit einem entscheidenden **Perspektivwechsel.** Wir demonstrieren dies am Beispiel der Basis 2. Die Potenz 2^x ist aus arithmetischer Sicht für jede rationale Zahl x eine wohldefinierte positive reelle Zahl. Durch die Erweiterung auf reelle Zahlen als Exponenten ordnet die Vorschrift $f(x) = 2^x$ jeder reellen Zahl x den Wert 2^x zu. Wir erhalten eine reelle Funktion. An die Stelle der arithmetischen Betrachtung tritt durch Perspektivwechsel die **funktionale Sichtweise.**

3.2   Exponentielles Wachstum

Wohlgemerkt: Wir befinden uns im weiteren Verlauf dieses Kapitels in der **Welt der reellen Zahlen** und betrachten im Folgenden reelle Funktionen; d. h., Definitions- und Wertebereich der Funktionen bestehen aus reellen Zahlen.

Wachstumsprozesse wie z. B. Algen- oder Bakterienwachstum werden durch monoton wachsende reelle Funktionen beschrieben, Zerfallsprozesse wie z. B. radioaktiver Zerfall durch monoton fallende. Im Folgenden soll „Wachstum" als umfassender Begriff verwendet werden und auch Zerfallsprozesse einbeziehen.

Man unterscheidet **diskretes** und **kontinuierliches** Wachstum. Bei Ersterem findet der Veränderungsprozess oder das, was man von ihm beobachten kann, in getrennten Zeitpunkten mit immer gleichem Abstand statt (Beispiel: Zinsberechnung). Die Zeitpunkte kann man durchnummerieren; der Definitionsbereich von Funktionen, die solch ein diskretes Wachstum beschreiben, ist die Menge $\mathbb{N}$ der natürlichen Zahlen; es handelt sich um **Folgen.** Bei kontinuierlichen Prozessen findet eine ständige (oder wie man auch sagt: stetige) Veränderung statt; der Definitionsbereich der **Funktionen** ist die Menge $\mathbb{R}$ der reellen Zahlen (Abschn. 5.3.2). Selbst bei diskreten Prozessen wie bei der Zellteilung kann es sinnvoll sein (weil einfacher und nahezu ergebnisgleich), sie durch ein kontinuierliches Wachstum zu modellieren.

Wir betrachten im Folgenden nur kontinuierliches Wachstum.

Wachstumsfunktion
Eine **Wachstumsfunktion** wird mit f, ein **Zeitpunkt** mit x beschrieben.
  Dann ist $f(x)$ der Messwert der Größe, der **Bestand** zum Zeitpunkt x.
  Als Zeitpunkt 0 können wir uns den **Beginn** der Messung vorstellen.
  Zeitpunkte danach werden durch positive reelle Zahlen beschrieben,
  Zeitpunkte davor durch negative.

Ein Spezialfall kontinuierlichen Wachstums ist **exponentielles Wachstum.** Wir charakterisieren es auf zwei Weisen, die, wie sich später herausstellen wird, im Wesentlichen äquivalent sind. Die erste Charakterisierung setzt die Messwerte an drei verschiedenen Zeitpunkten x_1, x_2 und $x_1 + x_2$ in einer Gleichung zueinander in Beziehung. Man nennt eine Gleichung dieser Art zwischen $f(x_1 + x_2)$ und $f(x_1)$ und $f(x_2)$ auch Funktionalgleichung. Hieraus ergeben sich erstaunlich viele weitere Eigenschaften bis hin zu einer Funktionsvorschrift für solche Wachstumsfunktionen.

Im weiteren Verlauf, insbesondere auf unser Ziel hin, die Gleichung $e^{i \cdot \pi} + 1 = 0$ zu verstehen, spielt eine zweite Charakterisierung für exponentielles Wachstum eine besondere Rolle. Sie nimmt die Geschwindigkeit des Wachstums zu jedem Zeitpunkt in den Blick. Die erste Charakterisierung kann man als diskrete, die zweite als kontinuierliche Variante der Beschreibung des Wachstumsverhaltens verstehen.

Wir stellen noch eine Anfangsbedingung für alle Funktionen f, die exponentielles Wachstum beschreiben:

Anfangsbedingung
Zum Zeitpunkt 0 sei eine Einheit der wachsenden Größe vorhanden; d. h.

$$f(0) = 1$$

Die Anfangsbedingung besagt lediglich, dass der Bestand zu Beginn der Messung nicht null ist. Ansonsten ist sie keine besondere Einschränkung, da wir nichts über die Einheit gesagt haben; es ist also eher eine Festlegung der Einheit.

3.2.1 Charakterisierung durch das Additionstheorem

Die erste Charakterisierung des exponentiellen Wachstums setzt die Messwerte der Wachstumsfunktion an verschiedenen Zeitpunkten zueinander in Beziehung.

Umgangssprachliche Charakterisierung
„Der Messwert wächst oder fällt in gleichen Zeitabständen proportional zum jeweiligen Bestand."

Wir übersetzen diese umgangssprachliche Charakterisierung in die Formelsprache. Sei x_1 ein beliebiger Zeitpunkt und x_2 ein beliebiger, aber fester Zeitabstand. Zeitpunkt und Zeitabstand werden durch reelle Zahlen beschrieben. Dann ist $f(x_1 + x_2)$ der Messwert zum Zeitpunkt $x_1 + x_2$ und $f(x_1)$ der Messwert zum Zeitpunkt x_1.

Es ist $f(x_1 + x_2)$ proportional zu $f(x_1)$, also $f(x_1 + x_2) = c \cdot f(x_1)$. Der Proportionalitätsfaktor c hängt von der Größe des Zeitabstands x_2 ab. Setzen wir für x_1 den Zeitpunkt 0 ein und berücksichtigen, dass der Startwert $f(0) = 1$ ist, erhalten wir $f(x_2) = c$. Die erste Charakterisierung exponentiellen Wachstums können wir also in der Formelsprache so ausdrücken: $f(x_1 + x_2) = f(x_2) \cdot f(x_1) = f(x_1) \cdot f(x_2)$

Wir nennen diese Gleichung das „Additionstheorem" der Wachstumsfunktion f. Das mag diejenigen irritieren, die mit dieser Bezeichnung bisher nur die gleichnamige Eigenschaft der Sinus- und der Kosinusfunktion verbunden haben. Zur Erinnerung: In der Trigonometrie gibt es Gleichungen, deren linke Seite so ähnlich aussieht (Abschn. 1.4.2): $\sin(\alpha + \beta) = \ldots$ bzw. $\cos(\alpha + \beta) = \ldots$. Es ist aber mehr als nur die strukturelle Ähnlichkeit der Gleichungen, die den Namen rechtfertigt. Wie wir in Abschn. 4.2.1 sehen werden, hängen die beiden Additionstheoreme für die trigonometrischen Funktionen eng mit dem Additionstheorem für die Wachstumsfunktion zusammen.

Additionstheorem der Wachstumsfunktion

$$f(x_1 + x_2) = f(x_2) \cdot f(x_1) = f(x_1) \cdot f(x_2)$$

Das Additionstheorem der Wachstumsfunktion f ist unsere Supergleichung, aus der wir etliche weitere Eigenschaften folgern. Unser Ziel ist es, eine Funktionsvorschrift $f(x)$ solcher Wachstumsfunktionen f anzugeben.

Das schlichteste Exemplar ist die konstante Funktion $f(x) = 1$ für alle $x \in \mathbb{R}$. Die konstante Funktion $f(x) = 0$ für alle $x \in \mathbb{R}$ erfüllt zwar auch das Additionstheorem, kommt aber wegen der Anfangsbedingung $f(0) = 1$ nicht infrage. Welche Funktionen gibt es noch? Mit drei einfachen Folgerungen aus dem Additionstheorem gelingt es, die Funktionswerte $f(x)$ für alle rationalen Zahlen x zu bestimmen. Natürlich möchten wir auch wissen, welche Funktionsvorschrift für π oder für $\sqrt{2}$, allgemein für irrationale Zahlen gilt. Dazu müssen wir noch eine Zusatzbedingung an die Funktion f stellen. (Dass dieser Schritt komplizierter wird, kommt uns bekannt vor: Man vergleiche den Schritt von den rationalen zu den irrationalen Exponenten bei der Erweiterung des Potenzbegriffs in Abschn. 3.1.)

Kurz zusammengefasst: Ein Prozess, der dadurch charakterisiert ist, dass der Messwert in gleichen Zeitabständen proportional zum jeweiligen Bestand wächst oder fällt und zum Zeitpunkt Null gleich 1 ist, wird durch Funktionen beschrieben, die dem Additionstheorem genügen. Wir fassen Additionstheorem und Anfangsbedingung zusammen zum Ausgangspunkt (AT) der folgenden Untersuchungen.

(AT)   **a) Additionstheorem** $f(x_1 + x_2) = f(x_1) \cdot f(x_2)$ für alle $x_1, x_2 \in \mathbb{R}$

   b) Anfangsbedingung $f(0) = 1$

1. **Folgerung:** Eine Funktion f, die (AT) genügt, ist positiv.
   Wir zeigen, dass f nicht negativ ist. Für alle x ergibt sich mithilfe des Additionstheorems

$$f(x) = f\left(\frac{x}{2} + \frac{x}{2}\right) = \left(f\left(\frac{x}{2}\right)\right)^2 \geq 0.$$

Kann es ein x mit $f(x) = 0$ geben? Nein, denn nach dem Additionstheorem ist
$1 = f(0) = f(x + (-x)) = f(x) \cdot f(-x)$.
Mit $f(x) = 0$ ergäbe sich ein Widerspruch.
Aus der letzten Formel ergibt sich unmittelbar die
2. **Folgerung:** Gilt (AT), dann ist $f(-x)$ der Kehrwert von $f(x)$, als Formel:

$$f(-x) = \frac{1}{f(x)}$$

3. **Folgerung:** Eine Funktion f, die (AT) genügt, erfüllt auch die folgenden Gleichungen
   für alle reellen Zahlen x und alle natürlichen Zahlen n und alle ganzen Zahlen m:

$$f(n \cdot x) = (f(x))^n$$

$$f(-n \cdot x) = (f(x))^{-n}$$

$$f\left(\frac{1}{n} \cdot x\right) = \sqrt[n]{f(x)} = (f(x))^{\frac{1}{n}}$$

$$f\left(\frac{m}{n} \cdot x\right) = (f(x))^{\frac{m}{n}}$$

Die erste Gleichung ergibt sich für $n = 2$ unmittelbar aus dem Additionstheorem
(AT). Alle weiteren Fälle ergeben sich induktiv mit $n \cdot x = (n-1) \cdot x + x$ ebenfalls
durch Anwendung des Additionstheorems.
   Aus der ersten Gleichung und der 2. Folgerung ergibt sich die zweite Gleichung.
Die dritte Gleichung folgt aus

$$f(x) = f\left(n \cdot \frac{1}{n} \cdot x\right) = \left(f\left(\frac{1}{n} \cdot x\right)\right)^n,$$

die vierte durch Kombination der ersten drei Gleichungen.

Die vierte Gleichung gibt den Hinweis, wie wir an eine einfache Funktionsvorschrift kommen können: Wir nennen den Funktionswert an der Stelle 1 zur Abkürzung q, also $f(1) = q$. Wegen der 1. Folgerung ist q positiv.

Es gibt noch eine andere Deutung von q. Wir erinnern an die Charakterisierung des exponentiellen Wachstums: Der Messwert wächst oder fällt in gleichen Zeitabständen proportional zum jeweiligen Bestand. Dann ist also q der zum Zeitabstand 1 gehörende Proportionalitätsfaktor.

Mit $f(1) = q$ kennen wir den Funktionswert auch an allen rationalen Stellen; denn nach der vierten Gleichung der 3. Folgerung ist für alle $m \in \mathbb{Z}$ und $n \in \mathbb{N}$

$$f\left(\frac{m}{n}\right) = (f(1))^{\frac{m}{n}} = q^{\frac{m}{n}}.$$

Funktionsvorschrift für rationale Zahlen

Eine Funktion f, die dem Additionstheorem (AT) genügt, erfüllt für alle rationalen Zahlen x die **Funktionsvorschrift** $f(x) = q^x$ mit $q = f(1) > 0$.

Wir haben bis jetzt aus dem Additionstheorem und der Anfangsbedingung eine Reihe von weiteren Eigenschaften hergeleitet, darunter auch die Funktionsvorschrift $f(x) = q^x$ mit $q = f(1) > 0$, allerdings nur für rationale Zahlen x. Es scheint sinnvoll, diese Funktionsvorschrift fortzusetzen, sodass sie für alle reellen Zahlen, z. B. auch für π und für $\sqrt{2}$, gilt.

Dazu müssen wir eine zusätzliche Forderung an die Funktion f stellen. Welche das ist, machen wir an der einfachsten Funktion klar, die (AT) erfüllt: am Fall $q = 1$. Das ist die Funktion, die an allen rationalen Stellen den Wert 1 annimmt. Angenommen es gäbe eine irrationale Stelle x_0 mit $f(x_0) \neq 1$. Dann ist der Abstand der Funktionswerte $f(x_0)$ und $f(x)$ für alle rationalen Zahlen x immer derselbe und von Null verschieden. Das gilt auch, wenn wir uns mit den rationalen Zahlen x der Stelle x_0 beliebig nähern. Das bedeutet: Die Funktion hat an der Stelle x_0 einen Sprung (Abschn. 5.3.3).

Natura non facit saltus, zu Deutsch: Die Natur macht keine Sprünge. Das war eine Grundannahme der griechischen Philosophie und Naturbeobachtung. Sie galt bis in die Neuzeit hinein (Newton, Leibniz, Kant). Danach erfolgen Veränderungen in der Natur wie z. B. Wachstumsprozesse nicht sprunghaft und plötzlich, sondern stetig. Der Gültigkeitsbereich dieser Annahme erfährt allerdings in der modernen Physik bei Beobachtungen im subatomaren Bereich seine Grenzen (Quantensprung).

Wir wollen Wachstumsprozesse ohne Sprünge, also stetig verlaufende Prozesse betrachten.

(AT)   **a) Additionstheorem** $f(x_1+x_2)=f(x_1) \cdot f(x_2)$ für alle $x_1, x_2 \in \mathbb{R}$

b) Anfangsbedingung $f(0) = 1$

c) Stetigkeit der Funktion f

Zu einem Zeitpunkt x_0 stetig zu verlaufen bedeutet, dass die Funktionswerte $f(x)$ von dem Wert $f(x_0)$ beliebig wenig abweichen, sofern die Zeitpunkte nur nahe genug beieinanderliegen. Formal beschreibt man diese Grenzwertbetrachtung durch $\lim\limits_{h \to 0} f(x_0 + h) = f(x_0)$ (Abschn. 5.3.3).

Tatsächlich kann man die Wachstumsfunktion f von den rationalen Zahlen auf die reellen Zahlen stetig fortsetzen. Es sei x_0 irgendeine irrationale Stelle, die durch rationale Zahlen x approximiert wird; d. h., der Unterschied $h = x - x_0$ geht gegen null. An allen rationalen Stellen x ist $f(x) = q^x$. Da $x = x_0 + h$ und f überall stetig ist, gilt $\lim\limits_{h \to 0} f(x_0 + h) = f(x_0)$. Es ist also sinnvoll, $f(x_0) = q^{x_0}$ zu setzen.

Funktionsvorschrift

Eine stetige Funktion f, die dem Additionstheorem (AT) genügt, erfüllt für alle reellen Zahlen x die **Funktionsvorschrift $f(x) = q^x$ mit $q = f(1) > 0$**.

Diese Funktion heißt **Exponentialfunktion.**

Am Schluss von Abschn. 3.1 sind wir an dem Punkt angelangt, den Potenzbegriff auf reelle Exponenten zu erweitern. Dort haben wir angedeutet, wie wir es durch ein Instrument schaffen können, das sich mit einer besonderen Eigenschaft von reellen Zahlen beschäftigt, der Intervallschachtelung. Hier haben wir den Weg über eine besondere Eigenschaft von reellen Funktionen genommen, die Stetigkeit. Er ähnelt dem Weg, den wir bei der Verallgemeinerung des Sinus auf Winkel über $90°$ mithilfe des Einheitskreises gegangen sind (Abschn. 1.4.3). Wir haben den Sinus im ersten Quadranten des Einheitskreises betrachtet und gefordert, dass sich diese Betrachtungsweise stetig fortsetzen lässt.

Eine stetige Funktion f, die dem Additionstheorem $f(x_1 + x_2) = f(x_1) \cdot f(x_2)$ genügt, erfüllt für alle reellen Zahlen x die Funktionsvorschrift $f(x) = q^x$. Das Additionstheorem lautet demnach in expliziter Form $q^{x_1 + x_2} = q^{x_2} \cdot q^{x_1}$. Die Gleichung kommt uns bekannt vor. Von rechts nach links gelesen, ist es das erste Potenzgesetz: Potenzen mit gleicher Basis werden multipliziert, indem man die Exponenten addiert (vgl. Abschn. 3.1). Wir haben auf dem Weg über Wachstumsfunktionen gezeigt, dass das erste Potenzgesetz auch für reelle Exponenten gilt.

In Abschn. 3.1 haben wir das 2. Monotoniegesetz des Potenzierens „gleiche Basis – wachsender Exponent" bewiesen.

- Für eine reelle Basis *größer als 1* gilt: Mit wachsendem rationalem Exponenten *wächst* die Potenz.
- Für eine reelle Basis *zwischen 0 und 1* gilt: Mit wachsendem rationalem Exponenten *fällt* die Potenz.

In die Sprache der Funktionen übersetzt heißt das: Die durch die Funktionsvorschrift $f(x) = q^x$ beschriebene Funktion ist für alle rationalen Zahlen x

- für $q > 1$ streng monoton steigend,
- für $0 < q < 1$ streng monoton fallend.

Durch die stetige Fortsetzung der Funktion f können wir diese Aussage auf alle reellen Zahlen x übertragen.

Wir fassen die Ergebnisse des Abschn. 3.2.1 zusammen:

- Stetige Funktionen, für die gilt: „Der Messwert wächst oder fällt in gleichen Zeitabständen proportional zum jeweiligen Bestand", und die den Startwert $f(0) = 1$ haben, erfüllen das Additionstheorem $f(x_1 + x_2) = f(x_1) \cdot f(x_2)$ und haben die Funktionsvorschrift $f(x) = q^x$ mit $q > 0$.
- Wir erhalten also eine Schar von Funktionen. Sie werden durch den Parameter q,–
  den Proportionalitätsfaktor des exponentiellen Wachstums für den Zeitabstand 1 bzw.
  – den Funktionswert an der Stelle 1
    unterschieden.
- Eine solche Funktion heißt **Exponentialfunktion** zur **Basis** q.
- Alle Exponentialfunktionen sind positiv.
- Alle Exponentialfunktionen sind für $q > 1$ streng monoton steigend und für $0 < q < 1$ streng monoton fallend.
- Alle Exponentialfunktionen außer für die Basis $q = 1$ besitzen eine Umkehrfunktion.
- Wegen $\left(\frac{1}{q}\right)^x = q^{-x}$ verlaufen die Graphen der beiden Funktionen $f(x) = q^x$ und $g(x) = \left(\frac{1}{q}\right)^x$ spiegelsymmetrisch zur y-Achse.

Abb. 3.1 zeigt einige Beispiele aus der Schar der Exponentialfunktionen. Wenn man die Funktionswerte an einer festen Stelle $x \neq 0$ vergleicht, so stellt man fest: Für $x > 0$ werden die Funktionswerte mit wachsender Basis größer, für $x < 0$ kleiner. Das ist die Aussage des 1. Monotoniegesetzes des Potenzierens „gleicher Exponent – wachsende Basis" (Abschn. 3.1).

Wir haben am Beginn dieses Abschnitts etwas überschwänglich vom Additionstheorem als einer „Supergleichung" gesprochen. Wenn wir in der Rückschau sehen, was wir alles aus dieser Gleichung und der Anfangsbedingung herleiten konnten – freilich unter Hinzunahme der Stetigkeit als weiterer Voraussetzung –, dann scheint das nicht übertrieben.

Aufgabe 3.2: Produkt zweier Funktionen mit exponentiellem Wachstum

a) Betrachte zwei Funktionen f und g, die beide das Additionstheorem erfüllen.
   Außerdem gelten die Anfangsbedingungen $f(0) = g(0) = 1$.
   Bilde die Produktfunktion h mit $h(x) = f(x) \cdot g(x)$. Was gilt für $h(0)$?
   Zeige: Auch die Funktion h erfüllt das Additionstheorem, d. h., es gilt $h(x_1 + x_2) = h(x_1) \cdot h(x_2)$.

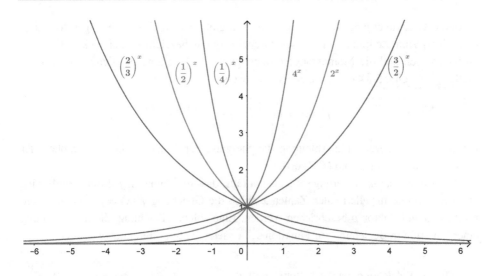

b) Es sei $f(1) = q$, $g(1) = r$ und $h(1) = s$. Schreibe f, g und h als Exponential-funktionen.

c) Drücke s durch q und r aus. Welches Potenzgesetz findest du in der Gleichung $h(x) = f(x) \cdot g(x)$ wieder?

3.2.2   Charakterisierung durch eine Differentialgleichung

Die zweite Charakterisierung des exponentiellen Wachstums nimmt die Geschwindigkeit des Wachstums zu jedem Zeitpunkt in den Blick.

Umgangssprachliche Charakterisierung

„Die Wachstumsgeschwindigkeit des Bestands ist immer proportional zum Bestand $f(x)$.“

Die Wachstumsgeschwindigkeit ist die Momentangeschwindigkeit, mit der sich der Bestand ändert. Der Bestand wird durch eine Funktion f beschrieben. Wenn man die Messwerte zu einem Zeitpunkt x_0 und einem Zeitpunkt $x_0 + h$ (danach für $h > 0$ oder davor für $h < 0$) vergleicht, dann ist

$$\frac{f(x_0 + h) - f(x_0)}{h}$$

die Durchschnittsgeschwindigkeit, mit der sich der Bestand zwischen x_0 und $x_0 + h$ ändert. Im Graphen der Funktion f entspricht sie der Steigung der Sekante durch die Punkte $(x_0|f(x_0))$ und $(x_0 + h|f(x_0 + h))$.

Beim Grenzübergang für h gegen null ergibt sich die Momentangeschwindigkeit $f'(x_0)$ zum Zeitpunkt x_0. Diesen Grenzübergang bezeichnet man bekanntlich als Differenzieren und die Momentangeschwindigkeit als Ableitung der Funktion f an der Stelle x_0 (Abschn. 5.3.4), in formaler Schreibweise

$$f'(x_0) = \lim_{h \to 0} \frac{f(x_0 + h) - f(x_0)}{h}.$$

Anschaulich beschreibt die Ableitung die Steigung der Tangente an den Graphen der Funktion f durch den Punkt $(x_0 | f(x_0))$.

Die zweite Charakterisierung setzt also voraus, dass die Funktion f differenzierbar ist, und kann formal für alle reellen Zahlen x durch die Gleichung $f'(x) = p \cdot f(x)$ mit dem Proportionalitätsfaktor p beschrieben werden. Eine solche Gleichung, die die Ableitung einer Funktion in Beziehung zur Funktion selber setzt, heißt Differentialgleichung.

Differentialgleichung der Wachstumsfunktion

Ein Prozess, der dadurch charakterisiert ist, dass die Wachstumsgeschwindigkeit des Bestands immer proportional zum Bestand $f(x)$ ist, wird durch Funktionen beschrieben, die der **Differentialgleichung** $f(x) = p \cdot f(x)$ genügen.

Anstelle des Additionstheorems (AT), das in der ersten Charakterisierung des exponentiellen Wachstums bei einem Startwert 1 die Änderung des Messwerts in einem festen *Zeitabstand* beschreibt, erfasst bei der zweiten Charakterisierung die Differentialgleichung den Zusammenhang zwischen der Wachstumsgeschwindigkeit des Bestands und dem Bestand zu jedem *Zeitpunkt*.

Als **Anfangsbedingung** setzen wir wieder $f(0) = 1$ und fassen Differentialgleichung und Anfangsbedingung zusammen zum Ausgangspunkt (DG) der folgenden Untersuchungen.

(DG) a) **Differentialgleichung** $f(x) = p \cdot f(x)$ für alle $x \in \mathbb{R}$ mit $p \in \mathbb{R}$

b) **Anfangsbedingung** $f(0) = 1$

Die ersten Schlüsse aus der Charakterisierung (DG) von Funktionen f mit exponentiellem Wachstum haben das Ziel zu zeigen, dass solche Funktionen durch den Proportionalitätsfaktor p eindeutig bestimmt sind. Dann zeigen wir, dass sie auch das Additionstheorem (AT) erfüllen und folglich Exponentialfunktionen sind.

1. **Folgerung** Eine Funktion, die (DG) mit dem Proportionalitätsfaktor $p = 0$ erfüllt, ist konstant, nämlich $f(x) = 1$ für alle x. Klar ist: Konstante Funktionen haben überall die Ableitung null. Es gilt aber auch die Umkehrung: Wenn die Ableitung überall null ist, dann ist die Funktion konstant (Abschn. 5.3.4). Wegen der Anfangsbedingung $f(0) = 1$ hat sie dann überall den Wert 1.

2. **Folgerung** Für eine Funktion, die (DG) erfüllt, gilt $f(x) \cdot f(-x) = 1$ für alle x.

Zum Beweis betrachten wir $f(x) \cdot f(-x)$ als neue Funktion $g(x)$. Die Behauptung lautet: Die Funktion g ist konstant. Wie zeigt man, dass eine Funktion konstant ist? Am besten wie eben: Zeige, dass ihre Ableitung überall null ist. Dazu benötigen wir die Produktregel und die Kettenregel des Differenzierens (Abschn. 5.3.4)

$$g'(x) = f'(x) \cdot f(-x) - f(x) \cdot f'(-x).$$

Aus (DG) folgt

$$g'(x) = p \cdot f(x) \cdot f(-x) - f(x) \cdot p \cdot f(-x), \text{ also } g'(x) = 0 \text{ für alle } x.$$

Mithin ist g die konstante Funktion. Offensichtlich ist $g(0) = 1$.

Also ist $g(x) = f(x) \cdot f(-x) = 1$ für alle x.

Aus der 2. Folgerung ergibt sich durch Widerspruchsbeweis unmittelbar die 3. Folgerung.

3. **Folgerung** Eine Funktion, die (DG) erfüllt, besitzt keine Nullstelle.

Die Anfangsbedingung besagt, dass die Funktion f an der Stelle null den Wert 1 annimmt. Kann sie an irgendeiner Stelle x_1 einen negativen Wert annehmen? Nun ist f wegen (DG) eine differenzierbare Funktion. Eine differenzierbare Funktion ist auch stetig (Abschn. 5.3.4). Eine stetige Funktion, die an der Stelle null den Wert 1 und an der Stelle x_1 einen negativen Wert annimmt, müsste zwischen null und x_1 eine Nullstelle haben, sonst würde sie ja über den Wert null hinwegspringen (Abschn. 5.3.3). Das kann wegen der 3. Folgerung nicht sein. Also gilt:

4. **Folgerung** Eine Funktion, die (DG) erfüllt, ist positiv.

Wir brauchen die Erkenntnis, dass eine Funktion, die (DG) erfüllt, überall positiv ist, um zu zeigen, dass der Proportionalitätsfaktor p die Funktion f eindeutig charakterisiert.

Eindeutigkeit der Lösung von (DG)

Zwei Funktionen f und g, die beide (DG) mit demselben Proportionalitätsfaktor p erfüllen, stimmen überall überein.

Wir haben keine Chance, für jede einzelne Stelle nachzuweisen, dass die beiden Funktionen f und g dort übereinstimmen; denn wir haben über f und g nur sehr wenige Informationen: einmal eine lokale, die Anfangsbedingung $f(0) = g(0) = 1$, und eine globale, die Differentialgleichungen $f'(x) = p \cdot f(x)$ und $g'(x) = p \cdot g(x)$. Einfacher ist es zu zeigen, dass eine Funktion konstant ist. Wenn die Ableitung einer Funktion überall null ist, dann ist die Funktion konstant (Abschn. 5.3.4).

Um auf diesen Ansatz zu kommen, haben wir zwei Möglichkeiten. Wir zeigen, dass die Hilfsfunktion $h(x) = f(x) - g(x)$ überall den Wert null hat. Oder wir zeigen, dass die Hilfsfunktion $h(x) = \frac{f(x)}{g(x)}$ überall den Wert 1 hat; das setzt allerdings voraus, dass $g(x)$ niemals null wird. Das haben wir aber in der 4. Folgerung bewiesen.

Versuchen wir es mit der ersten Möglichkeit $h(x) = f(x) - g(x)$. Aus (DG) folgt

$$h'(x) = f'(x) - g'(x) = p \cdot (f(x) - g(x)) = p \cdot h(x).$$

Also erfüllt auch h die Differentialgleichung, jedoch mit der Anfangsbedingung $h(0) = 0$. Nun wissen wir nicht weiter.

Versuchen wir es mit der zweiten Möglichkeit

$$h(x) = \frac{f(x)}{g(x)}.$$

Wir leiten h nach der Quotientenregel ab (Abschn. 5.3.4) und nutzen (DG) aus:

$$\begin{aligned} h'(x) &= \frac{f'(x) \cdot g(x) - f(x) \cdot g'(x)}{(g(x))^2} \\ &= \frac{p \cdot f(x) \cdot g(x) - f(x) \cdot p \cdot g(x)}{(g(x))^2} = 0 \end{aligned}$$

Die Ableitung ist also überall null. Die Funktion h ist demnach konstant. Es ist $h(0) = 1$. Es hat geklappt. Die Funktion h hat überall den Wert 1.

Nun kommen wir zu dem wichtigen Zusammenhang zwischen den beiden Charakterisierungen des exponentiellen Wachstums.

Zusammenhang zwischen Differentialgleichung und Additionstheorem
Eine Funktion f, die der Charakterisierung des exponentiellen Wachstums durch die Differentialgleichung $f'(x) = p \cdot f(x)$ mit der Anfangsbedingung $f(0) = 1$ genügt, genügt auch der Charakterisierung durch das Additionstheorem $f(x_1 + x_2) = f(x_1) \cdot f(x_2)$.

Beweis
Das Additionstheorem $f(x_1 + x_2) = f(x_1) \cdot f(x_2)$ hat eine arithmetische Struktur. Wir müssen es als Aussage über eine Funktion interpretieren, damit wir die Voraussetzung (DG) anwenden können. Dazu ersetzen wir x_1 durch x, um den Variablencharakter zu betonen. Unter x_2 verstehen wir keine Variable, sondern eine beliebige, aber feste Zahl. Dann lautet die Behauptung:

Aus (DG) folgt $f(x + x_2) = f(x) \cdot f(x_2)$.

Diese Aussage können wir als Behauptung über die Gleichheit zweier zusammengesetzter Funktionen auffassen, nämlich $f(x + x_2)$ einerseits und $f(x) \cdot f(x_2)$ andererseits. Wie oben ist es nützlich, sich einer Hilfsfunktion zu bedienen:

$$h(x) = \frac{f(x) \cdot f(x_2)}{f(x + x_2)}$$

Es gilt $h(0) = 1$. Da f überall positiv ist (4. Folgerung), gilt das Gleiche für h. Wir leiten h ab und zeigen, dass die Ableitung überall null ist. Wir wenden die Quotientenregel an und nutzen (DG) aus:

$$h'(x) = \frac{f'(x) \cdot f(x_2) \cdot f(x + x_2) - f(x) \cdot f(x_2) \cdot f'(x + x_2)}{(f(x + x_2))^2}$$
$$= \frac{p \cdot f(x) \cdot f(x_2) \cdot f(x + x_2) - f(x) \cdot f(x_2) \cdot p \cdot f(x + x_2)}{(f(x + x_2))^2} = 0$$

Die Funktion h ist demnach konstant und hat überall den Wert 1.

Wir haben damit gezeigt: Eine Funktion f, die der Charakterisierung des exponentiellen Wachstums durch (DG) genügt, genügt auch der Charakterisierung durch (AT). Nach dem, was wir bei der Charakterisierung durch das Additionstheorem gelernt haben, ist eine solche Funktion f eine Exponentialfunktion der Form $f(x) = q^x$, wobei $q = f(1)$ ist. Der Zusammenhang zwischen den Zahlen p und q ist allerdings noch nicht geklärt.

Wir fassen die Ergebnisse von Abschn. 3.2 zusammen:

Funktionen, die ein exponentielles Wachstum beschreiben, kann man kennzeichnen durch

- das Additionstheorem $f(x_1 + x_2) = f(x_1) \cdot f(x_2)$ und die Anfangsbedingung $f(0) = 1$.
  Aus $q = f(1)$ und aus der Stetigkeit von f folgt dann: Die Funktion f
  – hat die Zuordnungsvorschrift $f(x) = q^x$ mit reeller Basis $q > 0$,
  – ist also eine Exponentialfunktion.
- die Differentialgleichung $f'(x) = p \cdot f(x)$ mit der Anfangsbedingung $f(0) = 1$.
  Eine solche Funktion genügt auch dem Additionstheorem. Hieraus folgt: Die Funktion f
  – ist eine Exponentialfunktion.

Die Proportionalitätsfaktoren q bzw. p legen die Funktion jeweils eindeutig fest. Wir wissen zwar, dass es sich bei einer Funktion, die der Differentialgleichung genügt, um eine Exponentialfunktion handelt, aber nicht zu welcher Basis, da wir aus (DG) bisher keine Information über den Wert der Funktion f an der Stelle 1 erhalten haben. Das ist unbefriedigend, denn wir möchten zu einem speziellen Proportionalitätsfaktor p gerne die zugehörige Funktionsvorschrift kennen.

Das gelingt mit einem alten heuristischen Prinzip: vom Speziellen zum Allgemeinen.

Wir untersuchen zuerst den Fall $p = 1$ und lösen dann mit seiner Hilfe die übrigen Fälle. Eine Funktion f, die der Differentialgleichung $f'(x) = f(x)$ mit der Anfangsbedingung $f(0) = 1$ genügt, ist eine Exponentialfunktion. Den Funktionswert dieser speziellen Exponentialfunktion an der Stelle 1 bezeichnen wir mit e und die Funktion selber als e-Funktion mit der Funktionsvorschrift $f(x) = e^x$. Wohlgemerkt, noch kennen wir den Wert von e nicht.

Aber wenn wir ihn kennen würden, dann könnten wir auch die Basis q der Exponentialfunktion $g(x) = q^x$ angeben, die zur Differentialgleichung $g'(x) = p \cdot g(x)$ mit der Anfangsbedingung $g(0) = 1$ gehört. Dazu machen wir den Ansatz $g(x) = f(p \cdot x)$.

Diese Funktion g erfüllt die Anfangsbedingung $g(0) = 1$; denn es ist $g(0) = f(p \cdot 0) = f(0) = 1$.

Aus der Kettenregel folgt für die Ableitung $g'(x) = p \cdot f'(p \cdot x)$ und, da $f'(p \cdot x) = f(p \cdot x)$ ist, weiter $g'(x) = p \cdot f(p \cdot x) = p \cdot g(x)$.

Also erfüllt die Funktion g die Differentialgleichung $g'(x) = p \cdot g(x)$ und hat folglich die Form $g(x) = q^x$. Dann ist $g(1) = q = f(p) = e^p$. Damit haben wir den gewünschten

Zusammenhang zwischen den Proportionalitätsfaktoren *p* und *q*

$$q = e^p$$

Die offene Frage lautet: Welchen Wert hat die Funktion f, die der Differentialgleichung $f'(x) = f(x)$ mit der Anfangsbedingung $f(0) = 1$ genügt– wir wissen, es gibt nur eine solche Funktion –, an der Stelle 1? Anders gefragt: Welchen Wert hat die Zahl e?

Exkurs: Das Symbol *e*

Man nennt e auch eulersche Zahl. Der Buchstabe e für diese Zahl wurde zum ersten Mal 1736 von dem Schweizer Mathematiker Leonhard Euler in seinem Werk *Mechanica* benutzt. Es gibt keine Hinweise, ob dies in Anlehnung an seinen Namen geschah oder in Anlehnung an „Exponentialfunktion" oder aus praktischen Erwägungen der Abgrenzung zu den viel benutzten Buchstaben a, b, c oder d.

Euler © Bifab/dpa/picture alliance

Leonhard Euler (1707–1783)

Leonhard Euler, in Basel geboren, studierte dort ab 1720 u. a. Mathematik und wurde mit 20 Jahren auf eine Professur nach St. Petersburg berufen. Friedrich der Große berief ihn 1741 nach Berlin. Nach 25 Jahren kehrte er wieder nach St. Petersburg zurück, wo er 1783 starb. Nach zunehmenden Problemen mit seinem Augenlicht erblindete Euler 1741 auf dem rechten Auge und 1771 vollständig. Trotzdem entstand fast die Hälfte seines Lebenswerks in der zweiten Petersburger Zeit.

Euler war extrem produktiv: Insgesamt gibt es 866 Publikationen von ihm auf verschiedensten Gebieten der Mathematik. Ein großer Teil der heutigen mathematischen Symbolik geht auf ihn zurück (z. B. e, π, i, das Summenzeichen $\sum$, die Bezeichnung $f(x)$ für einen Funktionsterm).

Auf unserem Weg zu der geheimnisvollen Gleichung $e^{i \cdot \pi} + 1 = 0$ wird er noch eine herausragende Rolle spielen.

3.3   *e*-Funktion

Wir widmen uns jetzt der Funktion, die der Differentialgleichung $f'(x) = f(x)$ und der Anfangsbedingung $f(0) = 1$ genügt, und wollen allein aus dieser Information (ohne Ausnutzung des Additionstheorems) die Funktionswerte an allen Stellen ermitteln.

Unser Vorgehen dabei könnte man experimentell oder heuristisch nennen. Aus naheliegenden Ansätzen leiten wir Ergebnisse her, ohne uns darum zu kümmern, ob all unsere Schlussfolgerungen theoretisch gerechtfertigt sind. In etwa ist das die Einstellung der Mathematiker im 18. Jahrhundert. Bei der Grundlegung der Analysis (oder der Infinitesimalrechnung, wie sie auch genannt wurde) durch Isaac Newton (1643–1727) und Gottfried Wilhelm Leibniz (1646–1716) ist der Funktionsbegriff noch eng mit physikalischen Anwendungen und mit der Geometrie verbunden. Im 18. Jahrhundert werden vor allem von Leonhard Euler Funktionen durch algebraische Ausdrücke – endliche, aber auch unendliche – beschrieben und die Differential- sowie die Integralrechnung mit algebraischen Methoden weiterentwickelt. Unsere Vorgehensweise entspricht der Arbeitsweise von Leonhard Euler. Das 19. Jahrhundert ist dann die Blütezeit der Analysis, in der sie ihre theoretische Fundierung erhält und unter Einbeziehung der komplexen Zahlen um die Funktionentheorie ergänzt wird.

Wir setzen an den Ergebnissen von Abschn. 3.2.2 an und übertragen sie auf den Spezialfall $p = 1$.

Natürliche Wachstumsfunktion

Die Wachstumsgeschwindigkeit des Bestands ist so groß wie der Bestand.

Differentialgleichung $f'(x) = f(x)$ Anfangsbedingung $f(0) = 1$

Wir bezeichnen die Basis der natürlichen Wachstumsfunktion an der Stelle 1 mit e, also $e = f(1) > 0$.

Die natürliche Wachstumsfunktion f ist eine **Exponentialfunktion** und hat die **Zuordnungsvorschrift** $f(x) = e^x$. Sie heißt auch ***e*-Funktion**.

Beachte: Wir wissen nicht, welchen Wert *e* hat. Insofern hilft uns die Zuordnungsvorschrift im Moment noch nicht weiter.

Mithilfe der geometrischen Grundvorstellung der Ableitung als Grenzfall der Sekantensteigung (Abschn. 5.3.4) entwickeln wir eine Konstruktionsvorschrift, die zum Grenzwert einer Folge von Funktionswerten führt. Damit erhalten wir auch eine Folge zur Berechnung von *e* (Abschn. 3.3.1). Wir versichern, dass die Theorie die Korrektheit des Ergebnisses sicherstellt.

In einem zweiten Ansatz nehmen wir an, die gesuchte Lösung habe die Form bekannter Funktionen, nämlich der Polynomfunktionen. Das ist sicher falsch und hilft trotzdem weiter, wenn wir statt des endlichen Ausdrucks (Polynom) einen unendlichen (Potenzreihe) annehmen (Abschn. 3.3.2). Der zweite Ansatz könnte dem Vorgehen nach von Euler stammen.

3.3.1 Approximation des Funktionsgraphen

▶ **Idee** Approximiere den Graph der Funktion *f* durch einen Streckenzug. Unterteile das Intervall $[0, x]$ in n gleich lange Abschnitte der Länge h und ersetze die Kurve in diesen Abschnitten durch Strecken (Sekantenabschnitte). Wenn h klein genug ist, ist die Steigung der Sekantenabschnitte ungefähr gleich der Tangentensteigung am Beginn des Abschnitts.

Die Sekantensteigung für das Intervall $[x_0, x_0 + h]$ ist

$$\frac{f(x_0 + h) - f(x_0)}{h},$$

die Tangentensteigung an der Stelle x_0 $f'(x_0)$. In unserer näherungsweisen Betrachtung ist also

$$\frac{f(x_0 + h) - f(x_0)}{h} \approx f'(x_0) \text{ bzw. } (x_0 + h) - f(x_0) \approx h \cdot f'(x_0)$$

Da f der Differentialgleichung $f'(x) = f(x)$ genügt, folgt

$$f(x_0 + h) \approx (1 + h) \cdot f(x_0).$$

Wir starten mit $x_0 = 0$ und $f(0) = 1$. Dann ergibt sich:

$$f(h) \approx 1 + h$$
$$f(2 \cdot h) \approx (1 + h) \cdot f(h) = (1 + h)^2$$
$$f(3 \cdot h) \approx (1 + h) \cdot f(2 \cdot h) = (1 + h)^3$$

Nach n Schritten ergibt sich

$$f(n \cdot h) \approx (1 + h)^n,$$

also mit $x = n \cdot h$:

$$f(x) \approx \left(1 + \frac{x}{n}\right)^n$$

Diese geometrische Näherung wird immer besser, je kleiner die Abschnitte h werden bzw. je größer die Zahl n der Abschnitte ist, in die das Intervall $[0, x]$ unterteilt wird. Die Vermutung lautet also:

$$f(x) = \lim_{n \to \infty} \left(1 + \frac{x}{n}\right)^n$$

Die Funktion ist hier punktweise (d. h. für jedes einzelne x) durch den Grenzwert einer Folge definiert. Zu prüfen wäre:

- Konvergiert die Folge für jedes x?
- Ist die so definierte Funktion an jeder Stelle x differenzierbar?
- Ist die Differentialgleichung $f'(x) = f(x)$ erfüllt?

Mit Mitteln der Analysis kann man alle diese Fragen bejahen.

Nun können wir den Wert von e, das ist der Funktionswert an der Stelle 1, berechnen.

Die Zahl e als Grenzwert einer Folge

$$e = \lim_{n \to \infty} \left(1 + \frac{1}{n}\right)^n$$

Die Folge konvergiert allerdings sehr langsam. Noch $\left(1 + \frac{1}{100}\right)^{100} = 1,01^{100} = 2,7048\ldots$ stimmt mit e nicht einmal auf der zweiten Nachkommastelle überein.

Wir wissen nach Abschn. 3.2, dass die Funktion f, die der Differentialgleichung $f'(x) = f(x)$ genügt, eine Exponentialfunktion ist. Ihre Basis ist der Funktionswert an der Stelle 1. Also erhalten wir:

Die e-Funktion als Grenzwert einer Folge von Funktionen

$$e^x = \lim_{n \to \infty} \left(1 + \frac{x}{n}\right)^n$$

Aufgabe 3.3: Geometrische Näherung von Exponentialfunktionen

a) Betrachte eine Funktion $f : \mathbb{R} \to \mathbb{R}$, für die die Differentialgleichung $f'(x) = 2 \cdot f(x)$ und die Anfangsbedingung $f(0) = 1$ gelten.
   - Zeige: Näherungsweise gilt $f(x_0 + h) \approx (1 + 2h) \cdot f(x_0)$.
   - Leite hieraus die Näherungswerte für $f(h)$, $f(2 \cdot h)$, $f(3 \cdot h)$, ..., $f(n \cdot h)$ her.
   - Setze $n \cdot h = x$ bzw. $h = \frac{x}{n}$ und führe den Grenzübergang durch. Wie lautet die Funktionsvorschrift für $f(x)$?
   - Vergleiche sie mit der Funktionsvorschrift der e-Funktion

$$e^x = \lim_{n \to \infty} \left(1 + \frac{x}{n} \right)^n.$$

   Drücke die Funktion f mithilfe der e-Funktion aus.
   - Nach der Zusammenfassung von Abschn. 3.2 ist auch die neue Funktion eine Exponentialfunktion der Form q^x mit reeller Basis $q > 0$. Bestimme q.
   (Das ist nun ganz einfach!)

b) Betrachte eine Funktion $f : \mathbb{R} \to \mathbb{R}$, für die die Differentialgleichung $f'(x) = f(x)$ und die Anfangsbedingung $f(0) = 2$ gelten.
   - Zeige: Näherungsweise gilt $f(x_0 + h) \approx (1 + h) \cdot f(x_0)$.
   - Leite hieraus die Näherungswerte für $f(h)$, $f(2 \cdot h)$, $f(3 \cdot h)$, ..., $f(n \cdot h)$ her.
   - Setze $n \cdot h = x$ bzw. $h = \frac{x}{n}$ und führe den Grenzübergang durch. Wie lautet die Funktionsvorschrift für $f(x)$?
   - Vergleiche sie mit der Funktionsvorschrift der e-Funktion

$$e^x = \lim_{n \to \infty} \left(1 + \frac{x}{n} \right)^n.$$

Drücke die neue Funktion f mithilfe der e-Funktion aus.

3.3.2   Von Polynomen zur Potenzreihe

▶ **Idee** Prüfe, ob die e-Funktion zu einer bekannten Klasse von Funktionen gehört. Bekannt sind lineare, quadratische sowie Potenzfunktionen, die alle zur Klasse der Polynomfunktionen gehören. Prüfe also, ob sie eine Polynomfunktion ist.

Angenommen f sei eine reelle Polynomfunktion n-ten Grades; aus praktischen Gründen, die gleich deutlich werden, fangen wir anders als in Abschn. 2.5 mit der Potenz niedrigsten Grades an: $f(x) = a_0 + a_1 \cdot x + a_2 \cdot x^2 + \ldots + a_n \cdot x^n$ mit reellen Koeffizienten a_k.

Der Ansatz muss falsch sein, denn beim Ableiten dieser Funktion ergibt sich eine Polynomfunktion $(n - 1)$-ten Grades. Eine Polynomfunktion n-ten Grades kann niemals überall dieselben Funktionswerte haben wie eine Polynomfunktion $(n-1)$-ten Grades, da der höchste Exponent der einen gerade und der anderen ungerade ist und beide folglich einen unterschiedlichen Funktionsverlauf für $x \to +\infty$ und $x \to -\infty$ haben. (Ein anderer Beweis der Ungleichheit ergibt sich aus dem Fundamentalsatz der Algebra, vgl. Abschn. 4.1.).

Dieses Gegenargument entfällt aber, wenn man unendlich viele Summanden zulässt. Dann gibt es keinen höchsten Exponenten. Der neue Ansatz lautet:

Potenzreihenansatz

$f(x) = a_0 + a_1 \cdot x + a_2 \cdot x^2 + \ldots + a_n \cdot x^n + \ldots$ mit reellen Koeffizienten a_k.

Der Term auf der rechten Seite der Gleichung heißt **Potenzreihe.**

Die Bezeichnung Potenz*reihe* macht deutlich, dass im Unterschied zur Polynomfunktion, die aus der Summe von endlich vielen Potenzfunktionen besteht, nun unendlich viele Summanden zugelassen sind. Wir gehen im Folgenden heuristisch vor nach dem Motto: Übertrage deine Kenntnisse über Polynome und Polynomfunktionen auf Potenzreihen. Prüfe notfalls hinterher, ob es erlaubt ist.

Aus der Differentialgleichung $f'(x) = f(x)$ folgt, dass die Funktion f beliebig oft differenzierbar ist und dass für alle Ableitungen $f^{(n)}(x) = f(x)$ gilt. Demnach haben alle Ableitungen an der Stelle Null den Wert 1.

Andererseits ergibt sich, wenn man die Potenzreihe gliedweise mit den bekannten Ableitungsregeln (Abschn. 5.3.4) differenziert:

$$f'(x) = a_1 + 2 \cdot a_2 \cdot x + 3 \cdot a_3 \cdot x^2 + 4 \cdot a_4 \cdot x^3 + 5 \cdot a_5 \cdot x^4 + \ldots + n \cdot a_n \cdot x^{n-1} + \ldots$$

$$f''(x) = 2 \cdot a_2 + 2 \cdot 3 \cdot a_3 \cdot x + 3 \cdot 4 \cdot a_4 \cdot x^2 + 4 \cdot 5 \cdot a_5 \cdot x^3 + \ldots + (n-1) \cdot n \cdot a_n \cdot x^{n-2} + \ldots$$

$$f'''(x) = 2 \cdot 3 \cdot a_3 + 2 \cdot 3 \cdot 4 \cdot a_4 \cdot x + 3 \cdot 4 \cdot 5 \cdot a_5 \cdot x^2 + \ldots + (n-2) \cdot (n-1) \cdot n \cdot a_n \cdot x^{n-3} + \ldots$$

$$f^{(n)}(x) = 2 \cdot 3 \cdot 4 \cdot \ldots \cdot n \cdot a_n + 2 \cdot 3 \cdot 4 \cdot \ldots \cdot n \cdot (n+1) \cdot a_n \cdot x + \ldots \quad \text{mit } n! = 1 \cdot 2 \cdot 3 \cdot \ldots \cdot n$$

Betrachtet man die Ableitungen an der Stelle Null, ergibt sich: $f^{(n)}(0) = n! \cdot a_n$. Also ist

$$a_n = \frac{1}{n!}.$$

Die Vermutung lautet also, dass sich die *e*-Funktion als Potenzreihe darstellen lässt.

Die *e*-Funktion als Potenzreihe

$$f(x) = 1 + x + \frac{1}{2} \cdot x^2 + \frac{1}{3!} \cdot x^3 + \ldots + \frac{1}{n!} \cdot x^n + \ldots$$

Die Funktion ist hier punktweise durch den Grenzwert einer unendlichen Reihe definiert.

Zu prüfen wäre:

- Konvergiert die Reihe für jedes x?
- Ist die so definierte Funktion überall differenzierbar?
- Kann man die Ableitung bilden, indem man die Potenzreihe gliedweise differenziert (denn dann ist die Ableitung gleich der Funktion, also die Differentialgleichung $f'(x) = f(x)$ erfüllt)?

Mit Mitteln der Analysis kann man alle diese Fragen bejahen.

Für $x = 1$ ergibt sich:

Die Zahl e als Grenzwert einer Reihe

$$e = 1 + 1 + \frac{1}{2} + \frac{1}{3!} + \ldots + \frac{1}{n!} + \ldots$$

Wir können sofort ablesen, dass e größer als 2,5 ist. Wir zeigen, dass e kleiner als 3 ist.

Wir schätzen zunächst die Summanden der e-Reihe ab.

$$\frac{1}{3!} = \frac{1}{2} \cdot \frac{1}{3} < \frac{1}{2} \cdot \frac{1}{2} = \left(\frac{1}{2}\right)^2$$

$$\frac{1}{4!} = \frac{1}{2} \cdot \frac{1}{3} \cdot \frac{1}{4} < \frac{1}{2} \cdot \frac{1}{2} \cdot \frac{1}{2} = \left(\frac{1}{2}\right)^3$$

$$\frac{1}{n!} = \frac{1}{2} \cdot \frac{1}{3} \cdot \ldots \cdot \frac{1}{n} < \frac{1}{2} \cdot \frac{1}{2} \cdot \ldots \cdot \frac{1}{2} = \left(\frac{1}{2}\right)^{n-1} \quad \text{für } n \geq 2$$

Damit schätzen wir die e-Reihe ab.

$$e = 1 + 1 + \frac{1}{2} + \frac{1}{3!} + \ldots + \frac{1}{n!} + \ldots < 1 + 1 + \frac{1}{2} + \left(\frac{1}{2}\right)^2 + \left(\frac{1}{2}\right)^3 + \ldots$$

Rechts steht ein Ausdruck der Form $1 + 1 + s$ mit der unendlichen Reihe

$$s = \frac{1}{2} + \left(\frac{1}{2}\right)^2 + \left(\frac{1}{2}\right)^3 + \ldots$$

Multipliziert man s mit 2, ergibt sich

$$2s = 1 + \frac{1}{2} + \left(\frac{1}{2}\right)^2 + \left(\frac{1}{2}\right)^3 + \ldots = 1 + s.$$

Also ist $s = 1$ und mithin ist e kleiner als 3.

Die *e*-Reihe konvergiert sehr gut. Wenn man die Potenzreihe nach zehn Summanden abbricht, erhält man

$$1 + 1 + \frac{1}{2} + \frac{1}{3!} + \ldots + \frac{1}{9!} = 2{,}71828153\ldots.$$

Die Summe stimmt bereits mit den ersten sechs Nachkommastellen von *e* überein. Es ist

$$e = 2{,}718281828459\ldots$$

Nach den Ergebnissen von Abschn. 3.2 wissen wir, dass zwei Funktionen, die beide derselben Differentialgleichung genügen und dieselbe Anfangsbedingung erfüllen, überall übereinstimmen und dass es sich dabei um eine Exponentialfunktion handelt. Damit haben wir drei verschiedene Darstellungen derselben Funktion f, der *e*-Funktion (Abb. 3.2), gefunden:

- Die einzelnen Funktionswerte werden durch den Grenzwert einer unendlichen Folge ermittelt.

$$f(x) = \lim_{n \to \infty} \left(1 + \frac{x}{n}\right)^n$$

- Die einzelnen Funktionswerte werden durch den Grenzwert einer unendlichen Reihe („Potenzreihe") ermittelt.

$$f(x) = 1 + x + \frac{1}{2} \cdot x^2 + \frac{1}{3!} \cdot x^3 + \ldots + \frac{1}{n!} \cdot x^n + \ldots$$

- Die einzelnen Funktionswerte werden als Potenzen der speziellen Basis *e* ermittelt.

$$e = 1 + 1 + \frac{1}{2} + \frac{1}{3!} + \ldots + \frac{1}{n!} + \ldots$$

Die Funktion ist eine spezielle Exponentialfunktion.

$$f(x) = e^x$$

Abb. 3.2 *e*-Funktion

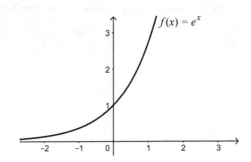

Aufgabe 3.4: Potenzreihenentwicklung von Wachstumsfunktionen

Die Funktion $f : \mathbb{R} \to \mathbb{R}$ beschreibt ein exponentielles Wachstum, wenn die Wachstumsgeschwindigkeit des Bestands proportional zum Bestand mit dem Proportionalitätsfaktor p ist, kurz: $f'(x) = p \cdot f(x)$ für alle x.

Zum Zeitpunkt 0 ist 1 Maßeinheit vorhanden, also $f(0) = 1$.

Bei echtem Wachstum ist die Geschwindigkeit (= die Ableitung) positiv, also auch der Proportionalitätsfaktor p, bei Zerfall negativ.

a) Welchen Wert haben die Ableitungen von f an der Stelle Null?
   Berechne $f'(0), f''(0), \ldots, f^{(n)}(0)$.
b) Mache einen Potenzreihenansatz, d. h.

$$f(x) = a_0 + a_1 \cdot x + a_2 \cdot x^2 + \ldots + a_n \cdot x^n + \ldots.$$

Bestimme die Koeffizienten a_n wie für den Sonderfall $p = 1$ praktiziert.

c) Vergleiche die Potenzreihe von f mit der Potenzreihe der e-Funktion. Drücke die Funktion f mithilfe der e-Funktion aus

3.3.3 Natürlicher Logarithmus

Da $e > 1$ ist, wissen wir aus den Ergebnissen von Abschn. 3.2.2, dass die e-Funktion positiv und streng monoton steigend ist. Also besitzt sie eine Umkehrfunktion. Daraus folgt:

Natürlicher Logarithmus

Zu jeder positiven reellen Zahl y gibt es eine reelle Zahl x, sodass $e^x = y$ ist.
Man nennt x den **natürlichen Logarithmus** von y, in Zeichen $x = \ln y$.

Bis zum 18. Jahrhundert stand nicht die e-Funktion, sondern ihre Umkehrfunktion, die Logarithmusfunktion, im Mittelpunkt des mathematischen Interesses (Abb. 3.3).

Der Grund liegt in der funktionalen Beziehung, der die Logarithmusfunktion genügt.

Funktionalgleichung der Logarithmusfunktion

$$\ln (y_1 \cdot y_2) = \ln; y_1 + \ln y_2$$

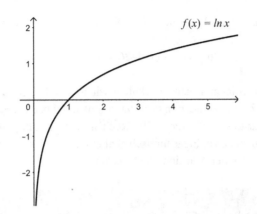

Abb. 3.3 Logarithmusfunktion

Sie folgt direkt aus dem Additionstheorem der *e*-Funktion.

$$\ln (y_1 \cdot y_2) = \ln (e^{x_1} \cdot e^{x_2})$$
$$= \ln (e^{x_1 + x_2})$$
$$= x_1 + x_2$$
$$= \ln y_1 + \ln y_2$$

Mithilfe dieser funktionalen Beziehung kann man eine Multiplikation auf eine leichter durchzuführende Addition zurückführen. Die Funktionswerte der Logarithmusfunktion wurden früher in einer Tabelle („Logarithmentafel") aufgelistet. Um das Produkt $y_1 \cdot y_2$ zu berechnen, liest man die Logarithmen von y_1 und y_2 in der Logarithmentafel ab, addiert die beiden Logarithmen (schriftlich) zur Summe $\ln y_1 + \ln y_2$ und schaut nach, wo das Ergebnis in der Logarithmentafel steht, d. h. zu welchem Wert y diese Summe gehört. Dann ist $\ln y = \ln (y_1 \cdot y_2)$, also y das Produkt aus y_1 und y_2.

Aus der Formel $\ln (y_1 \cdot y_2) = \ln y_1 + \ln y_2$ folgt, wenn man gleiche Argumente einsetzt,

$$\ln (y^n) = n \cdot \ln y \quad \text{und} \ln \left(y^{\frac{1}{n}} \right) = \frac{1}{n} \cdot \ln y.$$

Wie rechnete man $y = \sqrt[3]{4,257 \cdot 3,14^2}$ im Zeitalter vor dem Taschenrechner mithilfe einer Logarithmentafel aus?

Wir bringen y zunächst in eine Form, bei der wir die Logarithmenregeln anwenden können: $y = \left(4,257 \cdot 3,14^2 \right)^{\frac{1}{3}}$. Dann ist

$$\ln y = \frac{1}{3} \cdot \ln \left(4,257 \cdot 3,14^2 \right)$$
$$= \frac{1}{3} \cdot \left(\ln 4,257 + \ln 3,14^2 \right)$$
$$= \frac{1}{3} \cdot \left(\ln 4,257 + 2 \cdot \ln 3,14 \right).$$

Nun lesen wir aus der Logarithmentafel die Werte von ln 4, 257 und ln 3, 14 ab:

$$\ln y = \frac{1}{3} \cdot (1,4486 + 2 \cdot 1,1442)$$

Durch einfaches schriftliches Rechnen erhalten wir ln y = 1, 2457. Zu welchem Wert *y* gehört ln y = 1, 2457? Wir schauen in der Logarithmentafel nach: *y* = 3, 4754.

Anstelle der Logarithmentafel diente der Rechenschieber zum praktischen Gebrauch. Er besteht im Prinzip aus zwei logarithmisch skalierten Linealen, die man gegeneinander verschiebt; das entspricht der Addition von Strecken.

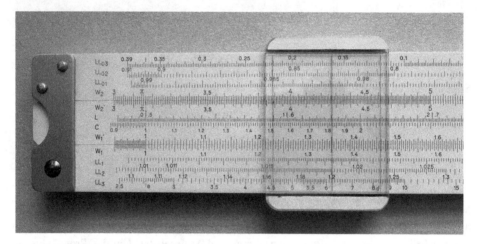

Foto: Gerda Werth

Wir werden die Logarithmen noch einmal gebrauchen: bei der Verallgemeinerung des Potenzbegriffs auf komplexe Exponenten (Abschn. 4.2).

3.4   Rückblick und Ausblick

Am Anfang und am Ende dieses Kapitels ging es um Potenzen. Dabei vollzieht sich ein entscheidender Perspektivwechsel von der algebraischen Sichtweise auf die funktionale Sichtweise.

Die algebraische Sichtweise auf die Potenz a^x beginnt mit natürlichen Zahlen *x* als Exponenten und bringt mithilfe der Potenzgesetze die Verallgemeinerung auf ganzzahlige Exponenten. Wegen unüberbrückbarer Probleme mit den Potenzgesetzen haben wir uns dann für die Basis *a* auf positive reelle Zahlen beschränkt. Dann können wir auch Potenzen mit rationalen Exponenten *x* sinnvoll definieren. Schließlich haben wir mithilfe der Analysis, der Intervallschachtelung (Abschn. 3.1) und der stetigen Fortsetzung (Abschn. 3.2) auch reelle Exponenten x zulassen können. Damit ist der Grund gelegt für den entscheidenden Perspektivwechsel von der arithmetischen auf die funktionale Sichtweise. Für eine positive Zahl a ordnet die Vorschrift $f(x) = a^x$ jeder reellen Zahl x den Funktionswert a^x zu. Wir nennen sie Exponentialfunktion zur Basis a.

Dann haben wir uns der Betrachtung spezieller Funktionen, der Wachstumsfunktionen, zugewandt. Sie können als Exponentialfunktionen dargestellt werden. Eine besondere Wachstumsfunktion, die sogenannte natürliche, ist die e-Funktion, die Exponentialfunktion zur Basis e. Aus der Charakterisierung dieser Funktion durch eine einfache Differentialgleichung haben wir ihre Darstellung als Potenzreihe entwickelt und damit den Wert der Zahl e bestimmt.

Die Darstellung einer Funktion als Potenzreihe ist ein weiterer Schlüssel zu der geheimnisvollen Gleichung $e^{i \cdot \pi} + 1 = 0$. Diesen Schlüssel wenden wir im nächsten Kapitel auf die trigonometrischen Funktionen an, deren Eigenschaften wir in Abschn. 1.4.4 bereitgestellt haben. Wir entdecken eine verblüffende Ähnlichkeit zwischen ihnen und der e-Funktion. Der Blick auf die Potenzen der imaginären Einheit i in Abschn. 2.4 verschafft uns das Aha-Erlebnis: Die Ähnlichkeit führt zur Gleichung.

Das Finale

4

Die faszinierende Beziehung zwischen den vier reellen Zahlen 0, 1, e und π sowie der imaginären Einheit i lautet: $e^{i\cdot\pi} + 1 = 0$. Die Basis e ist eine positive reelle Zahl und Basis der Exponentialfunktion $f(x) = e^x$, die für alle reellen Argumente x, also auch für π, positive Werte annimmt. Es muss also an der imaginären Einheit i liegen, dass negative Werte möglich sind, und an π, dass gerade der Wert -1 herauskommt.

Um das letzte Stück des Weges zur Einsicht in diese Beziehung zu gehen, müssen wir uns an die Rolle der Zahl π im Zusammenhang mit Funktionen erinnern, nämlich Nullstelle der Sinusfunktion und Extremstelle der Kosinusfunktion zu sein (Abschn. 1.4). Wir wenden bei den trigonometrischen Funktionen die Betrachtungsweise an, die wir bei der e-Funktion kennengelernt haben, nämlich die Darstellung einer Funktion als Potenzreihe (Abschn. 3.3). Dabei stoßen wir auf eine bemerkenswerte Ähnlichkeit der Potenzreihen. Um sie genau zu beschreiben, machen wir einen kühnen Sprung in die Welt der komplexen Zahlen und nehmen die imaginäre Einheit i zu Hilfe. Das Ergebnis ist die eulersche Formel, aus der die Gleichung $e^{i\cdot\pi} + 1 = 0$ unmittelbar folgt (Abschn. 4.1).

Dieses letzte Stück des Weges, die Betrachtung der Potenzreihen und die Einbeziehung der imaginären Einheit i, ist es wert, noch etwas genauer untersucht zu werden. Es verbergen sich dort noch ungeahnte Schätze. Zum einen vertiefen wir unsere Einsicht in das Potenzieren (Abschn. 4.2). Zum andern entdecken wir faszinierende Formeln für die Zahl π – faszinierend, weil sie eine besondere, man könnte sagen, eine besonders schöne arithmetische Struktur besitzen (Abschn. 4.3).

Zu den besonderen arithmetischen Strukturen gehören auch die Kettenbrüche. Auch sie liefern bemerkenswerte Darstellungen von π, manche wegen ihrer Gestalt, andere wegen ihrer guten Annäherung an den genauen Wert von π (Abschn. 4.4).

In der Geschichte der Zahl π haben die Kettenbrüche noch eine weitere Rolle gespielt. Mit ihrer Hilfe wurde zum ersten Mal nachgewiesen, dass es hoffnungslos ist, nach einem Bruch zu suchen, der die Zahl π exakt beschreibt, dass π also irrational ist. Es ist sogar hoffnungslos, nach einer algebraischen Gleichung mit rationalen Koeffizienten zu suchen,

© Springer Fachmedien Wiesbaden GmbH, ein Teil von Springer Nature 2020
H.-D. Rinkens und K. Krüger, *Die schönste Gleichung aller Zeiten*,
https://doi.org/10.1007/978-3-658-28466-4_4

deren Lösung π ist. Der Nachweis gelang zum ersten Mal erst 1882. Damit wurde nach über 2000 Jahren ein Kapitel Mathematikgeschichte abgeschlossen, die Suche nach der Quadratur des Kreises. Mit solchen Betrachtungen über e und π in der Welt der reellen Zahlen schließen wir das Finale ab (Abschn. 4.5).

4.1   Eulersche Formel

Wir wenden uns erneut den trigonometrischen Funktionen zu (Abschn. 1.4). Für die Ableitung der Sinus- und der Kosinusfunktion gilt: $\sin' x = \cos x$ und $\cos' x = -\sin x$. Demnach ist die zweite Ableitung der Sinusfunktion gleich der ursprünglichen Funktion mit entgegengesetztem Vorzeichen. Außerdem gilt $\sin 0 = 0$ und $\sin' 0 = \cos 0 = 1$. Anders formuliert:

Differentialgleichung der Sinusfunktion
Die Sinusfunktion genügt der Differentialgleichung $f''(x) = -f(x)$.
Die Sinusfunktion erfüllt die Anfangsbedingungen $f(0) = 0$ und $f'(0) = 1$.

Die Differentialgleichung $f''(x) = -f(x)$ (in der Regel mit begleitenden Koeffizienten) taucht in der Physik bei der Beschreibung von Schwingungsvorgängen auf. Ein einfaches Beispiel ist das Federpendel (Abb. 4.1).

An einer Feder hängt ein Gegenstand. Wird er nach unten aus der Ruhelage ausgelenkt und losgelassen, schwingt er mit zunehmender Geschwindigkeit in die Ruhelage zurück und darüber hinaus, bis er, gebremst durch die Schwerkraft, zum Stillstand kommt und nun wieder in die Gegenrichtung schwingt usw. Die auf den Gegenstand wirkende Federkraft ist zum einen proportional zur Auslenkung, anders ausgedrückt:

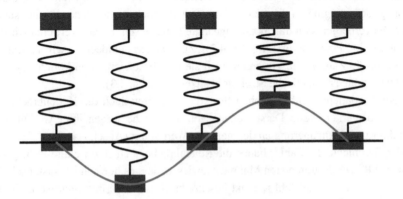

Abb. 4.1 Federpendel

Je größer die Auslenkung, desto größer die Kraft. Zum anderen bewirkt diese Kraft eine Beschleunigung entgegen der Auslenkung. Bezeichnen wir mit $f(x)$ die Auslenkung zum Zeitpunkt x, dann ist $f'(x)$ die Geschwindigkeit und $f''(x)$ die Beschleunigung zum Zeitpunkt x. Lassen wir einmal den Proportionalitätsfaktor außer Acht (d. h., setzen wir ihn der Einfachheit halber gleich 1), dann wird dieser Schwingungsvorgang also durch die Differentialgleichung $f(x) = -f''(x)$ bzw. $f''(x) = -f(x)$ beschrieben.

Man kann den physikalischen Vorgang auch durch die Betrachtung der Energie beschreiben. Da ist zum einen die potenzielle Energie des Systems, auch Lageenergie genannt. Sie ist in unserem Fall proportional zum Quadrat der Ablenkung des Federpendels von der Ruhelage, also zum Quadrat von $f(x)$. Wenn die potenzielle Energie ab- oder zunimmt, nimmt eine andere Energieform zu oder ab, in unserem Fall die kinetische Energie, auch Bewegungsenergie genannt. Sie ist proportional zum Quadrat der Geschwindigkeit $f'(x)$. Im Idealfall, wenn das System weder durch eine äußere Kraft noch durch Reibung beeinflusst wird, gilt der Energieerhaltungssatz der klassischen Mechanik: Die Gesamtenergie, das ist die Summe aus potenzieller und kinetischer Energie, ist konstant. Bezeichnen wir die Gesamtenergie mit h und setzen die Proportionalitätsfaktoren bei den einzelnen Energiearten der Einfachheit halber gleich 1, so gilt für die Gesamtenergie $h = f^2 + f'^2$. Beim Federpendel ergibt sich der Energieerhaltungssatz mathematisch aus der Schwingungsgleichung $f''(x) = -f(x)$. Zum Beweis leiten wir die Funktion h nach der Summen- und Produktregel ab (Abschn. 5.3.4): $h'(x) = 2 \cdot f(x) \cdot f'(x) + 2 \cdot f'(x) \cdot f''(x)$. Da f die Differentialgleichung $f''(x) = -f(x)$ erfüllt, folgt $h'(x) = 0$ f für alle $x \in \mathbb{R}$. Also ist h eine konstante Funktion.

Kommen wir aus der Physik zurück zur Mathematik. Angenommen wir hätten über eine Funktion f nur diese Informationen:

(DG) **a) Differentialgleichung** $f''(x) = -f(x)$ für alle $x \in \mathbb{R}$
   b) Anfangsbedingungen $f(0) = 0$ und $f'(0) = 1$

Was können wir daraus schließen? Zunächst zeigen wir, dass es nur eine einzige Funktion geben kann, die diese Voraussetzungen erfüllt. Da wir die Sinusfunktion schon kennen, könnten wir Schluss machen. Aber wir haben bei der e-Funktion gelernt, dass wir mithilfe von (DG) noch eine andere Darstellung der Lösung erhalten können (Abschn. 3.3.2). Damit werden wir der Auflösung um das Geheimnis der Formel $e^{i\pi} + 1 = 0$ den letzten und entscheidenden Schritt näher kommen.

Eindeutigkeitssatz
Es gibt nur eine Funktion, die (DG) erfüllt.

Angenommen es gäbe zwei Funktionen f_1 und f_2, die beide (DG) erfüllen. Wir betrachten ihre Differenz $g = f_1 - f_2$. Die Funktion g erfüllt die Differentialgleichung $g''(x) = -g(x)$ und die Anfangsbedingungen $g(0) = 0$ und $g'(0) = 0$. Beachte die geänderte Bedingung für die Ableitung an der Stelle Null. Für die Hilfsfunktion $h = g^2 + g'^2$ ergibt sich wegen der Differentialgleichung $g''(x) = -g(x)$ wie oben $h'(x) = 0$ für alle $x \in \mathbb{R}$. Also ist h eine konstante Funktion und wegen $h(0) = 0$ die Nullfunktion. Nun ist aber h die Summe zweier Funktionen, die nirgendwo negativ sein können. Dann ist g^2 und folglich auch g ebenfalls die Nullfunktion; d. h., die beiden Funktionen f_1 und f_2 sind gleich.

Wenn wir also im Folgenden aus (DG) noch eine andere Darstellung für die Lösung f herleiten, dann ist dies zugleich eine andere Darstellung der Sinusfunktion. Wir machen den gleichen Ansatz wie bei der Differentialgleichung $f'(x) = f(x)$ in Abschn. 3.3.2.

▶ **Idee** Prüfe, ob die Funktion f, die (DG) erfüllt, zu einer bekannten Klasse von Funktionen, z. B. zu den Polynomfunktionen, gehört.

Angenommen f sei eine reelle Polynomfunktion n-ten Grades $f(x) = a_0 + a_1 \cdot x + a_2 \cdot x^2 + \ldots + a_n \cdot x^n$ mit reellen Koeffizienten a_k. Der Ansatz muss falsch sein, da sich bei der zweiten Ableitung dieser Funktion eine Polynomfunktion $(n-2)$-ten Grades ergibt und nach dem Fundamentalsatz der Algebra (Abschn. 2.5) zwei Polynome verschiedenen Grades nicht gleich sein können. Dieses Gegenargument entfällt, wenn man unendlich viele Summanden zulässt:

$$f(x) = a_0 + a_1 \cdot x + a_2 \cdot x^2 + \ldots + a_n \cdot x^n + \ldots \quad (\text{„Potenzreihe“})$$

Aus der Differentialgleichung $f''(x) = -f(x)$ ergibt sich durch fortgesetztes Differenzieren für die geraden Ableitungen

$$f^{(4)}(x) = \left(f''(x)\right)'' = (-f(x))'' = -f''(x) = f(x),$$
$$f^{(6)}(x) = \left(f''(x)\right)^{(4)} = (-f(x))^{(4)} = -f^{(4)}(x) = -f(x) \text{ usw., allgemein}$$
$$f^{(2n)}(x) = (-1)^n \cdot f(x).$$

Für die ungeraden Ableitungen ergibt sich

$$f^{(3)}(x) = \left(f''(x)\right)' = (-f(x))' = -f'(x),$$
$$f^{(5)}(x) = \left(f''(x)\right)^{(3)} = (-f(x))^{(3)} = -f^{(3)}(x) = f'(x) \text{ usw., allgemein}$$
$$f^{(2n+1)}(x) = (-1)^n \cdot f'(x)$$

Aus den Anfangsbedingungen $f(0) = 0$ und $f'(0) = 1$ folgt daraus für die geraden Ableitungen $\qquad f^{(2n)}(0) = 0$

und für die ungeraden Ableitungen $\quad f^{(2n+1)}(0) = (-1)^n$

Wir leiten nun die Potenzreihe mit den bekannten Ableitungsregeln gliedweise ab und erhalten wie in Abschn. 3.3.2:

$$f^{(n)}(x) = 2 \cdot 3 \cdot 4 \cdot \ldots \cdot n \cdot a_n + 2 \cdot 3 \cdot 4 \cdot \ldots \cdot n \cdot (n+1) \cdot a_{n+1} \cdot x + \ldots$$

$$= n! \cdot a_n + (n+1)! \cdot a_{n+1} \cdot x + \ldots \text{ mit } n! = 1 \cdot 2 \cdot 3 \cdot \ldots \cdot n$$

Für $x = 0$ folgt dann

$$f^{(n)}(0) = n! \cdot a_n \qquad \text{mit } n! = 1 \cdot 2 \cdot 3 \cdot \ldots \cdot n.$$

Aus $f^{(2n)}(0) = 0$ ergibt sich dann für alle geraden Koeffizienten $a_{2n} = 0$.

Aus $f^{(2n+1)}(0) = (-1)^n$ ergibt sich für alle ungeraden Koeffizienten

$$a_{2n+1} = \frac{(-1)^n}{(2n+1)!}.$$

Die Vermutung lautet also:

$$f(x) = x - \frac{1}{3!} \cdot x^3 + \frac{1}{5!} \cdot x^5 - \ldots + \frac{(-1)^n}{(2n+1)!} \cdot x^{2n+1} + \ldots$$

Unser Vorgehen war bisher durch Intuition geleitet. Der Ansatz ist zwar legitim nach dem heuristischen Prinzip: „Versuche die Lösung mit bekannten Mitteln zu finden." Um das Ergebnis auf festen mathematischen Boden zu stellen, müssten wir jetzt eine formale Argumentation führen.

Die gefundene Funktion f ist punktweise durch den Grenzwert einer unendlichen Reihe mit ausschließlich ungeraden Exponenten definiert. Zu prüfen wäre:

- Konvergiert die Reihe für jedes x?
- Ist die so definierte Funktion überall mindestens zweimal differenzierbar?
- Darf man die Ableitungen bilden, indem man die Potenzreihe gliedweise differenziert (denn dann ergibt sich die Differentialgleichung $f''(x) = -f(x)$)?

Mit Mitteln der Analysis kann man alle diese Fragen bejahen. Also gilt:

Die Sinusfunktion als Potenzreihe

$$\sin x = x - \frac{1}{3!} \cdot x^3 + \frac{1}{5!} \cdot x^5 - \frac{1}{7!} \cdot x^7 + \frac{1}{9!} \cdot x^9 - \ldots + \frac{(-1)^n}{(2n+1)!} \cdot x^{2n+1} + \ldots$$

Die Reihe konvergiert sehr gut.

Da $\cos x = \sin' x$. ist (und die Analysis zeigt, dass man die obige unendliche Reihe gliedweise differenzieren darf), lässt sich die Kosinusfunktion durch den Grenzwert einer unendlichen Reihe mit ausschließlich geraden Exponenten beschreiben:

Die Kosinusfunktion als Potenzreihe

$$\cos x = 1 - \frac{1}{2!} \cdot x^2 + \frac{1}{4!} \cdot x^4 - \frac{1}{6!} \cdot x^6 + \frac{1}{8!} \cdot x^8 - \ldots + \frac{(-1)^n}{(2n)!} \cdot x^{2n} + \ldots$$

Aufgabe 4.1: Potenzreihe der Kosinusfunktion

Die Potenzreihe der Kosinusfunktion kann man auch auf dem gleichen Weg herleiten wie die der Sinusfunktion. Voraussetzung ist in diesem Fall: Die Kosinusfunktion erfüllt die Differentialgleichung $f''(x) = -f(x)$ und die Anfangsbedingungen $f(0) = 1$ und $f'(0) = 0$.

a) Zeige: Hieraus folgt für die geraden Ableitungen an der Stelle Null $f^{(2n)}(0) = (-1)^n$ und für die ungeraden Ableitungen $f^{(2n+1)}(0) = 0$.

b) Setze als Lösung der Differentialgleichung eine Potenzreihe an (warum kann es keine Polynomfunktion sein?): $f(x) = a_0 + a_1 \cdot x + a_2 \cdot x^2 + \ldots + a_n \cdot x^n + \ldots$ und berechne deren n-te Ableitung an der Stelle Null.

c) Wende das Ergebnis aus a) an, um die Koeffizienten a_{2n} und a_{2n+1} zu berechnen. Schreibe die ersten vier Glieder der Potenzreihe auf.

Was müsste man mit Mitteln der Analysis beweisen, um dieses Vorgehen zu rechtfertigen?

Wir schreiben noch einmal die Potenzreihen von e^x, $\sin x$ und $\cos x$ etwas strukturierter untereinander:

$$\sin = x \qquad - \frac{1}{3!} \cdot x^3 \qquad + \frac{1}{5!} \cdot x^5 \qquad - \frac{1}{7!} \cdot x^7 \qquad + \frac{1}{9!} \cdot x^9 - \ldots$$

$$\cos x = 1 \qquad - \frac{1}{2!} \cdot x^2 \qquad + \frac{1}{4!} \cdot x^4 \qquad - \frac{1}{6!} \cdot x^6 \qquad + \frac{1}{8!} \cdot x^8 - \ldots$$

$$e^x = 1 + x + \frac{1}{2} \cdot x^2 + \frac{1}{3!} \cdot x^3 + \frac{1}{4!} \cdot x^4 + \frac{1}{5!} \cdot x^5 + \frac{1}{6!} \cdot x^6 + \frac{1}{7!} \cdot x^7 + \frac{1}{8!} \cdot x^8 + \frac{1}{9!} \cdot x^9 + \ldots$$

Beobachtung: Würde man die Potenzreihen der Sinus- und der Kosinusfunktion addieren, erhielte man fast die Potenzreihe der e-Funktion.

$$\sin x + \cos x = 1 + x - \frac{1}{2} \cdot x^2 - \frac{1}{3!} \cdot x^3 + \frac{1}{4!} \cdot x^4 + \frac{1}{5!} \cdot x^5 - \frac{1}{6!} \cdot x^6 - \frac{1}{7!} \cdot x^7 + \frac{1}{8!} \cdot x^8 + \frac{1}{9!} \cdot x^9 - \ldots$$

Der Unterschied liegt in den Vorzeichen: In der Summe $\sin x + \cos x$ haben sie einen eigenwilligen Rhythmus, nämlich $+ + - - + + - - \ldots$

Aha-Erlebnis: Diesen Rhythmus finden wir auch bei den Potenzen von i:

Potenz	i^0	i^1	i^2	i^3	i^4	i^5	i^6	i^7	i^8	i^9
ausgerechnet	$+1$	$+i$	-1-	$-i$	$+1$	$+i$	-1	$-i$	$+1$	$+i$

Bringen wir also i ins Spiel! Der Zusammenhang zwischen den drei Potenzreihen ist einfach zu beschreiben, wenn man in der Potenzreihe der e-Funktion x durch ix ersetzt. Dann ist für eine beliebige reelle Zahl x

$$e^{ix} = 1 + (i \cdot x) + \frac{1}{2} \cdot (i \cdot x)^2 + \frac{1}{3!} \cdot (i \cdot x)^3 + \frac{1}{4!} \cdot (i \cdot x)^4 + \frac{1}{5!} \cdot (i \cdot x)^5 + \frac{1}{6!} \cdot (i \cdot x)^6 + \ldots$$

$$e^{ix} = 1 + i \cdot x - \frac{1}{2} \cdot x^2 - \frac{1}{3!} \cdot i \cdot x^3 + \frac{1}{4!} \cdot x^4 + \frac{1}{5!} \cdot i \cdot x^5 - \frac{1}{6!} \cdot x^6 - \frac{1}{7!} \cdot i \cdot x^7 + \frac{1}{8!} \cdot x^8 + \frac{1}{9!} \cdot i \cdot x^9 + \ldots$$

Nun trennen wir die reellen Summanden von den imaginären:

$$e^{ix} = \left(1 - \frac{1}{2} \cdot x^2 + \frac{1}{4!} \cdot x^4 - \frac{1}{6!} \cdot x^6 + \ldots \right) + i \cdot \left(x - \frac{1}{3!} \cdot x^3 + \frac{1}{5!} \cdot x^5 - \frac{1}{7!} \cdot x^7 + \ldots \right)$$

Wir erhalten den fantastischen Zusammenhang zwischen der e-Funktion und den trigonometrischen Funktionen.

Eulersche Formel

$$e^{i \cdot x} = \cos x + i \cdot \sin x$$

Nun sind wir am Ziel: Wir setzen in der eulerschen Formel $x = \pi$, nutzen aus, dass π Nullstelle der Sinusfunktion und Extremstelle der Kosinusfunktion ist, und erhalten $e^{i \cdot \pi} = -1$ bzw.

$$e^{i \cdot \pi} + 1 = 0$$

Benjamin Peirce, Professor für Mathematik und Naturphilosophie an der Harvard University im 19. Jahrhundert, wandte sich nach dem Beweis dieser Gleichung an seine Studenten (Studentinnen gab es zu seiner Zeit wohl nicht) mit den Worten:

„Meine Herren, diese Formel ist in der Tat richtig. Sie ist absolut paradox, wir können sie nicht verstehen und wir wissen nicht, was sie bedeutet. Aber wir haben sie bewiesen, und deshalb wissen wir: Sie muss wahr sein!"[1]

Im Jahr 1988 startete die Zeitschrift *Mathematical Intelligencer* eine Umfrage unter Mathematikern nach dem schönsten Satz der Mathematik und bot 24 Sätze zur Auswahl an. Der Sieger wurde 1990 bekannt gegeben: Es war die Gleichung $e^{i \cdot \pi} + 1 = 0$.

Dieser „schönste Satz der Mathematik", diese „schönste mathematische Gleichung aller Zeiten"[2] ergibt sich am Schluss als einfache Folgerung aus der eulerschen Formel, und diese wiederum als Konsequenz aus einem Aha-Erlebnis. Bei aller Begeisterung bleiben hinsichtlich der Herleitung dieser Formel doch noch ein paar Fragen, auch wenn alles so zwangsläufig erscheint. Darüber sollten wir nachdenken.

Nachdem wir die Potenzreihen der *e*-Funktion, der Sinus- und der Kosinusfunktion, allesamt reelle Funktionen, ermittelt haben, haben wir in der Potenzreihe der *e*-Funktion x durch $i \cdot x$ ersetzt, also eine komplexe Potenzreihe erhalten.

Erste Frage: Konvergiert die Potenzreihe von $e^{i \cdot x}$ für jede imaginäre Zahl $i \cdot x$? Die Antwort lautet ja und der Aufwand für den Beweis ist nicht wesentlich größer als im reellen Fall.

Zweite Frage: Darf man die Potenzreihe von $e^{i \cdot x}$ so „auseinanderreißen", dass man zunächst die reellen Summanden aufaddiert und dann erst die imaginären, ohne dass sich an der Gesamtsumme etwas ändert? Die Antwort ist ebenfalls ja.

Dritte (grundsätzlichere) Frage: Die Potenzreihe der *e*-Funktion haben wir über die Beschreibung eines Wachstumsprozesses durch eine Differentialgleichung erhalten. Zwar kann man auch Funktionen mit komplexem Definitions- und Wertebereich differenzieren; der Definition liegt allerdings eine andere Vorstellung zugrunde als im Reellen. Im Komplexen müssen wir den Verlust der Ordnung hinnehmen. Damit entfällt die Grundlage zur Beschreibung von Wachstumsprozessen. Also ist eine Herleitung der komplexen Potenzreihe $e^{i \cdot x}$ wie im Reellen nicht möglich. Was tun?

Die Antwort ist verblüffend. Wir leiten nicht her, sondern nehmen die Analogie zum reellen Fall als Legitimation und **definieren:**

$$e^{i \cdot x} = 1 + (i \cdot x) + \frac{1}{2} \cdot (i \cdot x)^2 + \frac{1}{3!} \cdot (i \cdot x)^3 + \ldots + \frac{1}{n!} \cdot (i \cdot x)^n + \ldots$$

Das sieht zunächst wie ein Trick aus, um eine schöne Formel zu erzeugen. Wie wir im folgenden Abschnitt noch sehen werden, ist es aber nichts anderes als eine Variante des Permanenzprinzips.

---

[1]Zitiert nach Florian Freistetter (2017).
[2]Keith J. Devlin (2004).

Rückschau

Die Schlüssel zu der geheimnisvollen Gleichung $e^{i\cdot\pi} + 1 = 0$ sind:

- die Definition einer Funktion mithilfe einer Potenzreihe.

  Die Differentialgleichungen zusammen mit den Anfangsbedingungen für die *e*-Funktion und später für die Sinus- und die Kosinusfunktion führen zu den Potenzreihen der drei Funktionen; die Rechtfertigung dieses Vorgehens muss die (reelle) Analysis liefern.
- der Übergang von der reellen *e*-Funktion zur komplexen *e*-Funktion.

  Die *e*-Funktion mit imaginärem Argument $i \cdot x$ wird nicht durch eine Differentialgleichung, sondern durch eine Potenzreihe in $\mathbb{C}$ definiert; die Rechtfertigung dieses Vorgehens muss die (komplexe) Analysis liefern. Der Vergleich der komplexen Potenzreihe der *e*-Funktion mit den reellen Potenzreihen der Sinus- und der Kosinusfunktion ergibt die eulersche Formel.
- die Bedeutung von π als Nullstelle der Sinusfunktion und Extremstelle der Kosinusfunktion.

  Die Verallgemeinerung von Sinus und Kosinus als Seitenverhältnisse im rechtwinkligen Dreieck auf beliebige Winkel mithilfe des Einheitskreises und die damit verbundene funktionale Sichtweise einerseits sowie die Einführung des Bogenmaßes zur Winkelmessung andererseits führen zu dieser neuen Sicht auf π.

  Eingesetzt in die eulersche Formel, löst sich das Geheimnis.

4.2 Nochmal Potenzen

Erinnern wir uns an die Entwicklung des Potenzbegriffs bis hierher. In allen Zahlbereichen – von den natürlichen Zahlen über die rationalen und reellen bis hin zu den komplexen Zahlen – gilt:

Vom Multiplizieren zum Potenzieren

Wenn man multiplizieren kann, kann man auch potenzieren.

Die Potenz z^n wird eingeführt als Abkürzung für das *n*-fache Produkt des Faktors *z*.

Nach dieser Definition kommen nur natürliche Zahlen *n* als Exponenten ($n \geq 1$) infrage, wobei z^1 gleich *z* gesetzt wird. Aus der Definition folgt das Potenzgesetz $z^m \cdot z^n = z^{m+n}$. Soll dieses weiter gelten (Permanenzprinzip!), ergibt sich, dass z^0 gleich Eins und z^{-m} der Kehrwert von z^m für jede von Null verschiedene Basis *z* ist.

Die Verallgemeinerung des Potenzbegriffs auf rationale Exponenten bringt wegen der Mehrdeutigkeit, die bei der Umkehrung des Potenzierens, dem Wurzelziehen, auftritt, unlösbare Konflikte mit dem Permanenzprinzip mit sich. Wir haben sie zunächst dadurch in den Griff bekommen haben, dass wir uns auf positive reelle Zahlen als Basis beschränkt haben; d. h., für beliebige reelle Exponenten x ist z^x nur für positive reelle Zahlen z erklärt (Abschn. 3.1).

In der eulerschen Formel $e^{ix} = \cos x + i \cdot \sin x$ taucht eine Potenz mit beliebigem imaginärem Exponenten auf. Diese Erweiterung des Potenzbegriffs, allerdings nur für die spezielle Basis e, haben wir damit legitimiert, dass im Reellen das natürliche Wachstum sowohl durch die Potenz e^x als auch durch die Potenzreihe $1 + x + \frac{1}{2} \cdot x^2 + \frac{1}{3!} \cdot x^3 + \dots$ beschrieben werden kann, dass beide Ausdrücke also für jedes x dasselbe Ergebnis liefern. Aufgrund des Permanenzprinzips fordern wir, dass die Gleichheit von Potenz und Potenzreihe auch für imaginäre Exponenten gelten soll, wohlgemerkt: nur für eine spezielle Basis der Potenz, nämlich für die positive reelle Basis e, die eulersche Zahl. Wir definieren:

Potenz zur Basis e mit beliebigen imaginären Exponenten $i \cdot x$ mit $x \in \mathbb{R}$

$$e^{i \cdot x} = 1 + (i \cdot x) + \frac{1}{2} \cdot (i \cdot x)^2 + \frac{1}{3!} \cdot (i \cdot x)^3 + \dots + \frac{1}{n!} \cdot (i \cdot x)^n + \dots$$

Man könnte meinen, es handele sich hierbei um einen Zirkelschluss, da doch auf der rechten Seite der Gleichung auch schon Potenzen vorkommen. Ja, aber nur mit natürlichen Zahlen als Exponenten, also nur Potenzen in der Originaldefinition, die für eine Basis aus allen Zahlbereichen gilt.

Die Gleichheit von Potenz und Potenzreihe auch für imaginäre Exponenten beschert uns eine anschauliche Interpretation der Potenz. In Kap. 2 haben wir die Darstellung einer komplexen Zahl z in Polarkoordinaten kennengelernt: $z = r \cdot (\cos\varphi + i \cdot \sin\varphi)$. Ob wir nun φ schreiben, wie wir es bei Winkeln in der Geometrie gewohnt sind, oder x, wie wir es bei Funktionen gewohnt sind, ändert an der Struktur der Rechenausdrücke nichts, sondern kennzeichnet nur den Wechsel unserer Perspektive. Mithilfe der eulerschen Formel $e^{ix} = \cos x + i \cdot \sin x$ lässt sich diese **Darstellung komplexer Zahlen in Polarkoordinaten** kürzer schreiben: $z = r \cdot e^{i\varphi}$.

Also kennzeichnet die Potenz $e^{i\varphi}$ eine komplexe Zahl, die in der gaußschen Zahlenebene auf dem Einheitskreis liegt. Die folgende Tabelle gibt für einige prägnante Winkel die zugehörige Zahl auf dem Einheitskreis in der Polarkoordinaten-Kurzform und in kartesischen Koordinaten an.

Winkel φ	30°	45°	60°	90°	150°	180°	270°
$e^{i\varphi}$	$e^{i\frac{\pi}{6}}$	$e^{i\frac{\pi}{4}}$	$e^{i\frac{\pi}{3}}$	$e^{i\frac{\pi}{2}}$	$e^{i\frac{5\pi}{6}}$	$e^{i\pi}$	$e^{i\frac{3\pi}{2}}$
$\cos\varphi + i \cdot \sin\varphi$	$\frac{\sqrt{3}}{2} + i\frac{1}{2}$	$\frac{\sqrt{2}}{2} + i\frac{\sqrt{2}}{2}$	$\frac{1}{2} + i\frac{\sqrt{3}}{2}$	i	$-\frac{1}{2} + i\frac{\sqrt{3}}{2}$	-1	$-i$

Achtung! Die Sinus- und die Kosinusfunktion sind periodische Funktionen. Der Sinus bzw. Kosinus des Winkels von 30° ist gleich dem Sinus bzw. Kosinus von 390°, allgemein von $30° + k \cdot 360°$ für jede ganze Zahl k. Also ist $e^{i\frac{\pi}{6}+ik2\pi} = e^{i\frac{\pi}{6}}$ und allgemein für einen beliebigen Winkel x (im Bogenmaß)

$$e^{i\varphi+ik2\pi} = e^{i\varphi}.$$

Zum Winkel 1 im Bogenmaß – das ist etwas mehr als 57° (Abschn. 1.4.1) – gehört auf dem Einheitskreis die komplexe Zahl $e^i = \cos 1 + i \cdot \sin 1 = 0{,}54 + 0{,}84 \cdot i$. Im Bogenmaß ist der Winkel 100 in etwa gleich dem Winkel 5,75, denn $100 \approx 5{,}75 + 15 \cdot 2\pi$, und das sind im Gradmaß knapp 330° oder $-30°$. Die zugehörige komplexe Zahl auf dem Einheitskreis ist $e^{100i} = e^{5,75i} = 0{,}86 - 0{,}51 \cdot i$.

Setzen wir die Funktionsbrille auf, dann bildet die durch den Term e^{ix} definierte Funktion die reelle Zahlengerade auf den Einheitskreis ab. Da die Sinus- und die Kosinusfunktion periodisch mit der Periode 2π sind, ist auch die durch den Term $e^{i \cdot x}$ definierte, komplexwertige Funktion periodisch mit der Periode 2π. Da wird noch einmal die Kühnheit unseres Sprungs vom Reellen ins Komplexe deutlich: Die Funktion $f(x) = e^x$ charakterisiert einen Wachstumsprozess, die durch den Term $e^{i \cdot x}$ definierte Funktion einen sich wiederholenden Prozess wie z. B. einen Schwingungsvorgang.

4.2.1   Komplexe e-Funktion

Wie geht es weiter auf der Verallgemeinerungsleiter des Potenzbegriffs? Wir haben den Potenzbegriff auf imaginäre Exponenten erweitert, indem wir ihn über eine Potenzreihe neu definiert haben, allerdings nur für die Basis e. Ein erster naheliegender Schritt ist die Erweiterung des Potenzbegriffs zur Basis e auf einen beliebigen komplexen Exponenten z. Wir definieren:

Potenz zur Basis e mit beliebigen komplexen Exponenten z

$$e^z = 1 + z + \frac{1}{2} \cdot z^2 + \frac{1}{3!} \cdot z^3 + \ldots + \frac{1}{n!} \cdot z^n + \ldots$$

Der Nachweis der Konvergenz dieser Potenzreihe ist nicht schwieriger als im reellen Fall.

Man kann diese Definition als Folgerung aus dem Einbettungsprinzip (Abschn. 2.1) ansehen: Für reelle Zahlen z, also komplexe Zahlen mit dem Imaginärteil null, ergibt sich der wohlbekannte Sachverhalt, die Potenzreihe der (reellen) e-Funktion.

Bei der reellen e-Funktion haben wir die Gleichung $e^{x_1+x_2} = e^{x_1} \cdot e^{x_2}$ über den Zusammenhang der verschiedenen Charakterisierungen des exponentiellen Wachstums nachgewiesen. Wir hatten die Gleichung $f(z_1 + z_2) = f(z_1) \cdot f(z_2)$ in Abschn. 3.2 wegen ihrer strukturellen Ähnlichkeit mit der aus der Trigonometrie (Abschn. 1.4) bekannten Eigenschaft der Sinus- und Kosinusfunktion Additionstheorem getauft. In der Trigonometrie haben wir sie anschaulich-geometrisch am rechtwinkligen Dreieck bewiesen und ihr Weitergelten bei der Erweiterung auf beliebige Winkel gefordert (Permanenzprinzip). Die trigonometrischen Additionstheoreme haben uns später gute Dienste bei der Einführung der komplexen Zahlen geleistet (Abschn. 2.3).

Weil es in $\mathbb{C}$ keine Ordnungsrelation gibt, steht uns für die komplexe e-Funktion $f(z) = e^z$ die Deutung als Wachstumsfunktion nicht zur Verfügung. Trotzdem erfüllt auch die komplexe e-Funktion das

---

Additionstheorem der komplexen e-Funktion

$$f(z_1 + z_2) = f(z_1) \cdot f(z_2)$$

$$e^{z_1 + z_2} = e^{z_1} \cdot e^{z_2}$$

Hier ist das Additionstheorem allerdings eine Aussage über komplexe Potenzreihen. Es ist zu zeigen:

$$1 + (z_1 + z_2) + \frac{1}{2} \cdot (z_1 + z_2)^2 + \frac{1}{3!} \cdot (z_1 + z_2)^3 + \ldots + \frac{1}{n!} \cdot (z_1 + z_2)^n + \ldots$$

$$= \left(1 + z_1 + \frac{1}{2} \cdot z_1^2 + \frac{1}{3!} \cdot z_1^3 + \ldots \right) \cdot \left(1 + z_2 + \frac{1}{2} \cdot z_2^2 + \frac{1}{3!} \cdot z_2^3 + \ldots \right)$$

Dass die Gleichung richtig ist, ist keineswegs elementar. Auf der linken Seite gibt es z. B. den Summanden

$$\frac{1}{3!} \cdot (z_1 + z_2)^3.$$

Aufgrund der binomischen Formeln (Abschn. 5.2.2) ist er gleich

$$\frac{1}{3!} \cdot \left(z_1^3 + 3 \cdot z_1^2 \cdot z_2 + 3 \cdot z_1 \cdot z_2^2 + z_2^3 \right).$$

Dieser Term muss sich auch aus den Produkten der rechten Seite ergeben. Das nachzuweisen, erfordert noch nicht allzu viel Rechenaufwand. Entsprechendes muss aber (und kann auch) für jeden Exponenten n gezeigt werden. Hier kommt also Kombinatorik ins Spiel. Außerdem muss die Konvergenz der Potenzreihen untersucht werden. Der Beweis ist entsprechend aufwändig[3].

---

[3]Man findet ihn z. B. bei Fridtjof Toennissen (2010, S. 166 f.).

Mithilfe des Additionstheorems der komplexen e-Funktion können wir die Zahl e^z in der gaußschen Zahlenebene verorten. Es sei z eine beliebige komplexe Zahl mit den kartesischen Koordinaten $z = x + iy$. Dann ergibt sich aus dem Additionstheorem mithilfe der eulerschen Formel die Darstellung

---

Die Zahl e^z in der gaußschen Zahlenebene

$$e^z = e^{x+iy} = e^x \cdot e^{iy} = e^x \cdot (\cos y + i \cdot \sin y)$$

Die Potenz e^z mit $z = x + iy$ hat in Polarkoordinaten den Betrag e^x und den Winkel y.

Achtung! Die Sinus- und die Kosinusfunktion sind periodisch. Speziell besitzt die Sinusfunktion bei den ganzzahligen Vielfachen von 2π Nullstellen und die Kosinusfunktion Maxima; d. h., es gilt für jede ganze Zahl k

$$e^{i \cdot k \cdot 2\pi} = \cos(k \cdot 2\pi) + i \cdot \sin(k \cdot 2\pi) = 1:$$

Dann folgt nach dem Additionstheorem für jedes $z \in \mathbb{C}$

$$e^{z + i \cdot k 2\pi} = e^z \cdot e^{i \cdot k \cdot 2\pi} = e^z \cdot 1 = e^z.$$

Es gibt also unendlich viele Potenzen mit der Basis e, die denselben komplexen Wert haben. Anschaulich kann man das auch so ausdrücken: Jeden Wert, den die komplexe e-Funktion annehmen kann, nimmt sie schon in dem Streifen der gaußschen Zahlenebene an, der zwischen der reellen Achse und der Parallelen dazu durch die imaginäre Zahl $2\pi \cdot i$ liegt.

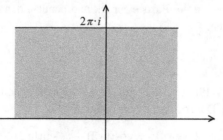

Wir haben in Abschn. 3.2.1 angedeutet, dass die Namensgleichheit „Additionstheorem" bei der Charakterisierung exponentiellen Wachstums und bei den trigonometrischen Funktionen noch einen tieferen Grund hat. Aus dem Additionstheorem der komplexen e-Funktion ergeben sich in der Tat als einfache Folgerungen die Additionstheoreme für die trigonometrischen Funktionen (Aufgabe 4.2).

Aufgabe 4.2: Die Additionstheoreme für die trigonometrischen Funktionen

Setze in die Funktionsgleichung $f(z) = e^z$ für z die imaginäre Zahl $i \cdot (\alpha + \beta)$ ein. Dann ist nach der eulerschen Formel (1) $e^{i \cdot (\alpha + \beta)} = \cos(\alpha + \beta) + i \cdot \sin(\alpha + \beta)$.

Das Additionstheorem der komplexen e-Funktion, angewendet auf die linke Seite der Formel (1), ergibt die Formel (2) $e^{i \cdot (\alpha + \beta)} = e^{i\alpha} \cdot e^{i\beta}$.

Nutze für $e^{i\alpha}$ und $e^{i\beta}$ die eulersche Formel aus.

Rechne das Produkt auf der rechten Seite der Formel (2) aus und trenne das Ergebnis nach Real- und Imaginärteil.

Vergleiche bei den rechten Seiten der Formel (1) und der Formel (2) jeweils den Realteil und den Imaginärteil.

4.2.2 Erweiterung des Potenzbegriffs

Bisher haben wir die Erweiterung des Potenzbegriffs auf komplexe Exponenten nur für eine einzige Basis, nämlich e, geschafft. Was ist aber z. B. 2^i oder i^i? Können wir diesen Ausdrücken überhaupt einen Sinn geben? Wir beginnen mit der Basis 2 und dem Exponenten i und erweitern dann auf eine beliebige positive reelle Basis r zunächst mit dem Exponenten i und dann mit einem beliebigen imaginären Exponenten $i \cdot x$. Anschließend betrachten wir den Fall i^i und verallgemeinern zu $i^{i \cdot x}$ mit einem beliebigen imaginären Exponenten $i \cdot x$. Diese beiden Beispiele liefern alle Argumente, die für die Verallgemeinerung der Potenz w^z auf beliebige komplexe Zahlen w und z erforderlich sind.

> **Fundamentale Idee für die Erweiterung des Potenzbegriffs:**
> Führe die neue Basis auf die Basis e zurück und benutze dann die neue Definition von e^z als Potenzreihe.

Der Fall 2^i

Wir kennen eine Zahl y, für die $2 = e^y$ gilt. Es ist der natürliche Logarithmus von 2, also $y = \ln 2$ (Abschn. 3.3). Damit könnten wir definieren:

$$2^i = e^{i \cdot \ln 2} = \cos(\ln 2) - i \cdot \sin(\ln 2)$$

Aber Achtung: Die Darstellung einer komplexen Zahl in Polarkoordinaten ist wegen der Periodizität der Sinus- und Kosinusfunktion nicht eindeutig; d. h., es gibt noch mehr Stellen, an denen die komplexe e-Funktion den Wert 2 annimmt. Wegen $e^{i \cdot k \cdot 2\pi} = 1$ gilt mit beliebigem $k \in \mathbb{Z}$

$$2 = 2 \cdot e^{i \cdot k \cdot 2\pi} = e^{\ln 2} \cdot e^{i \cdot k 2\pi} = e^{\ln 2 + i \cdot k 2\pi}.$$

Deshalb setzen wir $2^i = e^{i\cdot(\ln 2 + i\cdot k\cdot 2\pi)}$ mit beliebigem $k \in \mathbb{Z}$.

Wir formen den Exponenten um. Es ist

$$e^{i\cdot(\ln 2 + i\cdot k 2\pi)} = e^{-k\cdot 2\pi + i\cdot \ln 2}.$$

Wegen des Additionstheorems der komplexen e-Funktion gilt

$$e^{-k\cdot 2\pi + i\cdot \ln 2} = e^{-k\cdot 2\pi} \cdot e^{i\cdot \ln 2}.$$

Die Potenz 2^i

$2^i = e^{i\cdot(\ln 2 + i\cdot k\cdot 2\pi)} = e^{-k\cdot 2\pi} \cdot e^{i\cdot \ln 2}$ mit beliebigem $k \in \mathbb{Z}$

Wir erhalten für 2^i unendlich viele komplexe Zahlen.

Alle Werte von 2^i haben denselben Winkel $\ln 2 = 0{,}69\ldots \approx 40°$. Die Beträge sind alle verschieden:

k	$\ldots$	-2	-1	0	1	2	$\ldots$
$e^{-k\cdot 2\pi}$	$\ldots$	$286751{,}3\ldots$	$535{,}5\ldots$	1	0.00187	0.000003	$\ldots$

Aufgabe 4.3: Der Fall 1^i

Eine Potenz zur Basis 1 scheint zunächst die einfachste Angelegenheit. Nach der ursprünglichen Definition der Potenz (verkürzte Multiplikation) ergibt sich $1^n = 1$ für alle natürlichen Zahlen und dann auch für alle ganzen Zahlen n. Auch $1^{\frac{1}{3}}$ kann man definieren, nämlich als dritte Wurzel aus 1 (Abschn. 3.1), und ergibt 1 – solange man in der Welt der reellen Zahlen bleibt. In der Welt der komplexen Zahlen müssen wir akzeptieren, dass es noch zwei weitere Zahlen gibt, deren dritte Potenz 1 ist, dass also $1^{\frac{1}{3}}$ mehr als nur einen Wert hat (Abschn. 2.4). Wir sind also vorgewarnt. Was ist zu tun?

- Führe 1 auf die Basis e zurück. Bedenke die Periodizität der komplexen e-Funktion.
- Multipliziere den Exponenten dieser e-Potenz mit i. Interpretiere das Ergebnis.

Was wir an der Basis 2 vorexerziert haben, können wir auf eine beliebige **positive reelle** Basis r übertragen und setzen $r^i = e^{i\cdot(\ln r + i\cdot k\cdot 2\pi)}$ mit beliebigem $k \in \mathbb{Z}$

Wir können noch einen Schritt weiter gehen und für eine beliebige **positive Basis** r die Potenz $r^{i\cdot x}$ mit einem beliebigen **imaginären Exponenten** $i \cdot x$ mit $x \in \mathbb{R}$ definieren.

Die Potenz $r^{i \cdot x}$ mit positiver reeller Basis r und imaginärem Exponenten $i \cdot x$

$$r^{i \cdot x} = e^{i \cdot (\ln r + i \cdot k \cdot 2\pi) \cdot x} = e^{-k \cdot 2\pi \cdot x} \cdot e^{i \cdot x \cdot \ln r} \text{ mit beliebigem } k \in \mathbb{Z}$$

Wir erhalten unendlich viele komplexe Zahlen mit demselben Winkel $x \cdot \ln r$, aber verschiedenen Beträgen $e^{-k \cdot 2\pi \cdot x}$, darunter mit $k = 0$ auch dem Betrag 1.

Der Fall i^i

Hier müssen wir einen anderen Weg gehen, um auf die Basis e zu kommen, da wir den Logarithmus nicht benutzen können. Wir kennen die Darstellung von i in Polar-koordinaten. Sie lautet in Kurzform $i = e^{i \cdot \frac{\pi}{2}}$.

Nun verfahren wir wie oben und setzen $i^i = e^{i \cdot \left(i \cdot \frac{\pi}{2} \right)}$.

Wir erhalten das überraschende Ergebnis: $i^i = e^{-\frac{\pi}{2}}$ ist eine positive reelle Zahl!

Aber auch hier ist zu beachten: Die Darstellung einer komplexen Zahl in Polar-koordinaten ist wegen der Periodizität der Sinus- und Kosinusfunktion nicht eindeutig. Wegen $e^{i \cdot k \cdot 2\pi} = 1$ gilt $i = e^{i \cdot \frac{\pi}{2}} \cdot e^{i \cdot k \cdot 2\pi} = e^{i \cdot \frac{\pi}{2} + i \cdot k \cdot 2\pi} = e^{i \cdot \left(\frac{\pi}{2} + k \cdot 2\pi \right)}$.

Wir definieren schließlich allgemein:

Die Potenz $i^{i \cdot x}$ für einen beliebigen imaginären Exponenten $i \cdot x$

$$i^{i \cdot x} = e^{i \cdot \left(\frac{\pi}{2} + k \cdot 2\pi \right) \cdot i \cdot x} = e^{-\left(\frac{\pi}{2} + k \cdot 2\pi \right) \cdot x} \text{ mit beliebigem } k \in \mathbb{Z}$$

Das sind unendlich viele positive reelle Werte.

Aufgabe 4.4: Der Fall $(-1)^i$

Eine Potenz zur Basis -1 macht schon in der Welt der reellen Zahlen Probleme, sobald man gebrochene Zahlen als Exponenten zulassen will (Abschn. 3.1). In der Welt der komplexen Zahlen lösen sich diese Probleme auf – allerdings auf Kosten des Verlusts der Eindeutigkeit. Was ist zu tun?

- Führe -1 auf die Basis e zurück und bedenke die Periodizität der komplexen e-Funktion.
- Multipliziere den Exponenten der so erhaltenen Potenz von e mit i. Interpretiere das Ergebnis.

Damit haben wir alle Ideen zusammengetragen, um die Erweiterung auf die Potenz w^z mit einer beliebigen komplexen Zahl $w (\neq 0)$ als Basis und einem beliebigen komplexen Exponenten z vorzunehmen. Wir formulieren sie kurz als Handlungsanweisung.

Der Fall w^z

Idee:

1. Führe die Basis w auf die Basis e zurück.
2. Definiere die Potenz w^z mithilfe der komplexen e-Funktion.

Im Einzelnen:

1. a) Schreibe die Basis w in Polarkoordinaten in Kurzform: $w = r \cdot e^{i\cdot(\varphi + k\cdot 2\pi)}$
      mit einer positiven reellen Zahl r als Betrag,
      mit einem Winkel φ zwischen 0 und 2π und wegen der Periodizität der
      trigonometrischen Funktionen mit ganzzahligem k.
   b) Schreibe den Betrag r mithilfe des natürlichen Logarithmus als Potenz von e,
      also $r = e^{\ln r}$, setze ein und forme nach dem Additionstheorem um:

$$w = e^{\ln r} \cdot e^{i\cdot(\varphi + k\cdot 2\pi)} = e^{\ln r + i\cdot(\varphi + k\cdot 2\pi)}$$

   Beachte: Ist $w = 0$, also $r = 0$, versagt das Verfahren. Der Term 0^z bleibt
   außer für natürliche Exponenten z weiterhin undefiniert.

2. a) Definiere $w^z = e^{(\ln r + i\cdot(\varphi + k\cdot 2\pi))\cdot z}$.
   b) Setze den Exponenten z in kartesischen Koordinaten ein, $z = x + i\cdot y$:

$$w = e^{(\ln r + i\cdot(\varphi + k\cdot 2\pi))\cdot(x + i\cdot y)}$$

   c) Zerlege den Exponenten in Real- und Imaginärteil:

$$w^z = e^{(x\cdot \ln r - (\varphi + k\cdot 2\pi)\cdot y) + i\cdot((\varphi + k\cdot 2\pi)\cdot x + y\cdot \ln r)}$$

   d) Nutze das Additionstheorem der komplexen e-Funktion:

$$w^z = e^{x\cdot \ln r - (\varphi + k\cdot 2\pi)\cdot y} \cdot e^{i\cdot((\varphi + k\cdot 2\pi)\cdot x + y\cdot \ln r)}$$

   e) Nutze für den Betrag die im Reellen gültigen Potenzgesetze (Abschn. 3.1):

$$w^z = \left(r^x \cdot e^{-(\varphi + k\cdot 2\pi)\cdot y}\right) \cdot e^{i\cdot((\varphi + k\cdot 2\pi)\cdot x + y\cdot \ln r)}.$$

Die Schlussformel kann Furcht und Schrecken einflößen. Wichtiger als die Formel ist die
Einsicht in den Weg dorthin und die Interpretation des Ergebnisses.

Der Term w^z beschreibt eine Menge von komplexen Zahlen. Wenn die komplexe
Basis w den Betrag $r \neq 0$ und den Winkel φ sowie der komplexe Exponent den Realteil x und den Imaginärteil y hat, dann besteht die Menge im Allgemeinen aus unendlich
vielen Zahlen: Für jede ganze Zahl k gibt es in dieser Menge eine komplexe Zahl mit
dem Winkel $(\varphi + k \cdot 2\pi) \cdot x + y \cdot \ln r$ und dem Betrag $r^x \cdot e^{-(\varphi + k\cdot 2\pi)\cdot y}$.

Man kann sich leicht überzeugen, dass die neue Definition der Potenz w^z nur ein
Ergebnis liefert, wenn z eine natürliche Zahl ist, und nur endlich viele (nämlich die n
komplexen n-ten Wurzeln), wenn $z = \frac{1}{n}$ mit $n \in \mathbb{N}$ ist.

Die Potenz w^z ist mehrdeutig

Für eine komplexe Basis $w = r \cdot e^{i \cdot \varphi} (\neq 0)$ und einen komplexen Exponenten $z = x + i \cdot y$ ergibt sich für jede ganze Zahl k im Allgemeinen ein anderer Betrag $r^x \cdot e^{-(\varphi + k \cdot 2\pi) \cdot y}$ und ein anderer Winkel $(\varphi + k \cdot 2\pi) \cdot x + y \cdot \ln r$.

Damit sind wir am Ende der Verallgemeinerungsleiter für den Potenzbegriff angelangt. Es scheint, als ob der Verlust des eindeutigen Wertes einer Potenz (außer für ganzzahlige Exponenten) ein zu verschmerzender Tribut ist, den wir bei unserer neuen Definition eben zahlen müssen. Dieser Tribut wiegt allerdings schwerer, als auf den ersten Blick zu vermuten ist. Er hat nämlich zur Konsequenz, dass die Potenzgesetze im Komplexen nicht mehr in der gewohnten Form gelten.

Das Potenzgesetz für die Multiplikation von Potenzen mit gleichem Exponenten $w_1^z \cdot w_2^z = (w_1 \cdot w_2)^z$ („Erst potenzieren und dann multiplizieren ergibt dasselbe wie erst multiplizieren und dann potenzieren.") muss neu interpretiert werden, da auf beiden Seiten der Gleichung Ausdrücke stehen, die im Allgemeinen mehrdeutig sind. Sie bleibt wegen des Additionstheorems der komplexen e-Funktion aber in dem Sinne richtig, dass zu jedem Produkt zweier Werte von w_1^z und w_2^z auf der linken Seite ein Wert von $(w_1 \cdot w_2)^z$ auf der rechten Seite existiert und umgekehrt. (Der Beweis ist nicht schwer.)

Selbst diese verallgemeinerte Gleichheit zweier Wertemengen statt zweier Werte hilft aber bei der Regel $w^{z_1} \cdot w^{z_2} = w^{z_1 + z_2}$ für beliebige komplexe Exponenten nicht weiter. Für die Basis e ist sie zwar richtig (Additionstheorem der komplexen e-Funktion), aber sonst nicht. Im Reellen gilt $1^{\frac{1}{4}} \cdot 1^{\frac{1}{12}} = 1^{\frac{1}{3}}$, wenn wir die Eindeutigkeit der vierten und der zwölften Wurzel erzwingen, indem wir nur positive Zahlen als Wurzeln zulassen. Im Komplexen ist diese Aussage falsch; denn mit $1^{\frac{1}{4}} \cdot 1^{\frac{1}{12}}$ ist das Produkt aus allen vierten Einheitswurzeln mit allen zwölften Einheitswurzeln gemeint. Nun ist $e^0 = 1$ z. B. eine vierte Einheitswurzel und $e^{i \cdot 2\pi \cdot \frac{1}{12}}$ eine zwölfte Einheitswurzel, aber $e^0 \cdot e^{i \cdot 2\pi \cdot \frac{1}{12}} = e^{i \cdot 2\pi \cdot \frac{1}{12}}$ ist keine dritte Einheitswurzel.

Auch das dritte der Potenzgesetze („Eine Potenz wird potenziert, indem man die Exponenten multipliziert.") gilt leider in der Welt der komplexen Zahlen nicht mehr. Würde es gelten, müsste $(w^{z_1})^{z_2} = w^{z_1 \cdot z_2}$ für alle komplexen Zahlen w, z_1 und z_2 zutreffen. Als Gegenbeispiel kann man die Basis e und die Exponenten $z_1 = z_2 = 1 + 2\pi$ wählen. Wir setzen sie in beide Seiten der Gleichung ein und nutzen aus, dass $e^{2\pi \cdot i} = 1$ ist und das Additionstheorem der komplexen e-Funktion gilt. Dann erhalten wir auf der linken Seite als Ergebnis e und auf der rechten Seite $e \cdot e^{-4\pi^2}$, also zwei verschiedene reelle Zahlen.

Ist denn dann die „neue" Definition der Potenz über die Potenzreihe vernünftig, wenn doch die Potenzgesetze nicht mehr gelten und somit das Permanenzprinzip verletzt wird?

Nun, die Kollision war unvermeidlich: Hätten wir bei der arithmetischen Begriffserweiterung negative Zahlen als Basis von Potenzen zugelassen, wären wir im Reellen auf Ungereimtheiten bei der Erweiterung des Potenzbegriffs für rationale Exponenten gestoßen, wie wir sie als Dilemma in Abschn. 3.1 beschrieben haben. Das Permanenzprinzip und die gewohnten Potenzgesetze gelten im Reellen nur noch mit der Einschränkung, dass beim

Einsetzen von positiven reellen Zahlen als Basis und von beliebigen reellen Zahlen als Exponent die Mehrdeutigkeit entfällt.

Die neue Definition liefert unter diesen Einschränkungen dasselbe Resultat, erweitert allerdings den Anwendungsbereich des Potenzbegriffs auf die Welt der komplexen Zahlen. Sie macht verständlich, woran es liegt, dass das Permanenzprinzip seine Grenzen hat. Es ist die Periodizität der komplexen e-Funktion und die daraus resultierende Mehrdeutigkeit der Potenz: Der Ausdruck w^z beschreibt in der Regel nicht nur einen Wert, sondern eine Menge von Werten.

Dass Begriffserweiterungen mit Verlusten verbunden sein können, mussten wir schon bei der Einführung der komplexen Zahlen erkennen. Da mussten wir den Verlust der Ordnung und der damit verbundenen Rechengesetze hinnehmen. Aber das Permanenzprinzip lautet ja auch:

Bei der Erweiterung sollen die bisherigen Rechenregeln *möglichst* weiter gelten.

4.3 Faszinierende π-Formeln

Am Beginn des Weges zu der Gleichung $e^{i\pi} + 1 = 0$ stand die Beschäftigung mit der Zahl π und mit Verfahren, ihren Wert näherungsweise zu berechnen. Einen möglichst genauen Wert auf möglichst schnellem Wege zu finden, ist eine Sache. Wir lernten dabei aber auch eine Formel kennen, die weniger wegen der Genauigkeit, sondern wegen ihrer besonderen Struktur fasziniert. Nach der Approximation von Vieta gilt (Abschn. 1.2.4):

$$\pi = 2 \cdot \frac{2}{\sqrt{2}} \cdot \frac{2}{\sqrt{2+\sqrt{2}}} \cdot \frac{2}{\sqrt{2+\sqrt{2+\sqrt{2}}}} \cdot \frac{2}{\sqrt{2+\sqrt{2+\sqrt{2+\sqrt{2}}}}} \cdot \dots$$

Die Formel basiert auf geometrischen Überlegungen. Wir werden nun weitere Formeln kennenlernen, die π in einen faszinierenden Zusammenhang zu besonderen Konstellationen von natürlichen Zahlen bringen. Die Instrumente dazu liefert unsere Tour durch die komplexen Zahlen bis hin zu komplexen Potenzreihen. So werden die Mühen dieser Tour durch ein paar faszinierende Formeln für π belohnt.

Eine zentrale Rolle spielt dabei der Fundamentalsatz der Algebra (Abschn. 2.5). Diesen kann man auch folgendermaßen formulieren:

Jedes komplexe Polynom n-ten Grades

$$a_0 + a_1 \cdot z + a_2 \cdot z^2 + \dots + a_n \cdot z^n \ (\text{mit } a_n \neq 0)$$

– diese Darstellung nennen wir **Summenform** – kann auch in **Produktform** geschrieben werden:

$$(-1)^n \cdot a_n \cdot (z_1 - z) \cdot (z_2 - z) \cdot (z_3 - z) \cdot \dots \cdot (z_n - z),$$

wobei die komplexen Zahlen z_k die Nullstellen der komplexen Polynomfunktion sind. Dabei muss jede Nullstelle entsprechend ihrer Vielfachheit vorkommen, es kann also sein, dass eine komplexe Zahl mehrfach als Nullstelle erscheint.

▶ **Eulers (tollkühne) Idee** Die Gleichheit von Summenform und Produktform gilt auch für unendliche Summen und Produkte.

Die Schlussfolgerungen, die er hieraus zog, sollten sich im Nachhinein als richtig herausstellen. Er wandte dabei die Methode des Koeffizientenvergleichs an: Wenn man die Produktform ausmultiplizieren würde, müsste sich bei jeder Potenz von z derselbe Koeffizient ergeben wie in der Summenform. Um den Vergleich geschickt anstellen zu können, formte er zunächst die Produktform um.

Multipliziert man die Klammern der Produktform aus, ergibt sich als Absolutglied:

$$(-1)^n \cdot a_n \cdot z_1 \cdot z_2 \cdot \ldots \cdot z_n$$

Dieser Ausdruck muss also gleich a_0, dem Absolutglied der Summenform, sein:

$$a_0 = (-1)^n \cdot a_n \cdot z_1 \cdot z_2 \cdot \ldots \cdot z_n$$

Klammert man $a_0 = (-1)^n \cdot a_n \cdot z_1 \cdot z_2 \cdot \ldots \cdot z_n$ aus der Produktform aus, erhält sie die Form:

$$a_0 \cdot \left(1 - \frac{z}{z_1}\right) \cdot \left(1 - \frac{z}{z_2}\right) \cdot \left(1 - \frac{z}{z_3}\right) \cdot \ldots \cdot \left(1 - \frac{z}{z_n}\right)$$

Das geht natürlich nur, wenn alle Nullstellen z_k von Null verschieden sind.

Unter dieser Voraussetzung lautet der Fundamentalsatz der Algebra:

Summenform = Produktform

$$a_0 + a_1 \cdot z + a_2 \cdot z^2 + \ldots + a_n \cdot z^n = a_0 \cdot \left(1 - \frac{z}{z_1}\right) \cdot \left(1 - \frac{z}{z_2}\right) \cdot \left(1 - \frac{z}{z_3}\right) \cdot \ldots \cdot \left(1 - \frac{z}{z_n}\right) (\odot)$$

wobei die komplexen Zahlen z_k die Nullstellen der komplexen Polynomfunktion sind; dabei muss jede Nullstelle entsprechend ihrer Vielfachheit vorkommen.

Bis hierhin sprechen wir noch über komplexe Polynome endlichen Grades. Nun kommt

▶ **Eulers Idee** Die Gleichheit von Summenform und Produktform soll auch für komplexe Potenzreihen gelten.

Euler wandte diese Idee auf verschiedene aus dem Reellen bekannte Potenzreihen an.

Wir kennen die Potenzreihe der reellen Sinusfunktion und der reellen Kosinusfunktion (Abschn. 4.1):

$$\sin x = x - \frac{1}{3!} \cdot x^3 + \frac{1}{5!} \cdot x^5 - \ldots + \frac{(-1)^n}{(2n+1)!} \cdot x^{2n+1} + \ldots$$

$$\cos x = 1 - \frac{1}{2!} \cdot x^2 + \frac{1}{4!} \cdot x^4 - \ldots + \frac{(-1)^n}{(2n)!} \cdot x^{2n} + \ldots$$

Der Fundamentalsatz der Algebra gilt aber nur in der Welt der komplexen Zahlen. Wir müssen also als Erstes sagen, was wir unter den komplexen trigonometrischen Funktionen verstehen wollen. Wie die e-Funktion lassen sich auch die trigonometrischen Funktionen ins Komplexe erweitern, indem man sie durch ihre Potenzreihen definiert:

Komplexe trigonometrische Funktionen

$$\sin z = z - \frac{1}{3!} \cdot z^3 + \frac{1}{5!} \cdot z^5 - \ldots + \frac{(-1)^n}{(2n+1)!} \cdot z^{2n+1} + \ldots$$

$$\cos z = 1 - \frac{1}{2!} \cdot z^2 + \frac{1}{4!} \cdot z^4 - \ldots + \frac{(-1)^n}{(2n)!} \cdot z^{2n} + \ldots$$

Wie in Abschn. 4.1 erkennen wir die Verwandtschaft zwischen den Potenzreihen der komplexen trigonometrischen Funktionen und der Potenzreihe der komplexen e-Funktion.

$$e^z = 1 + z + \frac{1}{2} \cdot z^2 + \frac{1}{3!} \cdot z^3 + \frac{1}{4!} \cdot z^4 + \frac{1}{5!} \cdot z^5 + \ldots + \frac{1}{n!} \cdot z^n + \ldots$$

Verallgemeinerte eulersche Formel

$$e^{i \cdot z} = \cos z + i \cdot \sin z$$

Dann ist $e^{-i \cdot z} = \cos(-z) + i \cdot \sin(-z)$.

Da die Potenzreihe der Kosinusfunktion nur gerade Potenzen von z enthält, gilt $\cos(-z) = \cos z$. Die Potenzreihe der Sinusfunktion enthält nur ungerade Potenzen von z. Also ist $\sin(-z) = -\sin z$. Daraus folgt $e^{-i \cdot z} = \cos z - i \cdot \sin z$.

Durch Addition ergibt sich: $\quad e^{i \cdot z} + e^{-i \cdot z} = 2 \cdot \cos z$

Durch Subtraktion ergibt sich: $\quad e^{i \cdot z} - e^{-i \cdot z} = 2i \cdot \sin z$

Diese beiden Gleichungen sind nützlich, um Informationen über die Nullstellen der komplexen trigonometrischen Funktionen zu erhalten. Zur Anwendung des Fundamentalsatzes und der eulerschen Idee benötigen wir nämlich deren Nullstellen. Wir kennen die Nullstellen der reellen Sinusfunktion und Kosinusfunktion

(Abschn. 1.4.4). Aber das sind Kenntnisse aus der Welt der reellen Zahlen. Wir wissen jedoch aus der Beschäftigung mit Wurzeln, dass beim Übergang vom Reellen zum Komplexen neue Wurzeln auftauchen können. Können beim Übergang vom Reellen zum Komplexen neue Nullstellen der Sinus- und Kosinusfunktion ins Spiel kommen? Wir zeigen, dass dies nicht der Fall ist.

Aus der Gleichung $e^{i \cdot z} + e^{-i \cdot z} = 2 \cdot \cos z$ folgt, dass $\cos z = 0$ gleichbedeutend ist mit $e^{i \cdot z} + e^{-i \cdot z} = 0$ bzw. mit $e^{i \cdot z} = -e^{-i \cdot z}$. Multipliziert man beide Seiten mit $e^{i \cdot z}$, ergibt sich nach dem Additionstheorem $e^{2i \cdot z} = -1$.

Die Nullstellen der komplexen Kosinusfunktion sind also diejenigen komplexen Zahlen z, für die gilt: $e^{2i \cdot z} = -1$

Die Zahl -1 liegt in der gaußschen Zahlenebene auf dem Einheitskreis, hat also den Betrag 1. Damit $e^{2i \cdot z}$ den Betrag 1 hat, muss z den Imaginärteil null haben, d. h. eine reelle Zahl sein (Abschn. 4.2). Der zu -1 gehörige Winkel beträgt π plus einem ganzzahligen Vielfachen von 2π. Also ist $2z = \pi + k \cdot 2\pi = (2k+1) \cdot \pi$ mit ganzzahligem k.

Die Nullstellen der komplexen Kosinusfunktion sind also wie bei der reellen Kosinusfunktion alle halben ungeraden ganzzahligen Vielfachen von π. Wir notieren sie in der Reihenfolge ihrer Beträge, bei gleichem Betrag erst die positive, dann die negative Nullstelle.

$$+\frac{\pi}{2}, -\frac{\pi}{2}, +\frac{3\pi}{2}, -\frac{3\pi}{2}, +\frac{5\pi}{2}, -\frac{5\pi}{2}, \cdots$$

Aufgabe 4.5: Nullstellen der komplexen Sinusfunktion
Aus der Gleichung $e^{i \cdot z} - e^{-i \cdot z} = 2i \cdot \sin z$ folgt, dass $\sin z = 0$ gleichbedeutend ist mit $e^{i \cdot z} - e^{-i \cdot z} = 0$ bzw. mit $e^{i \cdot z} = e^{-i \cdot z}$. Verfahre nun wie beim Beweis für die Nullstellen der komplexen Kosinusfunktion und schließe: Die komplexe Sinusfunktion hat nur reelle Nullstellen, und zwar dieselben wie die reelle Sinusfunktion, nämlich alle ganzzahligen Vielfachen von π.

Damit scheint alles vorbereitet, um Eulers Idee „Summenform = Produktform" auch für komplexe Potenzreihen umzusetzen. Stopp! Die Produktform in ☺ setzt voraus, dass alle Nullstellen z_k von Null verschieden sind. Nun ist aber null eine Nullstelle der Sinusfunktion. Deshalb betrachtete Euler anstelle der Sinusfunktion die Funktion $f(z) = \frac{\sin z}{z}$. Dieser Weg wird in Aufgabe 4.6 beschrieben.

Wir wenden Eulers Idee auf die komplexe Kosinusfunktion an. Die Summenform ist die Potenzreihe der komplexen Kosinusfunktion:

$$1 - \frac{1}{2!} \cdot z^2 + \frac{1}{4!} \cdot z^4 - \ldots + \frac{(-1)^n}{(2n)!} \cdot z^{2n} + \ldots$$

Wir setzen in die Produktform die Nullstellen der Kosinusfunktion ein, und zwar in der Reihenfolge ihrer Beträge, bei gleichem Betrag erst die positive, dann die negative Nullstelle. Wegen $a_0 = 1$ lautet sie dann:

$$\left(1 - \frac{2}{\pi} \cdot z\right) \cdot \left(1 + \frac{2}{\pi} \cdot z\right) \cdot \left(1 - \frac{2}{3\pi} \cdot z\right) \cdot \left(1 + \frac{2}{3\pi} \cdot z\right) \cdot \left(1 - \frac{2}{5\pi} \cdot z\right) \cdot \left(1 + \frac{2}{5\pi} \cdot z\right) \cdots$$

Fasst man benachbarte Klammern nach der dritten binomischen Formel zusammen, erhält man die für den Koeffizientenvergleich geeignete Endfassung der Produktform:

$$\left(1 - \frac{4}{\pi^2} \cdot z^2\right) \cdot \left(1 - \frac{4}{(3\pi)^2} \cdot z^2\right) \cdot \left(1 - \frac{4}{(5\pi)^2} \cdot z^2\right) \cdots$$

Welcher Koeffizient ergibt sich für z^2, wenn man die Produktform ausmultipliziert? Man muss $\frac{-4}{\pi^2}$ aus der ersten Klammer mit den Einsen aus allen übrigen Klammern multiplizieren, anschließend $\frac{-4}{(3\pi)^2}$ aus der zweiten Klammer mit den Einsen aus allen übrigen Klammern, dann $\frac{-4}{(5\pi)^2}$ aus der dritten Klammer mit den Einsen aus allen übrigen Klammern usw.

Um beim Ausmultiplizieren der Produktform den Koeffizienten für die Potenz z^2 zu erhalten, muss man also aus den Klammern der Produktform alle zweiten Terme aufsummieren:

$$\frac{-4}{\pi^2} + \frac{-4}{(3\pi)^2} + \frac{-4}{(5\pi)^2} + \ldots$$

In der Summenform hat die Potenz z^2 den Koeffizienten $-\frac{1}{2}$.

Als Konsequenz von „Summenform = Produktform" ergibt sich:

$$-\frac{1}{2} = \frac{-4}{\pi^2} + \frac{-4}{(3\pi)^2} + \frac{-4}{(5\pi)^2} + \ldots$$

Die Multiplikation mit $\frac{-\pi^2}{4}$ liefert

$$\frac{\pi^2}{8} = \frac{1}{1^2} + \frac{1}{3^2} + \frac{1}{5^2} + \frac{1}{7^2} + \ldots$$

In Worten: Die **Summe der Kehrwerte aller ungeraden Quadratzahlen** ist $\frac{\pi^2}{8}$.

Aus dieser Formel können wir leicht die Summe der Kehrwerte *aller* Quadratzahlen berechnen. Wir bezeichnen sie mit s. Dann ist die Summe der Kehrwerte aller geraden Quadratzahlen nichts anderes als ein Viertel von s. (Warum? Schreibe die ersten vier Summanden auf und klammere geschickt aus.) Die Summe s aller Quadratzahlen setzt sich zusammen aus der Summe der Kehrwerte aller geraden Quadratzahlen, also $\frac{s}{4}$, und der Summe der Kehrwerte aller ungeraden Quadratzahlen; die letztere beträgt $\frac{\pi^2}{8}$. Also ist

$$s = \frac{s}{4} + \frac{\pi^2}{8}.$$

Daraus ergibt sich

$$s = \frac{\pi^2}{6}.$$

$$\frac{\pi^2}{6} = 1 + \frac{1}{2^2} + \frac{1}{3^2} + \frac{1}{4^2} + \frac{1}{5^2} + \ldots + \frac{1}{n^2} + \ldots$$

In Worten: Die **Summe der Kehrwerte aller Quadratzahlen** ist $\frac{\pi^2}{6}$.

Wer hätte den Zusammenhang zwischen den Quadratzahlen und der Kreiszahl je vermutet?

Dass die unendliche Reihe $1 + \frac{1}{4} + \frac{1}{9} + \ldots + \frac{1}{n^2} + \ldots$ konvergiert und als Grenzwert $1,64\ldots$ hat, kann man zwar in der elementaren Analysis mit nicht allzu großem Aufwand zeigen. Doch was dieser Grenzwert mit π zu tun hat, erschließt sich dabei nicht.

Aufgabe 4.6: Die Kehrwerte der Quadratzahlen und die Kreiszahl π

Euler wandte seine Idee „Summenform = Produktform" auf folgende komplexe Funktion an (vgl. Aufgabe 1.13):

$$f(z) = \frac{\sin z}{z}$$

Aus der Potenzreihe der komplexen Sinusfunktion ergibt sich die Potenzreihe der Funktion f:

$$f(z) = 1 - \frac{1}{3!} \cdot z^2 + \frac{1}{5!} \cdot z^4 - \ldots + \frac{(-1)^n}{(2n+1)!} \cdot z^{2n} + \ldots$$

Das ist die Summenform der Funktion f. Die Funktion nimmt an der Stelle null den Wert 1 an. Ansonsten hat sie dieselben Nullstellen wie die Sinusfunktion.

Wegen $a_0 = 1$ lautet die Produktform:

$$f(z) = \left(1 - \frac{z}{z_1}\right) \cdot \left(1 - \frac{z}{z_2}\right) \cdot \left(1 - \frac{z}{z_3}\right) \cdot \left(1 - \frac{z}{z_4}\right) \cdot \left(1 - \frac{z}{z_5}\right) \cdot \ldots$$

Setze die Nullstellen in der Reihenfolge ihrer Beträge in die Produktform ein, bei gleichem Betrag erst die positive, dann die negative Nullstelle.

Vereinfache das Produkt mithilfe der dritten binomischen Formel.

Vergleiche die Koeffizienten von z^2 in der Summenform und in der Produktform.

Geschickte Umformungen auf beiden Seiten liefern dann die Formel für die Summe der Kehrwerte aller Quadratzahlen.

Euler bestätigte mit seiner Methode des Koeffizientenvergleichs eine weitere Formel, die nach James Gregory (1638–1675) und Gottfried Wilhelm Leibniz (1646–1716) benannt ist. Er betrachtete die Funktion $f(z) = 1 - \sin z$ (Aufgabe 1.12). Aus der Potenzreihe der Sinusfunktion ergibt sich die Potenzreihe der Funktion f, also folgende Summenform:

$$f(z) = 1 - z + \frac{1}{3!} \cdot z^3 - \frac{1}{5!} \cdot z^5 + \ldots - \frac{(-1)^n}{(2n+1)!} \cdot z^{2n+1} + \ldots$$

Die Funktion f hat die doppelten Nullstellen

$$\frac{\pi}{2}, -\frac{3\pi}{2}, \frac{5\pi}{2}, -\frac{7\pi}{2}, \ldots$$

Also lautet die Produktform:

$$f(z) = \left(1 - \frac{z}{\frac{\pi}{2}}\right) \cdot \left(1 - \frac{z}{\frac{\pi}{2}}\right) \cdot \left(1 - \frac{z}{\frac{-3\pi}{2}}\right) \cdot \left(1 - \frac{z}{\frac{-3\pi}{2}}\right) \cdot \left(1 - \frac{z}{\frac{5\pi}{2}}\right) \cdot \left(1 - \frac{z}{\frac{5\pi}{2}}\right) \cdots$$

Vergleicht man die Koeffizienten für die erste Potenz von z in beiden Darstellungen, ergibt sich:

$$-1 = \left(-\frac{1}{\frac{\pi}{2}}\right) + \left(-\frac{1}{\frac{\pi}{2}}\right) + \left(\frac{1}{\frac{3\pi}{2}}\right) + \left(\frac{1}{\frac{3\pi}{2}}\right) + \left(-\frac{1}{\frac{5\pi}{2}}\right) + \left(-\frac{1}{\frac{5\pi}{2}}\right) \cdots$$

$$= \left(-\frac{2}{\pi}\right) \cdot 2 + \left(\frac{2}{3\pi}\right) \cdot 2 + \left(-\frac{2}{5\pi}\right) \cdot 2 + \ldots$$

$$= -\frac{4}{\pi} \cdot \left(1 - \frac{1}{3} + \frac{1}{5} - \frac{1}{7} + \ldots\right)$$

Aus der Multiplikation mit $-\frac{\pi}{4}$ folgt:

$$\frac{\pi}{4} = 1 - \frac{1}{3} + \frac{1}{5} - \frac{1}{7} + \frac{1}{9} - \frac{1}{11} + \ldots$$

In Worten: Die **alternierende Summe der Kehrwerte aller ungeraden Zahlen** ist $\frac{\pi}{4}$.

Diese Reihe konvergiert ganz langsam. Aber ihre arithmetische Form ist doch schön, oder? Und wer hätte einen solchen Zusammenhang zwischen den ungeraden Stammbrüchen und der Kreiszahl je vermutet?

Bei seiner Herleitung der Formel für die Summe der Kehrwerte aller Quadratzahlen (Aufgabe 4.6) ging Euler davon aus, dass sich die Funktion $f(z) = \frac{\sin z}{z}$ in Produktform schreiben lässt:

$$\frac{\sin z}{z} = \left(1 - \frac{z^2}{\pi^2}\right) \cdot \left(1 - \frac{z^2}{(2\pi)^2}\right) \cdot \left(1 - \frac{z^2}{(3\pi)^2}\right) \cdots$$

Euler bestätigte mit dieser Gleichung eine schon vorher bekannte Formel, indem er für z auf beiden Seiten den Wert $\frac{\pi}{2}$ einsetzte. In die Produktform eingesetzt ergibt sich mit ein paar elementaren Umformungen:

$$\left(1 - \frac{1}{2^2}\right) \cdot \left(1 - \frac{1}{4^2}\right) \cdot \left(1 - \frac{1}{6^2}\right) \cdots = \frac{2^2 - 1}{2^2} \cdot \frac{4^2 - 1}{4^2} \cdot \frac{6^2 - 1}{6^2} \cdots$$

$$= \frac{(2-1)(2+1)}{2^2} \cdot \frac{(4-1)(4+1)}{4^2} \cdot \frac{(6-1)(6+1)}{6^2} \cdots$$

$$= \frac{1 \cdot 3}{2 \cdot 2} \cdot \frac{3 \cdot 5}{4 \cdot 4} \cdot \frac{5 \cdot 7}{6 \cdot 6} \cdots$$

Andererseits ist

$$\frac{\sin \frac{\pi}{2}}{\frac{\pi}{2}} = \frac{1}{\frac{\pi}{2}} = \frac{2}{\pi}$$

Also ist

$$\frac{2}{\pi} = \frac{1 \cdot 3}{2 \cdot 2} \cdot \frac{3 \cdot 5}{4 \cdot 4} \cdot \frac{5 \cdot 7}{6 \cdot 6} \cdots$$

Wir bilden den Kehrwert, multiplizieren mit 2 und erhalten:

$$\pi = 2 \cdot \frac{2 \cdot 2}{1 \cdot 3} \cdot \frac{4 \cdot 4}{3 \cdot 5} \cdot \frac{6 \cdot 6}{5 \cdot 7} \cdots = 2 \cdot \frac{4}{3} \cdot \frac{16}{15} \cdot \frac{36}{35} \cdots$$

Die Brüche, mit denen fortlaufend multipliziert wird, sind allesamt größer als 1, werden aber immer kleiner. Das Produkt wächst also ständig. Nach einem, zwei, drei Multiplikationen erhalten wir folgende Näherungswerte für π:

$$2 \cdot \frac{4}{3} = 2{,}6666\ldots \qquad 2 \cdot \frac{4}{3} \cdot \frac{16}{15} = 2{,}8444\ldots \qquad 2 \cdot \frac{4}{3} \cdot \frac{16}{15} \cdot \frac{36}{35} = 2{,}9257\ldots$$

Das Produkt kann aber nicht größer als 4 werden. Das sehen wir, wenn wir die Zahlen im Zähler und im Nenner um eine Zahl nach links verschieben und neu zusammenfassen.

$$\pi = 4 \cdot \frac{2 \cdot 4}{3 \cdot 3} \cdot \frac{4 \cdot 6}{5 \cdot 5} \cdot \frac{6 \cdot 8}{7 \cdot 7} \cdot \ldots = 4 \cdot \frac{8}{9} \cdot \frac{24}{25} \cdot \frac{48}{49} \cdot \ldots$$

Hier sind die Brüche, mit denen fortlaufend multipliziert wird, allesamt kleiner als 1, werden aber immer größer. Die drei ersten Näherungswerte sind:

$$4 \cdot \frac{8}{9} = 3{,}5555\ldots \qquad 4 \cdot \frac{8}{9} \cdot \frac{24}{25} = 3{,}4133\ldots \qquad 4 \cdot \frac{8}{9} \cdot \frac{24}{25} \cdot \frac{48}{49} = 3{,}3436\ldots$$

Wir sehen: Die Approximation erfolgt recht langsam. Was fasziniert, ist die bemerkenswerte Struktur der Produktformeln mit ihrem besonderen Faktoren-Rhythmus, mit geraden bzw. ungeraden Quadratzahlen und deren kleineren bzw. größeren Nachbarzahlen. Diese Formeln wurden schon von John Wallis (1616–1703) entdeckt, allerdings auf ganz anderem Weg als dem hier beschriebenen.

4.4 π und Kettenbrüche

Für π eine möglichst prägnante Darstellung in dem im jeweiligen Kulturkreis benutzten Zahlensystem – bei uns also im Dezimalsystem – zu finden, war schon immer das Bestreben der Mathematiker. Wenn schon kein gewöhnlicher Bruch oder kein periodischer Dezimalbruch, so wäre doch ein Dezimalbruch mit einer erkennbaren Gesetzmäßigkeit schön. Aber die Suche ist bis heute vergebens geblieben.

Man kann reelle Zahlen noch anders als durch Dezimalbrüche darstellen, nämlich durch Kettenbrüche. Die Zahl $\frac{15}{11}$, als Dezimalbruch geschrieben, beträgt $1{,}363636\ldots$. Man kann $\frac{15}{11}$ aber auch so darstellen:

$$\frac{15}{11} = 1 + \frac{4}{11} = 1 + \frac{1}{\frac{11}{4}} = 1 + \frac{1}{2 + \frac{3}{4}} = 1 + \frac{1}{2 + \frac{1}{\frac{4}{3}}} = 1 + \frac{1}{2 + \frac{1}{1 + \frac{1}{3}}}$$

Das Ziel ist, bei den fortgesetzten Teilbrüchen immer den Zähler 1 zu erzeugen. Das geht bei jedem gewöhnlichen Bruch – ob positiv oder negativ –, wenn er nicht ganzzahlig ist. Der Algorithmus lässt sich so beschreiben:

- Spalte in dem gewöhnlichen Bruch den ganzzahligen Anteil ab (im ersten Schritt so, dass der Rest positiv ist, also z. B. $-\frac{15}{11} = -2 + \frac{7}{11}$). Wenn der Rest als Bruch den Zähler 1 hat, beende das Verfahren.

- Sonst stelle den Rest als Doppelbruch dar mit dem Zähler 1 und dem Kehrwert des Rests als Nenner; spalte im Nenner des Doppelbruchs den (positiven) ganzzahligen Anteil ab. Wenn der Rest als Bruch den Zähler 1 hat, beende das Verfahren.
- Sonst stelle den Rest als Doppelbruch dar mit dem Zähler 1 und dem Kehrwert des Rests als Nenner usw.

Das Verfahren erinnert an den euklidischen Algorithmus, bei dem man durch fortgesetzte Division mit Rest den größten gemeinsamen Teiler zweier natürlicher (oder ganzer) Zahlen bestimmt (und hat auch tatsächlich etwas damit zu tun). Wichtig ist, dass der euklidische Algorithmus abbricht. Das Gleiche gilt für das obige Verfahren. Man kann jeden gewöhnlichen Bruch mit diesem Verfahren in einen endlichen Kettenbruch verwandeln.

Ein solcher Kettenbruch, bei dem die Zähler in den Teilbrüchen immer 1 sind, heißt regulärer Kettenbruch. Er hat die unten dargestellte Form, wobei a_0 eine ganze Zahl und a_1 und die übrigen a_k natürliche Zahlen sind.

Regulärer Kettenbruch

$$a_0 + \cfrac{1}{a_1 + \cfrac{1}{a_2 + \cfrac{1}{a_3 + \cfrac{1}{\ddots}}}}$$

mit $a_0 \in \mathbb{Z}$ und $a_k \in \mathbb{N}$ für $k = 1, 2, 3, \ldots$

Analog zu den Dezimalbrüchen, wo ja die zu einer Ziffer gehörige Zehnerpotenz durch die Stelle festgelegt ist, an der die Ziffer steht, werden auch reguläre Kettenbrüche in Kurzform notiert: $[a_0; a_1, a_2, a_3, \ldots]$. In unserem Beispiel ist $\frac{15}{11} = [1; 2, 1, 3]$.

Aufgabe 4.7: Reguläre Kettenbrüche rationaler Zahlen

Wandle erst in einen gewöhnlichen Bruch um, dann in einen regulären Kettenbruch.
Zeige: $0{,}7 = [0; 1, 2, 3]$ $2{,}5 = [2; 2]$ $-2{,}5 = [-3; 2]$ $3{,}14 = [3; 7, 7]$

Umgekehrt kann man einen endlichen regulären Kettenbruch leicht wieder in einen gewöhnlichen Bruch verwandeln. Es gilt:

Kettenbrüche von rationalen Zahlen

Ein regulärer Kettenbruch ist genau dann endlich,
wenn die zugehörige Zahl sich als gewöhnlicher Bruch schreiben lässt,
also eine rationale Zahl ist.

Das unterscheidet also die Kettenbruch- von der Dezimalbruchdarstellung: Der gewöhnliche Bruch $\frac{15}{11}$ hat eine unendliche (periodische) Dezimalbruchentwicklung, nämlich $1{,}363636\ldots$, aber eine endliche Kettenbruchentwicklung, nämlich $[1; 2, 1, 3]$.

Nun wissen wir, dass sich einige reelle Zahlen nicht als gewöhnlicher Bruch schreiben lassen, d. h. irrational sind. Das klassische Beispiel ist $\sqrt{2}$, das Verhältnis von Diagonale zur Seite in einem Quadrat bzw. die Länge der Diagonale im Einheitsquadrat (vgl. Abschn. 2.1). Die Dezimalbruchentwicklung von Zahlen, die sich nicht als Bruch darstellen lassen, also von irrationalen Zahlen, muss unendlich sein. Da sich periodische Dezimalbrüche wieder in gewöhnliche Brüche verwandeln lassen, müssen die Dezimalbrüche von irrationalen Zahlen unendlich nichtperiodisch sein. Wie sieht es mit ihrer Kettenbruchentwicklung aus?

Einige irrationale Zahlen lassen sich besonders leicht in einen Kettenbruch entwickeln, z. B. $\sqrt{2}$. Für $x = \sqrt{2}$ gilt $x^2 = 2$, folglich

$$x^2 - 1 = 1 \text{ bzw.}$$

$$(x - 1)(x + 1) = 1, \text{ also}$$

$$x - 1 = \frac{1}{x + 1}$$

Hieraus ergibt sich

$$x = 1 + \cfrac{1}{1 + x}$$

$$= 1 + \cfrac{1}{1 + 1 + \cfrac{1}{1 + x}} = 1 + \cfrac{1}{2 + \cfrac{1}{1 + x}}$$

$$= 1 + \cfrac{1}{2 + \cfrac{1}{1 + 1 + \cfrac{1}{2 + \cfrac{1}{1 + x}}}} = 1 + \cfrac{1}{2 + \cfrac{1}{2 + \cfrac{1}{2 + \cfrac{1}{1 + x}}}} = \ldots$$

Also ist $\sqrt{2} = [1; 2, 2, 2, \ldots]$ ein periodischer Kettenbruch.

Der einfachste periodische Kettenbruch ergibt sich für das Verhältnis von Diagonale zur Seite im regelmäßigen Fünfeck, den sogenannten Goldenen Schnitt. Wir bezeichnen diese Verhältniszahl mit dem griechischen Großbuchstaben Φ (Phi). Abb. 4.2 kennen wir schon aus Abschn. 2.1.

Wir wählen 1 als Seitenlänge des großen Fünfecks. Dann ist Φ die Länge der Diagonale. Die Diagonale im kleinen Fünfeck ist genauso lang wie der Schenkel des gleichschenkligen Dreiecks, das die Spitze des Fünfecksterns bildet. Dieser Schenkel

Abb. 4.2 Fünfeck-Stern-
Fünfeck

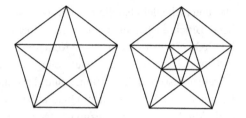

hat die Länge $\Phi - 1$. Jede Diagonale des kleinen Fünfecks ist parallel zu einer Seite des großen Fünfecks (warum?). Dann folgt nach dem 2. Strahlensatz (Abschn. 5.1.3)

$$\frac{\Phi - 1}{1} = \frac{1}{\Phi}.$$

Hieraus ergibt sich

$$\Phi = 1 + \frac{1}{\Phi} = 1 + \cfrac{1}{1 + \cfrac{1}{\Phi}} = 1 + \cfrac{1}{1 + \cfrac{1}{1 + \cfrac{1}{1 + \cfrac{1}{\Phi}}}} = \dots$$

Also erhalten wir für Φ den Kettenbruch $[1; 1, 1, 1, \dots]$. Er ist unendlich, stellt also keine rationale Zahl dar. Wenn wir es nicht schon geometrisch bewiesen hätten (Abschn. 2.1), wäre dies ein anderer Beweis für die Inkommensurabilität von Diagonale und Seite im regelmäßigen Fünfeck.

Aufgabe 4.8: Reguläre Kettenbrüche von Quadratwurzeln

a) Zeige $\sqrt{10} = [3; 6, 6, 6, \dots]$.

Tipp: Für $x = \sqrt{10}$ gilt $x^2 = 10$, also $x^2 - 9 = 1$ bzw. $(x - 3)(x + 3) = 1$, also

$$x - 3 = \frac{1}{x + 3}.$$

Los geht's:

$$x = 3 + \frac{1}{3 + x} = 3 + \cfrac{1}{3 + 3 + \cfrac{1}{3 + x}} = \dots$$

b) Zeige $\sqrt{3} = [1; 1, 2, 1, 2, 1, 2, \dots]$.

Tipp: Für $x = \sqrt{3}$ gilt $x^2 = 3$, also $x^2 - 1 = 2$ bzw. $(x - 1)(x + 1) = 2$, also

$$x - 1 = \frac{2}{x + 1}.$$

Los geht's:

$$x = 1 + \frac{2}{1+x} = 1 + \frac{2}{1+1+\dfrac{2}{1+x}} = 1 + \frac{2}{2+\dfrac{2}{1+x}} = 1 + \frac{1}{1+\dfrac{1}{1+x}} = \dots$$

c) Zeige $\sqrt{0{,}5} = [0;\,1,2,2,2,\dots]$.

Man kann zeigen, dass alle Zahlen, die Lösung einer quadratischen Gleichung mit ganz-zahligen Koeffizienten sind, periodische Kettenbruchentwicklungen haben.

Auch die Zahl e lässt sich nicht als Bruch darstellen, wie wir noch sehen werden (Abschn. 4.5). Doch sie hat eine interessante unendliche Kettenbruchentwicklung. Sie ist zwar nicht periodisch, aber es lässt sich eine einfache Regel vermuten.

Regulärer Kettenbruch von e

$$e = [2;\,1,2,1,1,4,1,1,6,1,1,8,1,1,10,1,1,12,\dots]$$

Wie heißen wohl die nächsten drei Zahlen der Kettenbruchentwicklung?

Man könnte nun meinen, dass man auch für π einen „schönen" regulären Kettenbruch findet – wenn schon keinen endlichen oder unendlich-periodischen, dann doch einen mit einer erkennbaren Gesetzmäßigkeit.

John Wallis berechnete 1685 mithilfe der 34 Dezimalstellen von Ludolph van Ceulen (Abschn. 1.1.3) die ersten 33 Kettenbruchelemente von π aus.

Regulärer Kettenbruch von π

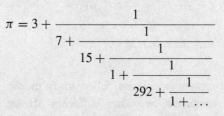

$$\pi = 3 + \cfrac{1}{7 + \cfrac{1}{15 + \cfrac{1}{1 + \cfrac{1}{292 + \cfrac{1}{1 + \dots}}}}}$$

$$\pi = [3;\,7,15,1,292,1,1,1,2,1,3,1,14,2,1,1,2,2,2,2,1,84,2,1,1,15,3,13,1,4,2,6,6,\dots]$$

Leider weisen weder sie noch die ersten 20 Mrd. Glieder der regulären Kettenbruchent-wicklung ein Muster auf.

Warum das Ganze? Warum der Aufwand?

Bricht man die Kettenbruchentwicklung nach endlich vielen Schritten ab und macht dann aus dem endlichen Kettenbruch einen gewöhnlichen Bruch, so erhält man aus-gezeichnete Approximationen von π.

$$\pi \approx 3 + \frac{1}{7} = \frac{22}{7} = 3,\overline{142857}$$

$$\pi \approx 3 + \cfrac{1}{7 + \cfrac{1}{15}} = \frac{333}{106} = 3,141509\ldots$$

$$\pi \approx 3 + \cfrac{1}{7 + \cfrac{1}{15 + \cfrac{1}{1}}} = \frac{355}{113} = 3,141592\ldots$$

Man kann zeigen: Alle abgeschnittenen Kettenbrüche sind beste Näherungen an π. Dabei heißt ein Bruch $\frac{m}{n}$ eine „beste Näherung" von π, wenn jeder andere Bruch, der näher oder ebenso nahe an π liegt wie $\frac{m}{n}$, einen größeren Nenner hat. Für den Näherungsbruch $\frac{333}{106}$ gilt beispielsweise: Alle Brüche mit kleinerem Nenner als 106 liegen unabhängig davon, wie der Zähler gewählt wird, weiter von π entfernt als $\frac{333}{106}$.

Man kann sogar weiter zeigen, dass der Abstand eines Näherungsbruchs $\frac{m}{n}$ von π kleiner als $\frac{1}{n^2}$ ist, im Fall des Näherungsbruchs $\frac{333}{106}$ also kleiner als ein Zehntausendstel.

Das ist zwar auch eine bemerkenswerte Eigenschaft von Kettenbrüchen. Allerdings bleibt der Wunsch nach einer „schönen" Darstellung von π unerfüllt. Das ändert sich, wenn man zu einer allgemeineren Form von Kettenbrüchen übergeht, indem man auf die 1 als Zähler in den Teilbrüchen verzichtet und beliebige natürliche Zahlen zulässt. Ein Kettenbruch hat dann die unten dargestellte Form, wobei a_0 eine ganze Zahl und die übrigen a_k wie auch die b_k natürliche Zahlen sind.

Allgemeiner Kettenbruch

$$a_0 + \cfrac{b_1}{a_1 + \cfrac{b_2}{a_2 + \cfrac{b_3}{a_3 + \cfrac{b_4}{\ddots}}}}$$

mit $a_0 \in \mathbb{Z}$ und $a_k, b_k \in \mathbb{N}$ für $k = 1, 2, 3, \ldots$

Die folgenden Kettenbruchentwicklungen fallen auch in die Rubrik „faszinierende π-Formeln", denn sie haben ein besonders einfaches Muster. Leider sind sie nicht regulär. Wer das Muster erkannt hat, sollte den nächsten Teilbruch aufschreiben.

Kettenbruch von
William Brouncker 1632

$$\frac{4}{\pi} = 2 + \cfrac{1^2}{2 + \cfrac{3^2}{2 + \cfrac{5^2}{2 + \cfrac{7^2}{2 + \ldots}}}}$$

Kettenbruch von
Heinrich Lambert 1770

$$\frac{4}{\pi} = 1 + \cfrac{1^2}{3 + \cfrac{2^2}{5 + \cfrac{3^2}{7 + \cfrac{4^2}{9 + \ldots}}}}$$

Als Hommage an Leonhard Euler schließen wir mit zwei Kettenbrüchen ab, die nicht regulär sind, aber einer besonders einfachen Gesetzmäßigkeit gehorchen. Den Kettenbruch für *e* entdeckte er 1737, den für $\frac{\pi}{2}$ im Jahr 1739.

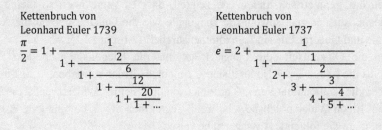

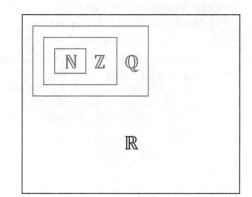

4.5   *e* und π in der Welt der reellen Zahlen

In Abschn. 2.1 haben wir die Zahlbereichserweiterungen, ausgehend von der Menge $\mathbb{N}$ der natürlichen Zahlen über die Menge $\mathbb{Z}$ der ganzen Zahlen und die Menge $\mathbb{Q}$ der rationalen Zahlen zunächst bis zur Menge $\mathbb{R}$ der reellen Zahlen, skizziert (Abb. 4.3). In diesem Abschnitt wollen wir die Zahlen *e* und π hierin einordnen und noch eine besondere Klassifizierung der reellen Zahlen kennenlernen.

4.5.1   Rationale und irrationale Zahlen

Die reellen Zahlen lassen sich auf verschiedene Weise charakterisieren. Reelle Zahlen unterscheiden sich danach, ob sie rational oder irrational sind. „Rational" heißen diese Zahlen, weil sie sich als Verhältnis (lat. ratio), als Bruch schreiben lassen. Die

Abb. 4.3 Von den natürlichen Zahlen zu den reellen Zahlen

Komplementärmenge der Menge $\mathbb{Q}$ der rationalen Zahlen in der Menge $\mathbb{R}$ der reellen Zahlen bilden die irrationalen Zahlen.

Schon die alten Griechen wussten, dass sich in einem Quadrat das Verhältnis der Diagonale zur Quadratseite nicht durch natürliche Zahlen beschreiben lässt. Sie bewiesen das geometrisch, indem sie zeigten, dass es keine noch so kleine Strecke geben kann, mit der man sowohl die Diagonale wie die Quadratseite ausmessen kann. Diagonale und Quadratseite sind „inkommensurabel" (Abschn. 2.1).

Wenn die Quadratseite die Länge 1 hat, hat die Diagonale nach dem Satz des Pythagoras die Länge $\sqrt{2}$. Also lässt sich $\sqrt{2}$ nicht als Bruch schreiben, $\sqrt{2}$ ist irrational. Wir haben die Irrationalität von $\sqrt{2}$ arithmetisch durch einen Widerspruchsbeweis nachgewiesen. Einen Widerspruchsbeweis, wenn auch einen etwas komplizierteren, werden wir führen, um die folgende Aussage zu beweisen.

Irrationalität von e

e ist eine irrationale Zahl.

▶ **Idee** Wir legen die Reihenentwicklung der Zahl e zugrunde (Abschn. 3.3.2):

$$e = 1 + 1 + \frac{1}{2} + \frac{1}{3!} + \ldots + \frac{1}{n!} + \ldots$$

Wir haben gezeigt, dass die so definierte Zahl e zwischen 2 und 3 liegt, also keine natürliche Zahl ist. Wir nehmen an, e ließe sich als Bruch $\frac{p}{q}$ darstellen mit natürlichen Zahlen p und q, wobei q mindestens 2 sein muss, d. h.:

$$\frac{p}{q} = 1 + 1 + \frac{1}{2!} + \frac{1}{3!} + \ldots + \frac{1}{q!} + \frac{1}{(q+1)!} + \ldots$$

Wir multiplizieren beide Seiten der Gleichung mit $q!$. Das führt auf der linken Seite zu einer natürlichen Zahl, auf der rechten Seite zu der Summe einer natürlichen Zahl und einer Zahl kleiner als $\frac{1}{2}$. Widerspruch!

Die Multiplikation der Gleichung mit $q!$ ergibt auf der linken Seite der Gleichung $p \cdot (q-1)!$, also eine natürliche Zahl.

Auf der rechten Seite multiplizieren wir zunächst die ersten $(q+1)$ Summanden der e-Reihe mit $q!$ und erhalten:

$$q! \cdot \left(1 + 1 + \frac{1}{2!} + \frac{1}{3!} + \ldots + \frac{1}{q!} \right)$$

Beim Ausmultiplizieren ergibt sich für jeden Summanden eine natürliche Zahl; also ist auch die Summe eine natürliche Zahl. Die Multiplikation der restlichen Summanden der *e*-Reihe mit $q!$ dagegen ergibt Brüche, beginnend mit:

$$\frac{q!}{(q+1)!} = \frac{1}{q+1}$$

$$\frac{q!}{(q+2)!} = \frac{1}{(q+1) \cdot (q+2)}$$

$$\frac{q!}{(q+3)!} = \frac{1}{(q+1) \cdot (q+2) \cdot (q+3)}$$

Da $q \geq 2$ ist, lassen sich diese Summanden durch Potenzen von $\frac{1}{3}$ abschätzen:

$$\frac{1}{q+1} \leq \frac{1}{3}$$

$$\frac{1}{(q+1) \cdot (q+2)} \leq \frac{1}{3 \cdot 4} < \left(\frac{1}{3}\right)^2$$

$$\frac{1}{(q+1) \cdot (q+2) \cdot (q+3)} \leq \frac{1}{3 \cdot 4 \cdot 5} < \left(\frac{1}{3}\right)^3$$

Für die Summe dieser Brüche ergibt sich dann als Abschätzung eine unendliche Reihe s:

$$\frac{1}{q+1} + \frac{1}{(q+1) \cdot (q+2)} + \frac{1}{(q+1) \cdot (q+2) \cdot (q+3)} + \ldots < \frac{1}{3} + \left(\frac{1}{3}\right)^2 + \left(\frac{1}{3}\right)^3 + \ldots = s$$

Der Grenzwert der unendlichen Reihe *s* lässt sich leicht ermitteln. Multipliziert man sie mit 3, ergibt sich $3s = 1 + s$. Also ist $s = \frac{1}{2}$. Wir erhalten die Abschätzung

$$\frac{1}{q+1} + \frac{1}{(q+1) \cdot (q+2)} + \frac{1}{(q+1) \cdot (q+2) \cdot (q+3)} + \ldots < \frac{1}{2}$$

und damit den angekündigten Widerspruch. Damit ist die Irrationalität von *e* bewiesen.

Kommen wir zur Kreiszahl π.

Irrationalität von π

π ist eine irrationale Zahl.

Der deutsche Mathematiker Heinrich Lambert konnte 1761 die Irrationalität von π nachweisen. Er benutzte bei seinem Beweis die Kettenbruchentwicklung von π (Abschn. 4.4). Es gibt mehrere Beweise für diese Aussage, alle sind viel schwieriger als der Beweis für die Irrationalität von e. Einen Beweis, der vergleichsweise einfache Methoden der Analysis verwendet, entdeckte der Kanadier Ivan Morgan Niven 1947[4].

4.5.2 Algebraische und transzendente Zahlen

Man kann die reellen Zahlen noch auf eine andere Weise als durch das Begriffspaar rational/ irrational charakterisieren. Aus der Arithmetik wissen wir, dass jeder reellen Zahl ein endlicher oder unendlicher (periodischer oder nichtperiodischer) Dezimalbruch entspricht. Wenn man die Perioden $\bar{0}$ und $\bar{9}$ ausschließt (denn bekanntlich ist ja z. B. $0,5 = 0,4\bar{9}$), gibt es zu jeder reellen Zahl nur einen einzigen Dezimalbruch. Rationale Zahlen lassen sich durch endliche oder periodische Dezimalbrüche darstellen. Die Wurzel einer natürlichen Zahl, die keine Quadratzahl ist, lässt sich nur durch einen unendlichen nichtperiodischen Dezimalbruch darstellen. Aber ist jeder unendliche nichtperiodische Dezimalbruch Wurzel einer positiven rationalen Zahl? Der Dezimalbruch $1,01001000100001\ldots$ hat zwar ein Bildungsgesetz, aber ganz sicher keine Periode, stellt also eine irrationale Zahl dar. Ist sie die Wurzel einer positiven rationalen Zahl oder die Lösung einer quadratischen Gleichung oder irgendeiner anderen algebraischen Gleichung mit ganzzahligen Koeffizienten? Die Frage ist leichter gestellt als beantwortet.

Das gibt Anlass, neben der Einteilung der reellen Zahlen in rationale und irrationale eine zweite Einteilung vorzunehmen.

Rationale Zahlen $\frac{m}{n}$ mit $m \in \mathbb{Z}$ und $n \in \mathbb{N}$ lassen sich als Lösung von linearen Gleichungen $m - n \cdot x = 0$ mit $m \in \mathbb{Z}$ und $n \in \mathbb{N}$ charakterisieren. Eine Verallgemeinerung dieser Idee ist, statt linearer Gleichungen algebraische Gleichungen n-ten Grades mit **ganzzahligen** Koeffizienten b_k und $b_n \neq 0$ zu betrachten:

$$b_0 + b_1 \cdot x + b_2 \cdot x^2 + \ldots + b_n \cdot x^n = 0$$

Dividiert man eine solche Gleichung durch b_n, erhält man eine algebraische Gleichung der Form

$a_0 + a_1 \cdot x + a_2 \cdot x^2 + \ldots + x^n = 0$ **mit rationalen Koeffizienten** a_k. Sie hat dieselben Lösungen wie die obige Gleichung. Die Lösungen solcher algebraischen Gleichungen können reelle Zahlen sein – müssen aber nicht, wie das Beispiel $1 + x^2 = 0$ zeigt.

---

[4]Man findet den Beweis gut aufbereitet in Toenniessen (2010, S. 328 ff.).

Algebraische und transzendente Zahlen

Reelle Zahlen, die Lösung einer algebraischen Gleichung $b_0 + b_1 \cdot x + b_2 \cdot x^2 + \ldots + b_n \cdot x^n = 0$ mit ganzzahligen Koeffizienten b_k oder $a_0 + a_1 \cdot x + a_2 \cdot x^2 + \ldots + x^n = 0$ mit rationalen Koeffizienten a_k sind, heißen **algebraische Zahlen**, die übrigen reellen Zahlen heißen **transzendente Zahlen**.

Beachte: Diese Unterscheidung macht nur Sinn durch die Bedingung, dass die Koeffizienten der algebraischen Gleichung ganze bzw. rationale Zahlen sind. Würde man auch irrationale Zahlen als Koeffizienten zulassen, wäre jede reelle Zahl a algebraisch, da sie die Gleichung $a - x = 0$ löst.

Beispiele für algebraische Zahlen (darunter in Klammern eine algebraische Gleichung, deren Lösung sie sind):

7,	$\sqrt{5}$,	$1 + \sqrt{2}$,	$\sqrt[3]{1 + \sqrt{2}}$
$(7 - x = 0)$,	$(5 - x^2 = 0)$,	$(1 + 2x - x^2 = 0)$,	$(1 + 2x^3 - x^6 = 0)$

Abb. 4.4 zeigt die Unterteilung der reellen Zahlen in rationale und irrationale einerseits sowie algebraische und transzendente andererseits. Rationale Zahlen sind immer algebraisch, transzendente Zahlen sind immer irrational.

Gibt es überhaupt transzendente Zahlen? Der Nachweis der Transzendenz einer bestimmten Zahl ist in der Regel sehr viel schwieriger als der Nachweis der Irrationalität. 1873 bewies der französische Mathematiker Charles Hermite (1822–1901), dass die eulersche Zahl *e* transzendent ist. Auf Hermites Methode aufbauend, bewies 1882 der deutsche Mathematiker Carl Louis Ferdinand von Lindemann (1852–1939) die Transzendenz der Kreiszahl π.

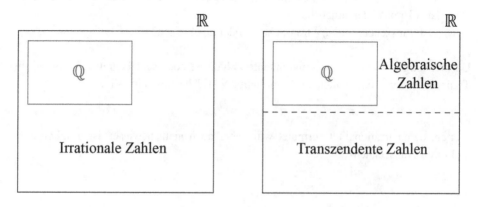

Abb. 4.4 Unterteilung der reellen Zahlen

Transzendenz von e und π

e und π sind transzendente Zahlen.

Das heißt also: Es hat keinen Zweck, nach einer algebraischen Gleichung mit ganz-zahligen (oder rationalen) Koeffizienten zu suchen, die e oder π als Lösung besitzt.

Weitere Beispiele für transzendente Zahlen sind:

$$3\pi, \qquad \pi^2, \qquad \pi+7, \qquad\qquad 5e, \qquad e^3, \qquad e+4$$

Mit dem Nachweis der Transzendenz von π schließt sich der Kreis zu einem antiken Problem, das wir in Abschn. 2.3 behandelt haben, der Quadratur des Kreises. Wie hängen beide Probleme zusammen? Mit Zirkel und Lineal konstruiert man Kreise und Geraden und deren Schnittpunkte. Durch Einführung von kartesischen Koordinaten kann man Geraden und Kreise durch lineare und quadratische Gleichungen beschreiben. Startet man mit rationalen Koordinaten, muss man für die Koordinaten von Schnitt-punkten schon Quadratwurzeln aus rationalen Zahlen zulassen und im nächsten Schritt auch Quadratwurzeln aus solchen Quadratwurzeln, also Lösungen von komplizierteren algebraischen Gleichungen mit rationalen Koeffizienten usw.

Fazit: Mit Zirkel und Lineal lassen sich solche und nur solche Punkte konstruieren, deren Koordinaten Lösungen von algebraischen Gleichungen mit rationalen Koeffizienten, also algebraische Zahlen sind. Die Zahl π ist aber transzendent, kann sich also nicht als Koordinate eines konstruierbaren Punktes ergeben. Damit ist die Unmög-lichkeit der Quadratur des Kreises bewiesen.

Welch eine Entwicklung der Mathematik über 2000 Jahre war nötig, um dieses Ergebnis zu erhalten!

Aufgabe 4.9: Transzendent oder algebraisch?

a) π ist transzendent. Kann es eine natürliche Zahl n geben, sodass $n \cdot \pi$ algebraisch ist? (Tipp: Widerspruchsbeweis)

b) e ist transzendent. Ist $\sqrt{e}$ transzendent oder algebraisch?

Unser heutiges Wissen über transzendente Zahlen ist noch sehr begrenzt. Während die Transzendenz und damit auch die Irrationalität von e^π bewiesen ist, sind

$$e+\pi, \qquad e\cdot\pi, \qquad \pi^\pi, \qquad e^e, \qquad \pi^e$$

Zahlen, deren Irrationalität vermutet wird, aber noch nicht bewiesen ist, folglich auch nicht ihre Transzendenz.

4.5.3   Stufen der Unendlichkeit

Umso verblüffender ist die Antwort auf die Frage: „Wie viele Zahlen gibt es von jeder Sorte, den algebraischen und den transzendenten Zahlen?", die Georg Cantor (1845–1918) im Jahre 1874 gab. Natürlich gibt es unendlich viele von beiden Sorten. Aber es gibt Stufen der Unendlichkeit. Die niedrigste Stufe ist die der Menge $\mathbb{N}$ der natürlichen Zahlen. Sie heißt **abzählbar unendlich**. Ebenso nennt man jede Menge abzählbar unendlich, die sich umkehrbar eindeutig auf $\mathbb{N}$ abbilden lässt; denn das bedeutet mathematisch „sie hat genauso viele Elemente wie $\mathbb{N}$" und anschaulich „sie lässt sich als Liste darstellen". In diesem Sinne hat die Menge $\mathbb{Z}$ der ganzen Zahlen genauso viele Elemente wie die Menge $\mathbb{N}$ der natürlichen Zahlen – zugegeben zunächst ein gewöhnungsbedürftiger Gedanke, da doch die natürlichen Zahlen eine Teilmenge der ganzen Zahlen bilden. Aber die ganzen Zahlen lassen sich leicht auflisten: Beginnend mit der Null werden die übrigen ganzen Zahlen dem Betrag nach geordnet, abwechselnd erst die positive, dann die negative Zahl.

$\mathbb{N}$	1	2	3	4	5	6	7	8	9	...
$\mathbb{Z}$	0	+1	−1	+2	−2	+3	−3	+4	−4	...

Durch diese Auflistung erhalten wir eine Eins-zu-eins-Zuordnung zwischen den natürlichen Zahlen und den ganzen Zahlen. Welche ganze Zahl wird z. B. der natürlichen Zahl 20 zugeordnet? Zu welcher natürlichen Zahl gehört z. B. die negative Zahl −50?

Dass die Menge der ganzen Zahlen abzählbar unendlich ist, sieht man so noch relativ leicht ein. Dass dies auch für die Menge $\mathbb{Q}$ der rationalen Zahlen gilt, ist schon erstaunlich, zumal es doch zwischen 0 und 1 bereits unendlich viele Brüche gibt. Um diese Aussage zu beweisen, muss ein Verfahren erfunden werden, um die rationalen Zahlen aufzulisten. Dieses Verfahren geht auf Cantor zurück und heißt 1. cantorsches Diagonalverfahren. Wir listen zunächst die positiven rationalen Zahlen auf. Wenn uns das gelingt, gibt es auch eine entsprechende Liste der negativen rationalen Zahlen: Es ist dieselbe Liste, wobei alle Zahlen mit einem negativen Vorzeichen versehen werden. Wir können dann die beiden Listen zusammenfügen, wie wir das oben mit den positiven und negativen ganzen Zahlen gemacht haben, und erhalten eine Liste aller rationalen Zahlen.

Um eine Liste der positiven rationalen Zahlen zu konstruieren, fertigen wir ein doppelt unendliches Schema an. In die erste Zeile schreiben wir alle Brüche mit dem Nenner 1 (also die natürlichen Zahlen), in die zweite Zeile alle Brüche mit dem Nenner 2 und fortlaufendem Zähler, in die dritte Zeile alle Brüche mit dem Nenner 3 und fortlaufendem Zähler usw.

$$
\begin{array}{ccccccccc}
\dfrac{1}{1} & \dfrac{2}{1} & \dfrac{3}{1} & \dfrac{4}{1} & \dfrac{5}{1} & \dfrac{6}{1} & \dfrac{7}{1} & \cdots \\[2mm]
\dfrac{1}{2} & \dfrac{2}{2} & \dfrac{3}{2} & \dfrac{4}{2} & \dfrac{5}{2} & \dfrac{6}{2} & \dfrac{7}{2} & \cdots \\[2mm]
\dfrac{1}{3} & \dfrac{2}{3} & \dfrac{3}{3} & \dfrac{4}{3} & \dfrac{5}{3} & \dfrac{6}{3} & \dfrac{7}{3} & \cdots \\[2mm]
\dfrac{1}{4} & \dfrac{2}{4} & \dfrac{3}{4} & \dfrac{4}{4} & \dfrac{5}{4} & \dfrac{6}{4} & \dfrac{7}{4} & \cdots \\[2mm]
\dfrac{1}{5} & \dfrac{2}{5} & \dfrac{3}{5} & \dfrac{4}{5} & \dfrac{5}{5} & \dfrac{6}{5} & \dfrac{7}{5} & \cdots \\[2mm]
\dfrac{1}{6} & \dfrac{2}{6} & \dfrac{3}{6} & \dfrac{4}{6} & \dfrac{5}{6} & \dfrac{6}{6} & \dfrac{7}{6} & \cdots \\[2mm]
\dfrac{1}{7} & \dfrac{2}{7} & \dfrac{3}{7} & \dfrac{4}{7} & \dfrac{5}{7} & \dfrac{6}{7} & \dfrac{7}{7} & \cdots \\[2mm]
\cdots & \cdots & \cdots & \cdots & \cdots & \cdots & \cdots & \cdots
\end{array}
$$

In diesem Schema sind alle positiven rationalen Zahlen vertreten, allerdings zum Teil mehrfach, da man etliche Brüche kürzen kann. Wir belassen nur die gekürzten Brüche in dem Schema, die übrigen Brüche entfernen wir.

$$
\begin{array}{ccccccccc}
\dfrac{1}{1} & \dfrac{2}{1} & \dfrac{3}{1} & \dfrac{4}{1} & \dfrac{5}{1} & \dfrac{6}{1} & \dfrac{7}{1} & \cdots \\[2mm]
\dfrac{1}{2} & & \dfrac{3}{2} & & \dfrac{5}{2} & & \dfrac{7}{2} & \cdots \\[2mm]
\dfrac{1}{3} & \dfrac{2}{3} & & \dfrac{4}{3} & \dfrac{5}{3} & & \dfrac{7}{3} & \cdots \\[2mm]
\dfrac{1}{4} & & \dfrac{3}{4} & & \dfrac{5}{4} & & \dfrac{7}{4} & \cdots \\[2mm]
\dfrac{1}{5} & \dfrac{2}{5} & \dfrac{3}{5} & \dfrac{4}{5} & & \dfrac{6}{5} & \dfrac{7}{5} & \cdots \\[2mm]
\dfrac{1}{6} & & & & \dfrac{5}{6} & & \dfrac{7}{6} & \cdots \\[2mm]
\dfrac{1}{7} & \dfrac{2}{7} & \dfrac{3}{7} & \dfrac{4}{7} & \dfrac{5}{7} & \dfrac{6}{7} & & \cdots \\[2mm]
\cdots & \cdots & \cdots & \cdots & \cdots & \cdots & \cdots & \cdots
\end{array}
$$

Nun bilden wir aus dem doppelt unendlichen Schema eine Liste, indem wir die verbliebenen Zahlen entlang entlang den Diagonalen von oben nach unten notieren. In dieser Liste tauchen alle positiven rationalen Zahlen genau einmal auf.

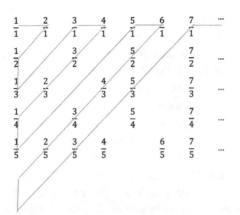

Wir können dieses anschauliche Verfahren auch arithmetisch beschreiben. Bei den Brüchen, die auf einer Diagonalen liegen, ist die Summe von Zähler und Nenner gleich. Wir nennen diese Summe kurz das „Gewicht" der Brüche. Zu jedem Gewicht gibt es nur endlich viele (gekürzte) Brüche. Die Auflistung der Brüche im obigen Schema erfolgt also nach ihrem Gewicht: erst der Bruch mit dem Gewicht 2, dann die Brüche mit dem Gewicht 3, dann die Brüche mit dem Gewicht 4 usw. Wir kommen auf diese Idee gleich noch einmal zurück.

Es scheint, als ob alle unendlichen Zahlenmengen abzählbar seien. Cantor hat aber mit einem einfachen Widerspruchsbeweis gezeigt, dass es schon unmöglich ist, die reellen Zahlen zwischen 0 und 1 in einer Liste aufzuführen (2. cantorsches Diagonalverfahren).

Jede reelle Zahl lässt sich als endlicher oder unendlicher (periodischer oder nicht-periodischer) Dezimalbruch darstellen, und zwar eindeutig, wenn man die Perioden $\bar{0}$ und $\bar{9}$ ausschließt. Angenommen die Menge der reellen Zahlen zwischen 0 und 1 wäre abzählbar, dann könnte man die entsprechenden Dezimalbrüche auflisten:

$$0, z_{11} z_{12} z_{13} z_{14} z_{15} \cdots$$

$$0, z_{21} z_{22} z_{23} z_{24} z_{25} \cdots$$

$$0, z_{31} z_{32} z_{33} z_{34} z_{35} \cdots$$

$$0, z_{41} z_{42} z_{43} z_{44} z_{45} \cdots$$

$$\cdots$$

Dabei sind die z_{ik} Ziffern von 0 bis 9. Der erste Index i gibt die Stelle der Zahl in der Liste, der zweite Index k die Nachkommastelle der Zahl an.

Wir zeigen nun, dass diese Liste nicht vollständig sein kann, indem wir einen Dezimalbruch benennen, der garantiert nicht darin auftaucht. Also war die Annahme, es gäbe eine solche Liste, falsch. Die reellen Zahlen zwischen 0 und 1 lassen sich nicht abzählen.

Unseren Dezimalbruch beschreiben wir durch $0, z_1 z_2 z_3 z_4 z_5 \cdots$ und geben nun an, nach welcher Regel die Ziffern z_n bestimmt werden sollen.

Die erste Ziffer z_1 soll von der Ziffer z_{11} verschieden sein. Um Perioden mit $\bar{0}$ oder $\bar{9}$ zu vermeiden, soll z_1 auch von 0 und 9 verschieden sein. Wir haben genug Auswahl. Egal wie wir die folgenden Ziffern noch wählen, wir haben sichergestellt, dass unsere Zahl verschieden von der ersten Zahl in der obigen Liste sein wird.

Die zweite Ziffer z_2 soll von der Ziffer z_{22} und von 0 und 9 verschieden sein. Dann ist unsere Zahl auch verschieden von der zweiten Zahl in der obigen Liste.

Allgemein: Für jede Stelle n soll die Ziffer z_n verschieden von der Ziffer z_{nn}, die in der Diagonale der obigen Liste steht, und verschieden von 0 und 9 sein. Die so konstruierte Zahl kann demnach in der obigen Liste nicht enthalten sein. Die Behauptung, die obige Liste enthielte alle reellen Zahlen zwischen 0 und 1, ist also falsch.

Wir haben damit gezeigt, dass sich die reellen Zahlen zwischen 0 und 1 nicht abzählen lassen, dann erst recht nicht alle reelle Zahlen. Man sagt: Die Menge $\mathbb{R}$ der reellen Zahlen ist **_überabzählbar unendlich_**. Dann muss auch die Menge der irrationalen Zahlen überabzählbar unendlich sein. Wäre sie nämlich abzählbar unendlich, würde man durch abwechselnde Entnahme aus den beiden Listen (der rationalen und der irrationalen Zahlen) eine Liste der reellen Zahlen erstellen können.

Im Sinne der Stufen von Unendlichkeit gibt es also „mehr" irrationale Zahlen als rationale.

Wie steht es mit der Menge der algebraischen Zahlen, die ja neben den rationalen Zahlen noch viele irrationale Zahlen enthält, nämlich die Lösungen von algebraischen Gleichungen mit ganzzahligen Koeffizienten? Sie ist „nicht wesentlich größer" als die Menge der rationalen Zahlen, soll heißen: Sie ist abzählbar unendlich. Dieses überraschende Ergebnis bewies Cantor 1874.

Seine Beweisidee ist frappierend einfach. Eine algebraische Gleichung n-ten Grades mit ganzzahligen Koeffizienten

$$b_0 + b_1 \cdot x + b_2 \cdot x^2 + \ldots + b_n \cdot x^n = 0 \text{ mit } n \in \mathbb{N} \text{ und } b_0, b_1, \ldots b_n \in \mathbb{Z} \text{ und } b_n \neq 0$$

hat nach dem Fundamentalsatz der Algebra (Abschn. 2.5) nur endlich viele reelle Lösungen. Wenn es gelingt, eine Liste aller algebraischen Gleichungen zu erstellen, dann können wir auch alle algebraischen Zahlen abzählen: Wir ersetzen an jeder Stelle der Liste die algebraische Gleichung durch ihre endlich vielen Lösungen; sofern eine Lösung schon vorher in der Liste vorkommt, lassen wir sie aus. So wird aus der Liste der algebraischen Gleichungen eine Liste der algebraischen Zahlen.

Wie kann man eine Liste der algebraischen Gleichungen erstellen? Die Idee des 1. cantorschen Diagonalverfahrens in seiner arithmetischen Interpretation hilft weiter: Jeder algebraischen Gleichung wird ein „Gewicht" zugeordnet, nämlich die Summe aus dem Grad n der algebraischen Gleichung und den Beträgen ihrer Koeffizienten

$$n + |b_0| + |b_1| + |b_2| + \ldots + |b_n|.$$

Das kleinstmögliche Gewicht ist 2. Dazu gehören die algebraischen Gleichungen $1 \cdot x = 0$ und $-1 \cdot x = 0$. Zum Gewicht 3 gehören die algebraischen Gleichungen

$$1+1{\cdot}x = 0, \quad -1+1{\cdot}x = 0, \quad 1-1{\cdot}x = 0, \quad -1-1{\cdot}x = 0 \quad \text{sowie} \quad 1{\cdot}x^2 = 0, \quad -1{\cdot}x^2 = 0.$$

Wichtig ist: Zu jedem Gewicht $g \in \mathbb{N}$ gehören nur endlich viele algebraische Gleichungen. Nun erstellen wir eine Liste. Als Erstes kommen die algebraischen Gleichungen mit dem Gewicht 2, dann die algebraischen Gleichungen mit dem Gewicht 3 usw. So erhalten wir eine Liste aller algebraischen Gleichungen und daraus, wie oben beschrieben, eine Liste aller algebraischen Zahlen.

Die Menge der algebraischen Zahlen ist also abzählbar unendlich, die Menge der reellen Zahlen überabzählbar unendlich. Also muss es außer den algebraischen noch andere reelle Zahlen geben, die transzendenten Zahlen, und ihre Menge muss überabzählbar unendlich sein.

Salopp formuliert heißt das: Es gibt weniger „vertraute Zahlen" (natürliche, gebrochene, ganze Zahlen, Wurzeln) als Zahlen vom Typ π.

Du weißt jetzt etwas über π. Und umgekehrt?
„π kennt dich!"
Die Wahrscheinlichkeit, dass dein Geburtsdatum als Ziffernfolge in der
Dezimalbruchentwicklung von π vorkommt, ist 1. Ein sicheres Ereignis!
Die Internet-Seite http://www.angio.net/pi/piquery *hilft dir bei der Suche.*
Aber es kann sein, dass sie leider nichts findet. Wieso das denn?

Anhang: Grundlagen aus der Elementarmathematik

Um die Beschreibung des Weges von der Elementarmathematik zur „schönsten Gleichung aller Zeiten" gut lesbar zu gestalten, wird bei der Anwendung mathematischer Grundlagenkenntnisse oft auf diesen Anhang verwiesen. Die Leserin/der Leser hat so die Möglichkeit, hier nachzuschlagen, falls es nötig ist, um die Argumentation im Haupttext besser zu verstehen.

Nun sind diese Grundlagenkenntnisse sicher von Leserin zu Leser, aber auch von mathematischem Teilgebiet zu mathematischem Teilgebiet verschieden. Wir haben uns hier nur auf das Notwendigste beschränkt. Es wurden nur Sachverhalte aufgenommen, die auch im Haupttext Verwendung finden. Die Darlegungen im Anhang sollen hauptsächlich Erinnerungen wecken und keine Systematik des jeweiligen Teilgebiets der Elementarmathematik darstellen.

5.1 Elementares aus der Geometrie

5.1.1 Winkelsätze

Wenn zwei Geraden sich schneiden, entstehen vier Winkel; die gegenüberliegenden heißen **Scheitelwinkel,** die benachbarten heißen **Nebenwinkel.**

© Springer Fachmedien Wiesbaden GmbH, ein Teil von Springer Nature 2020
H.-D. Rinkens und K. Krüger, *Die schönste Gleichung aller Zeiten,*
https://doi.org/10.1007/978-3-658-28466-4_5

Scheitelwinkel: Nebenwinkel
$\alpha = \beta$ $\alpha + \beta = 180°$

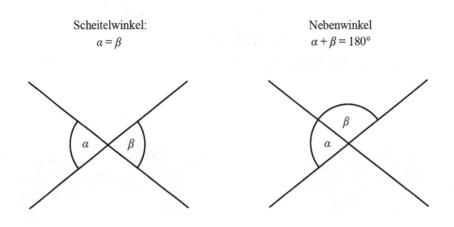

Satz über Scheitelwinkel und Nebenwinkel
Scheitelwinkel sind gleich groß.   Nebenwinkel ergänzen sich zu 180°.

Es gibt einen wichtigen Zusammenhang zwischen Parallelität und Winkeln. In der linken Zeichnung nennt man α und γ **Stufenwinkel,** ebenso β und δ. In der rechten Zeichnung heißen α und δ **Wechselwinkel,** ebenso β und γ.

Stufenwinkel: Wechselwinkel:

$\alpha = \gamma$ und $\beta = \delta$ $\alpha = \delta$ und $\beta = \gamma$

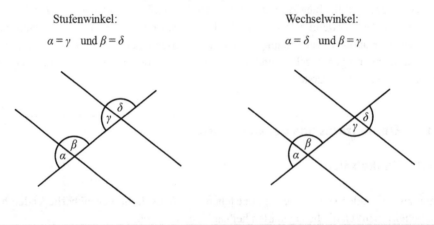

Winkel an Parallelen
Werden zwei Parallelen von einer dritten Geraden geschnitten, so gilt:
Stufenwinkel sind gleich.   Wechselwinkel sind gleich.
Auch die **Umkehrung** der beiden Aussagen ist richtig.

In den ersten beiden Aussagen wird von Parallelität auf Winkelgleichheit geschlossen. Die Umkehrung wird benutzt, um von Winkelgleichheit auf Parallelität zu schließen.

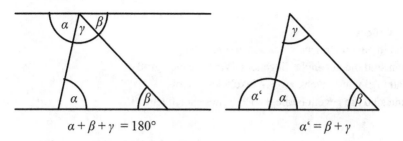

$$\alpha + \beta + \gamma = 180°$$ $$\alpha' = \beta + \gamma$$

Abb. 5.1 Innenwinkel und Außenwinkel im Dreieck

Es gibt einen engen Zusammenhang zwischen den Winkeln an Parallelen und den Winkeln im Dreieck (Abb. 5.1).

Winkel im Dreieck

Winkelsummensatz   Die Winkelsumme im Dreieck beträgt 180°.

Außenwinkelsatz   Im Dreieck ist ein Außenwinkel so groß wie die beiden nicht anliegenden Innenwinkel zusammen.

5.1.2 Kongruenz

Wir brauchen Brücken, die uns gestatten, aus dem Land der Strecken in das Land der Winkel zu gelangen und umgekehrt, d. h. von Seiten(längen) auf Winkel zu schließen und umgekehrt.

Die elementarste dieser Aussagen nennen wir deshalb „Eselsbrücke" (Abb. 5.2).

Abb. 5.2 Eselsbrücke

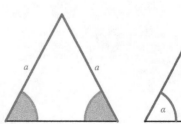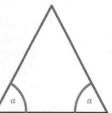

Eselsbrücke
Sind in einem Dreieck zwei Seiten gleich lang,
dann sind die gegenüberliegenden Winkel gleich groß.
Sind in einem Dreieck zwei Winkel gleich groß,
dann sind die gegenüberliegenden Seiten gleich lang.

Ein Dreieck mit zwei gleich langen Seiten heißt **gleichschenklig;** die dritte Seite heißt Basis des gleichschenkligen Dreiecks. Die Winkel, die an der Basis anliegen, heißen Basiswinkel, der dritte Winkel heißt Winkel an der Spitze.

Gleichschenkliges Dreieck
In einem gleichschenkligen Dreieck sind die Basiswinkel gleich groß.
Sind in einem Dreieck zwei Winkel gleich groß, dann ist es gleichschenklig.

Eine elementare Eigenschaft des gleichschenkligen Dreiecks ist dessen Falt- oder Spiegelsymmetrie. Die Spiegelgerade oder Faltlinie ist Winkelhalbierende des Winkels an der Spitze und zugleich die Mittelsenkrechte der Basis des gleichschenkligen Dreiecks (Abb. 5.3). Geht in einem Dreieck die Mittelsenkrechte einer Seite durch die gegenüberliegende Ecke, dann ist das Dreieck gleichschenklig.

Im Kreis sind alle Radien gleich lang. Verbindet man zwei Kreispunkte miteinander und mit dem Mittelpunkt des Kreises, dann bildet die Sehne zusammen mit den beiden

Abb. 5.3 Gleichschenkliges
Dreieck

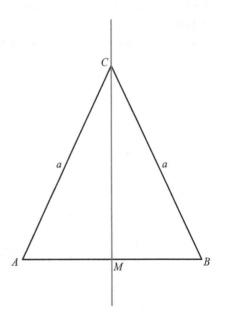

Abb. 5.4 Satz des Thales

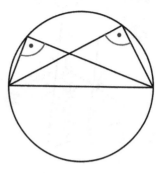

Radien ein gleichschenkliges Dreieck. Aus diesem simplen Sachverhalt kann man mithilfe der Eselsbrücke den Satz des Thales (benannt nach Thales von Milet, um 600 v. Chr.) herleiten (Abb. 5.4).

> **Satz des Thales**
> Im Kreis sind alle Winkel über einem Durchmesser rechte.

Zwei Dreiecke heißen **kongruent,** wenn sie in allen Seiten und Winkeln übereinstimmen. Die Kongruenzsätze haben eine „Brückenfunktion": Von bekannten Seiten und/oder Winkeln kann man auf andere Seiten/Winkel schließen.

> **Kongruenzsätze**
> Zwei Dreiecke sind kongruent, wenn sie übereinstimmen
> * in allen drei Seiten,
> * in zwei Seiten und dem eingeschlossenen Winkel,
> * in einer Seite und den beiden anliegenden Winkeln,
> * in zwei Seiten und dem Winkel, der der größeren Seite gegenüberliegt.

5.1.3 Strahlensätze und Ähnlichkeit

Stimmen zwei Dreiecke nur in ihren Winkeln überein – es reicht, wenn sie in zwei Winkeln übereistimmen, da in diesem Fall wegen des Winkelsummensatzes auch die dritten Winkel gleich sind–, dann haben sie die gleiche Form, aber nicht unbedingt die gleiche Größe. Man nennt sie **ähnlich.** Ähnliche Dreiecke entdeckt man mithilfe der Winkelsätze an Parallelen unmittelbar in den Strahlensatzfiguren (Abb. 5.5). Sie bestehen aus einem „Zweistrahl", der zwei Parallelen schneidet. Als Zweistrahl bezeichnet man zwei Halbgeraden, die von einem Punkt, dem „Scheitel", ausgehen. Man darf sich die

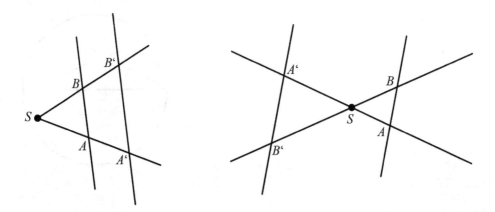

Abb. 5.5 Strahlensatzfiguren

Halbgeraden auch zu Geraden verlängert vorstellen (rechtes Bild). Sätze über ähnliche Dreiecke und Strahlensätze sind zwei Seiten derselben Medaille.

Die Strahlensätze gehören zu den wichtigsten Aussagen der Elementargeometrie. Sie befassen sich mit Streckenverhältnissen und helfen bei vielen geometrischen Überlegungen, unbekannte Streckenlängen auszurechnen.

1. Strahlensatz

Wird ein Zweistrahl von zwei Parallelen geschnitten,
so verhalten sich die Abschnitte auf dem einen Strahl
wie die entsprechenden Abschnitte auf dem anderen Strahl:

$$SA : SA' = SB : SB' \quad SA : AA' = SB : BB'$$

2. Strahlensatz

Wird ein Zweistrahl von zwei Parallelen geschnitten,
so verhalten sich die Abschnitte auf den Parallelen
wie die zugehörigen Scheitelabschnitte auf einem Strahl:

$$AB : A'B' = SA : SA' = SB : SB'$$

Umkehrung des 1. Strahlensatzes

Wird ein Zweistrahl von zwei Geraden so geschnitten, dass sich die
Scheitelabschnitte auf dem einen Strahl wie die entsprechenden
Scheitelabschnitte auf dem anderen Strahl verhalten,
dann sind die beiden Geraden parallel.

Die Umkehrung des 2. Strahlensatzes gilt nicht.

Der Sonderfall, dass die beiden Abschnitte auf einem Strahl gleich lang sind, kann mithilfe der Kongruenzsätze leicht bewiesen werden. Ebenso die Verallgemeinerung auf den Fall, dass mehrere Parallelen den Zweistrahl in gleichen Abständen schneiden. Zum vollständigen Beweis der Strahlensätze benötigt man allerdings einen infinitesimalen Beweisgedanken. Das liegt daran, dass das Verhältnis von zwei Strecken irrational sein kann wie z. B. bei Diagonale und Seite im Quadrat (Abschn. 2.1); in solchen Fällen gibt es keinen noch so kleinen Abschnitt, mit dem man sowohl die Diagonale als auch die Quadratseite ganzzahlig unterteilen kann.

Man kann auf die Strahlensatzfiguren auch „mit anderen Augen" sehen; dann sieht man zwei Dreiecke, die in allen drei Winkeln übereinstimmen. Die Strahlensätze besagen dann, dass die Verhältnisse entsprechender Dreiecksseiten übereinstimmen. Auch die Umkehrung ist richtig. Deshalb kann man alle Aussagen zusammenfassen zum sogenannten.

> **Hauptsatz der Ähnlichkeitslehre**
> Zwei Dreiecke haben gleiche Winkel dann und nur dann,
> wenn entsprechende Seiten gleiche Verhältnisse bilden.

Wir notieren noch ein paar Folgerungen aus den Strahlensätzen bzw. aus dem Hauptsatz der Ähnlichkeitslehre, die wir in Kap. 1 benötigen.

> **Satz von der Winkelhalbierenden im Dreieck**
> Eine Winkelhalbierende teilt die gegenüberliegende Dreiecksseite
> im Verhältnis der beiden anliegenden Seiten.
>
> **Satz über die Flächeninhalte ähnlicher Dreiecke**
> Das Flächenverhältnis ähnlicher Dreiecke ist gleich
> dem Quadrat des Verhältnisses entsprechender Seiten.

An Rechtecken kann man leicht sehen, dass im Gegensatz zu Dreiecken die Bedingung „gleiche Winkel" allein nicht ausreicht, um „gleiche Form" zu garantieren. Man muss vielmehr definieren:

> **Ähnlichkeit von Vielecken**
> Zwei n-Ecke ($n > 3$) heißen ähnlich, wenn sie in entsprechenden Winkeln
> und im Verhältnis entsprechender Seiten übereinstimmen.

Dann kann man den Satz über die Flächeninhalte ähnlicher Dreiecke verallgemeinern.

Satz über die Flächeninhalte ähnlicher Vielecke
Das Flächenverhältnis ähnlicher Vielecke ist gleich
dem Quadrat des Verhältnisses entsprechender Seiten.

5.1.4 Satzgruppe des Pythagoras

Wo wir gerade bei Flächeninhalten sind, bleibt noch die neben den Strahlensätzen
berühmteste Satzgruppe zu erwähnen, die Satzgruppe des Pythagoras, angeführt vom
Satz des Pythagoras[1] (Abb. 5.6).

Satz des Pythagoras
Im rechtwinkligen Dreieck hat das Quadrat über der Hypotenuse den gleichen
Flächeninhalt wie die Quadrate über den beiden Katheten zusammen.

Abb. 5.6 Satz des
Pythagoras

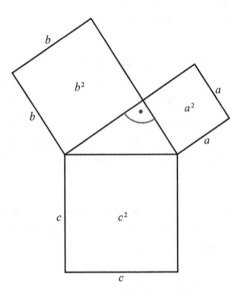

---

[1]In seinem 1940 erschienenen Buch *The Pythagorean Proposition* hat der amerikanische
Mathematiklehrer und Collegeprofessor Elisha Scott Loomis ca. 370 Beweise für den Satz des
Pythagoras zusammengetragen und klassifiziert.

Abb. 5.7   Kathetensatz des
Euklid

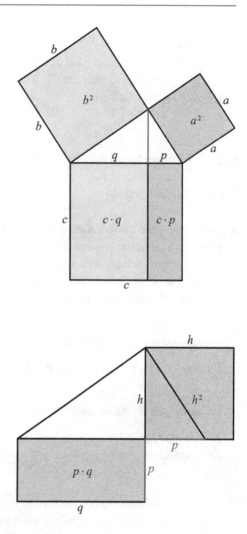

Abb. 5.8   Höhensatz des
Euklid

Zur „Satzgruppe des Pythagoras" gehören noch der Kathetensatz (Abb. 5.7) und der
Höhensatz (Abb. 5.8) des Euklid. Mit ihrer Hilfe kann man ein Rechteck mit Zirkel und
Lineal in ein flächengleiches Quadrat verwandeln (vgl. Kap. 1).

Kathetensatz
Im rechtwinkligen Dreieck hat das Quadrat über einer Kathete den gleichen
Flächeninhalt wie das Rechteck, gebildet aus der Hypotenuse und dem
anliegenden Hypotenusenabschnitt.

Höhensatz

Im rechtwinkligen Dreieck hat das Quadrat über der Höhe auf der Hypotenuse den gleichen Flächeninhalt wie das Rechteck, gebildet aus den beiden Hypotenusenabschnitten.

5.2 Elementares aus Arithmetik und Algebra

5.2.1 Rechenregeln

Rechenregeln gehören von Anfang an zum Grundverständnis beim Umgang mit Zahlen. Wegen des Permanenzprinzips (Abschn. 2.1) gelten sie von den natürlichen Zahlen über die ganzen und die rationalen bis zu den reellen Zahlen und mit Ausnahme der Ordnungsgesetze auch für die komplexen Zahlen (Abschn. 2.2). Im Folgenden sind mit a, b und c folglich beliebige Zahlen aus diesen Zahlenmengen gemeint.

Rechenregeln für die Addition

Kommutativgesetz $a + b = b + a$
Assoziativgesetz $(a + b) + c = a + (b + c)$

Rechenregeln für die Multiplikation

Kommutativgesetz $a \cdot b = b \cdot a \cdot c$
Assoziativgesetz $(a \cdot b) \cdot c = a \cdot (b \cdot c)$

Kommutativ- und Assoziativgesetz lassen sich für beide Operationen auf mehrere Zahlen verallgemeinern. Man kann sie dann auch zusammenfassen zu der Regel: Die Reihenfolge der Summanden bzw. der Faktoren ist beliebig.

Für die **Subtraktion** und für die **Division** gilt weder das Kommutativgesetz noch das Assoziativgesetz.

Das Zusammenspiel von Strichrechnung und Punktrechnung regeln die Distributivgesetze.

Distributivgesetze

Addition und Multiplikation $a \cdot (b + c) = a \cdot b + a \cdot c$
Subtraktion und Multiplikation $a \cdot (b - c) = a \cdot b - a \cdot c$
Addition und Division $(a + b) : c = a : c + b : c \quad (c \neq 0)$
Subtraktion und Division $(a - b) : c = a : c - b : c \quad (c \neq 0)$

Zum Rechnen mit **reellen Zahlen** gehören auch der Größenvergleich (Kleiner- bzw. Größer-Relation) und seine Regeln (Trichotomie und Transitivität) sowie die Verträglichkeitsbedingungen mit den Rechenoperationen, die sog. Monotoniegesetze.

Ordnungsgesetze der Kleiner-Relation

Trichotomie Genau eine der drei Aussagen trifft zu:
$a < b$ oder $b < a$ oder $a = b$.

Transitivität Wenn $a < b$ und $b < c$, dann $a < c$.

Monotoniegesetze

Addition Wenn $a < b$, dann $a + c < b + c$.

Subtraktion Wenn $a < b$, dann $a - c < b - c$.

Multiplikation Wenn $a < b$ und $0 < c$, dann $a \cdot c < b \cdot c$.

Division Wenn $a < b$ und $0 < c$, dann $a : c < b : c$.

5.2.2 Binomische Formeln

Aus den Distributivgesetzen für die Multiplikation lassen sich leicht drei Formeln herleiten, die oft das Ausmultiplizieren von Klammerausdrücken oder umgekehrt die Umformung von Summen und Differenzen in Produkte, das sogenannte Faktorisieren, erleichtern. Ein Ausdruck der Form $a + b$ heißt Binom.

Binomische Formel

1. binomische Formel $(a + b)^2 = a^2 + 2ab + b^2$
2. binomische Formel $(a - b)^2 = a^2 - 2ab + b^2$
3. binomische Formel $(a + b) \cdot (a - b) = a^2 - b^2$

Durch Induktion ergibt sich die Verallgemeinerung der 1. binomischen Formel auf die Potenz eines Binoms mit beliebigem natürlichem Exponenten. Beispiele:

$$(a + b)^3 = a^3 + 3a^2b + 3ab^2 + b^3 \qquad (a + b)^4 = a^4 + 4a^3b + 6a^2b^2 + 4ab^3 + b^4$$

5.2.3 Polynomdivision

Der Term $a_n \cdot z^n + a_{n-1} \cdot z^{n-1} + a_{n-2} \cdot z^{n-2} + \ldots + a_1 \cdot z + a_0$ mit $a_n \neq 0$

heißt Polynom n-ten Grades. Dabei sind die Koeffizienten a_k reelle oder komplexe Zahlen und z ist eine reelle oder komplexe Variable. Wie man zwei natürliche Zahlen schriftlich dividiert und dabei gegebenenfalls einen Rest erhält, so kann man auch zwei Polynome durcheinander dividieren und erhält als Ergebnis ein Polynom und einen Restterm. Das Verfahren verläuft analog zur schriftlichen Division. Beispiel:

$$(6z^5 + 13z^3 + 3z^2 \quad + 2) : (3z^2 + 2) = 2z^3 + 3z + 1 - \frac{6z}{3z^2 + 2}$$

$$\underline{-(6z^5 + 4z^3)}$$
$$9z^3 + 3z^2 \quad + 2$$
$$\underline{-(9z^3 \quad + 6z)}$$
$$3z^2 - 6z + 2$$
$$\underline{-(3z^2 \quad + 2)}$$
$$-6z$$

Das Beispiel zeigt: Haben die beiden Ausgangspolynome die Grade 5 und 2, dann hat das Ergebnispolynom den Grad $3 = 5 - 2$. Den Rest notiert man als Bruch; im Nenner steht der Divisor und im Zähler ein Polynom, das einen kleineren Grad hat als der Divisor.

Man kann das Ergebnis auch multiplikativ schreiben:

$$6z^5 + 13z^3 + 3z^2 + 2 = \left(3z^2 + 2\right) \cdot \left(2z^3 + 3z + 1\right) - 6z$$

Im allgemeinen Fall gilt:

Polynomdivision

Sind $f(z)$ und $g(z)$ zwei Polynome, wobei der Grad von $g(z)$ kleiner ist als der Grad von $f(z)$, dann gibt es eindeutig bestimmte Polynome $h(z)$ und $r(z)$ mit

$$f(z) = g(z) \cdot h(z) + r(z).$$

Dabei gilt für die Grade dieser Polynome:

$$Grad\, h(z) = Grad\, f(z) - Grad\, g(z) \text{ und } Grad\, r(z) < Grad\, g(z).$$

Spezialfall: Hat $g(z)$ den Grad 1, also z. B. die Form $z - a$, dann ist $r(z)$ eine Konstante r und es gilt:

$$f(z) = (z - a) \cdot h(z) + r$$

Hieraus folgt: Hat das Polynom $f(z)$ an der Stelle a den Wert null, dann ist $r = 0$. Das bedeutet: Das Polynom $f(z)$ kann zerlegt werden in einen Linearfaktor $z - a$ und ein Polynom $h(z)$, dessen Grad um 1 kleiner ist als der Grad von $f(z)$.

5.3   Elementares aus der Analysis

Der Umgang mit Zahlen und Formen in Arithmetik und Geometrie ist zumindest im elementaren Bereich den meisten Leserinnen und Lesern vertrauter als der Umgang mit unendlichen Prozessen. Deshalb geben wir hier den grundlegenden Begriffen und Aussagen der Analysis, soweit sie in diesem Buch zur Anwendung kommen, einen größeren Raum und erläutern sie etwas ausführlicher.

5.3.1   Folgen und Konvergenz

Zum exakten Messen braucht man die reellen Zahlen, die sich gut mittels der Zahlengeraden veranschaulichen lassen. Jeder reellen Zahl entspricht genau ein Punkt auf der Zahlengeraden und umgekehrt. Wir verwenden beide Begriffe, Zahl und Punkt, synonym.

Eine evidente Eigenschaft der Zahlengeraden bzw. der reellen Zahlen ist die sog. archimedische Eigenschaft. Für zwei beliebige Strecken a und b mit $a < b$ gilt: Wenn man a oft genug (N-mal) hintereinanderlegt, erhält man eine größere Strecke als b. Umformuliert heißt das:

> **Archimedische Eigenschaft der reellen Zahlen**
> Zu zwei beliebigen positiven reellen Zahlen a und b mit $a < b$
> gibt es immer eine natürliche Zahl N, sodass $N \cdot a$ größer ist als b.

Ist a speziell die Einheitsstrecke, $a = 1$, dann lautet die Aussage: Zu jeder (noch so großen) positiven reellen Zahl b gibt es immer eine natürliche Zahl N, die größer ist als b. Wir bilden die Kehrwerte und bezeichnen $\frac{1}{b}$ als ε (Epsilon). Dann können wir denselben Sachverhalt auch so ausdrücken: Zu jeder (noch so kleinen) positiven reellen Zahl ε findet man immer einen Stammbruch $\frac{1}{N}$, der noch kleiner ist. Das gilt dann auch für alle Stammbrüche $\frac{1}{n}$ mit größerem Nenner als N. Noch anders ausgedrückt: Die Stammbrüche sind alle bis auf endlich viele kleiner als ε. Mit „alle bis auf endlich viele" meinen wir dasselbe, wenn wir in Zukunft „fast alle" sagen.

Die Folge der Stammbrüche $a_n = \frac{1}{n}$ ist das Paradigma für Folgen, deren Folgenglieder sich mit wachsendem Folgenindex n immer mehr der Null nähern. Man sagt auch: Die Folge a_n strebt bzw. konvergiert gegen null bzw. hat den Grenzwert null. Oder kurz: Sie ist eine Nullfolge.

Eine andere einfache Nullfolge ist $a_n = (-1)^n \cdot \frac{1}{n}$.

Die ersten fünf Folgenglieder sind:

$$-1 \quad \tfrac{1}{2} \quad -\tfrac{1}{3} \quad \tfrac{1}{4} \quad -\tfrac{1}{5}$$

Man kann die Folgenglieder als Punkte auf der Zahlengeraden veranschaulichen. Bei Punkten, deren Entfernung zum Nullpunkt kleiner als ε ist, sagt man: Sie liegen in der ε-Umgebung des Nullpunkts.

> **Definition der Nullfolge**
> Eine Folge a_n heißt Nullfolge, wenn Folgendes gilt:
> Wie klein man auch eine ε-Umgebung um den Nullpunkt wählt,
> es liegen noch immer fast alle Punkte der Folge darin,
> wobei „fast alle" heißt: „alle bis auf endlich viele".

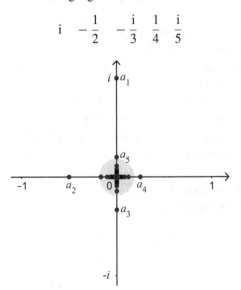

Eine weitere wichtige Nullfolge ist die sogenannte geometrische Folge $a_n = q^n$ mit beliebiger, aber fester reeller Zahl q, die größer ist als -1 und kleiner als $+1$. Der Folgenindex n kann in diesem Fall schon bei null starten. Für das Beispiel $q = -\frac{1}{2}$ lauten dann die ersten fünf Folgenglieder:

$$1 \quad -\frac{1}{2} \quad \frac{1}{4} \quad -\frac{1}{8} \quad \frac{1}{16}$$

Die Summe, die Differenz und das Produkt zweier Nullfolgen sind wieder Nullfolgen.

Die bisherigen Überlegungen lassen sich auf komplexe Zahlen verallgemeinern. Statt der Zahlengeraden wird zur Veranschaulichung die gaußsche Zahlenebene benutzt (Abschn. 2.3). Die ε-Umgebung um den Nullpunkt besteht aus allen komplexen Zahlen, deren Abstand vom Nullpunkt kleiner als ε ist. Ein Beispiel ist die Folge $a_n = i^n \cdot \frac{1}{n}$, startend mit $n = 1$. Die ersten fünf Folgenglieder sind:

$$i \quad -\frac{1}{2} \quad -\frac{i}{3} \quad \frac{1}{4} \quad \frac{i}{5}$$

Den Zusammenhang zwischen dem Grenzwert null und den Nullfolgen können wir auf eine beliebige reelle oder komplexe Zahl a als Grenzwert und zugehörige Folgen übertragen.

Eine Folge a_n besitzt den Grenzwert a (man sagt auch: sie konvergiert gegen a), wenn die Folge $(a_n - a)$ eine Nullfolge ist. Das bedeutet: Zu jeder ε-Umgebung von a kann man einen Folgenindex N angeben, sodass alle Folgenglieder a_n mit größerem Folgenindex als N innerhalb dieser ε-Umgebung liegen. Anschaulich auf der Zahlengeraden oder in der gaußschen Zahlenebene heißt das:

> **Definition des Grenzwerts**
> Eine Zahl a heißt Grenzwert der Folge a_n, wenn Folgendes gilt:
> Wie klein man auch eine ε-Umgebung um den Punkt a wählt,
> es liegen noch immer fast alle Punkte der Folge darin.
> Eine Kurzschreibweise für diesen Sachverhalt ist:
> $$lim_{n \to \infty} a_n = a.$$
> Wenn eine Folge einen Grenzwert besitzt, heißt sie konvergent,
> wenn nicht, divergent.

Grenzwert und Konvergenz sind sozusagen zwei Seiten derselben Medaille: Grenzwert ohne Konvergenz gibt es ebenso wenig wie Konvergenz ohne Grenzwert. Zu einer konvergenten Folge kann es nur einen Grenzwert geben; eine Zahl kann aber Grenzwert verschiedener Folgen sein. Um Fehlvorstellungen vorzubeugen, sei erwähnt: Eine konvergente Folge zu sein bzw. Grenzwert einer Folge zu sein, bedeutet **nicht**:

- „Die Folge nähert sich dem Grenzwert, erreicht ihn aber nie."
- „Die Folge nähert sich mit *jedem* Schritt immer mehr dem Grenzwert."

Man kann zeigen: Die Summe, die Differenz und das Produkt konvergenter Folgen konvergieren gegen die Summe, die Differenz und das Produkt der Grenzwerte dieser Folgen.

Aus einer Folge a_n kann man eine weitere Folge s_n konstruieren, indem man die einzelnen Folgenglieder sukzessive aufsummiert: $s_n = a_1 + a_2 + \ldots + a_n$. Eine so konstruierte Folge heißt **Reihe.** Aus einer unendlichen Folge entsteht so eine unendliche Reihe. Die wichtigste unendliche Reihe der elementaren Analysis ist die geometrische Reihe, bei der man die Folgenglieder einer geometrischen Folge aufsummiert. In diesem Buch tritt sie bei der Abschätzung des Werts der eulerschen Zahl e (Abschn. 3.3.2) sowie beim Nachweis der Irrationalität von e auf (Abschn. 4.5.1). Wie dort gezeigt, kann man den Grenzwert einer geometrischen Reihe durch eine einfache Überlegung ermitteln.

Ein hilfreiches Instrument zum Beweis der Konvergenz reeller Folgen und zur Sicherung ihres Grenzwerts ist die sogenannte Intervallschachtelungseigenschaft. In diesem Buch benutzen wir sie im Zusammenhang mit der Mittelwertbildung in Abschn. 1.2.1, bei der Approximation von π nach Archimedes (Abschn. 1.2.2) und Descartes (Abschn. 1.2.3) sowie bei der Erweiterung des Potenzbegriffs auf irrationale Exponenten (Abschn. 3.1) und zum Nachweis grundlegender Eigenschaften stetiger Funktionen (Abschn. 5.3.3).

Unter einem abgeschlossenen Intervall $[a, b]$ mit $a < b$ versteht man die Menge aller reellen Zahlen zwischen a und b einschließlich der Grenzen a und b, anschaulich auf der Zahlengeraden die Strecke vom Punkt a bis zum Punkt b einschließlich der Endpunkte.

Intervallschachtelung

Ist in einer Folge von abgeschlossenen Intervallen $[a_n, b_n]$
$[a_{n+1}, b_{n+1}]$ ein Teilintervall von $[a_n, b_n]$,
d. h., gilt $a_n \leq a_{n+1} < b_{n+1} \leq b_n$,
dann bilden die Intervalle eine sogenannte Intervallschachtelung.

Intervallschachtelungseigenschaft der reellen Zahlen

Wenn in einer Intervallschachtelung die Länge der Intervalle gegen null geht, gibt es genau einen Punkt, der in allen Intervallen enthalten ist.

Die Intervallschachtelungseigenschaft kennzeichnet das „Mehr" an Eigenschaften, das die reellen Zahlen gegenüber den rationalen Zahlen besitzen. Dieses „Mehr" bezeichnet man als die **Vollständigkeit.** Vollständigkeit einer Menge ist in dem Sinne gemeint, dass einem unendlichen Prozess (hier der Intervallschachtelung), bestehend aus Zahlen dieser Menge, als Abschluss auch eine Zahl aus dieser Menge zugeordnet werden kann. Dass dies für die Menge der rationalen Zahlen nicht der Fall ist, zeigt Aufgabe 1.5 in Kap. 1.

Die Vollständigkeit von $\mathbb{R}$ kann man auf viele Weisen definieren, die letztlich zueinander äquivalent sind. Wir nutzen die Intervallschachtelung, weil sie eine besonders anschauliche Variante eines unendlichen Prozesses ist.

5.3.2 Funktionen

Funktionen sind ein fundamentales Instrument, um Prozesse (z. B. Wachstum, Schwingungen …) in Natur, Technik und Wirtschaft zu beschreiben. Wir betrachten vor allem reelle Funktionen, d. h. Funktionen f, die jeder reellen Zahl x genau eine reelle Zahl y zuordnen. Wie man aus der Zahl x die Zahl y berechnet, wird meist durch einen Term $f(x)$ beschrieben. Man nennt $f(x)$ auch die **Funktionsvorschrift.**

Diagramme waren als Darstellung von Funktionen schon lange in Gebrauch, bevor René Descartes (1596–1650) die Beschreibung der Ebene durch Koordinaten („kartesisches Koordinatensystem") einführte. Als **Funktionsgraph** wird in der Regel heute die Darstellung im Koordinatensystem bezeichnet.

Wegen der Eindeutigkeit der Zuordnung kann im Koordinatensystem jede Parallele zur y-Achse den Funktionsgraph nur einmal schneiden. Eine Parallele zur x-Achse kann dagegen die Kurve mehrfach schneiden. Schneidet jede Parallele zur x-Achse die Kurve nur einmal, d. h., wird jeder Zahl y aus der Wertemenge nur eine Zahl x aus der Definitionsmenge zugeordnet, nennt man die Zuordnung umkehrbar eindeutig und die Funktion von der Definitionsmenge auf die Wertemenge **bijektiv.** Die umgekehrte Zuordnung heißt **Umkehrfunktion.** In diesem Buch kommt die Logarithmusfunktion als Umkehrfunktion der e-Funktion zum Einsatz (Abschn. 3.3.3 und 4.2).

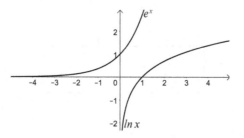

Eine Stelle x_0 auf der x-Achse, an der die Funktion f den Wert null annimmt, heißt **Nullstelle** der Funktion. Die Lösung einer Gleichung der Gestalt $f(x) = 0$ mit einer Unbekannten x kann man als Bestimmung der Nullstellen einer Funktion f verstehen, deren Funktionsvorschrift $f(x)$ ist. Durch diese Sichtweise können sich neue Wege zur Lösung von Gleichungen erschließen (vgl. Abschn. 2.5).

Nimmt eine Funktion f an einer Stelle x_0 einen größeren (bzw. kleineren) Wert an als an allen Stellen in einer gewissen Umgebung von x_0, dann sagt man: Die Funktion f besitzt an der Stelle x_0 ein (lokales) **Maximum** (bzw. Minimum). Man nennt die Stelle x_0 auch **Extremstelle** der Funktion f.

In diesem Buch spielen die Nullstellen und Extremstellen der Sinus- und der Kosinusfunktion eine große Rolle.

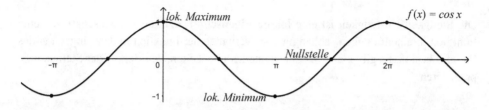

Hier noch ein paar Sprachregelungen, die sich nahezu selbst erklären, wenn man sich den Funktionsgraphen vor Augen führt:

Eine Funktion heißt **konstant,** wenn alle Funktionswerte gleich sind.

Eine Funktion heißt **positiv** bzw. **negativ,** wenn alle Funktionswerte positiv bzw. negativ sind.

Eine Funktion f heißt **streng monoton wachsend** bzw. **fallend,** wenn für alle x_1 und x_2 des Definitionsbereichs aus $x_1 < x_2$ folgt: $f(x_1) < f(x_2)$ bzw. $f(x_2) < f(x_1)$. Die e-Funktion und ihre Umkehrfunktion, die Logarithmusfunktion, sind streng monoton wachsende Funktionen.

Eine Funktion heißt **periodisch,** wenn sich ihre Funktionswerte in regelmäßigen Abständen wiederholen. Die trigonometrischen Funktionen (Abschn. 1.4.4) und die komplexe e-Funktion (Abschn. 4.2.1) sind Beispiele periodischer Funktionen.

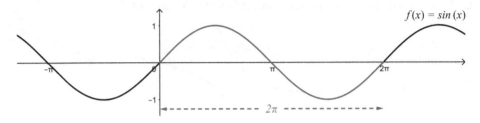

5.3.3 Stetigkeit

Hat der Graph der Funktion f an einer Stelle x_0 einen **Sprung,** nennt man die Funktion **unstetig.**

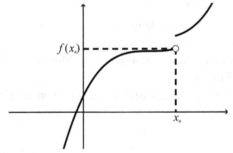

Die Stetigkeit/Unstetigkeit ist eine **lokale Eigenschaft,** d. h. eine Eigenschaft, die eine Funktion in einem Punkt x_0 abhängig vom Verhalten der Funktion in der Umgebung des Punktes besitzt. Es gibt mehrere äquivalente Möglichkeiten, den Begriff der Stetigkeit zu präzisieren.

Stetigkeit
Eine Funktion f heißt **stetig an der Stelle** x_0, wenn Folgendes gilt:
Wie immer man sich der Stelle x_0 nähert, nähert sich der Funktionswert stets derselben Zahl, nämlich dem Funktionswert an der Stelle x_0.

$$\text{Formal}: \lim_{h \to 0} f(x_0 + h) = f(x_0)$$

Ist eine Funktion f an allen Stellen stetig, dann sagt man kurz: f ist stetig.

Eine plausible Eigenschaft einer stetigen Funktion f ist, dass sie alle Werte, die zwischen zwei Funktionswerten $f(x_1)$ und $f(x_2)$ liegen, auch annehmen muss, da sie über keinen dieser Werte hinwegspringen darf. Das ist die Aussage eines zentralen Satzes über stetige Funktionen.

Zwischenwertsatz

Nimmt eine stetige Funktion f an der Stelle x_1 den Wert y_1 und an der Stelle x_2 den Wert y_2 an, dann gibt es zu jeder Zahl y zwischen y_1 und y_2 (mindestens) eine Stelle x zwischen x_1 und x_2, an der $f(x) = y$ ist.

Der Zwischenwertsatz ist eine einfache Folgerung aus einem Spezialfall, dem Nullstellensatz, den wir in Abschn. 3.2.2 anwenden.

Nullstellensatz für stetige Funktionen

Eine stetige Funktion f, die an der Stelle x_1 positiv und an der Stelle x_2 negativ ist (ohne Einschränkung der Allgemeinheit nehmen wir an, x_1 sei kleiner als x_2), besitzt (mindestens) eine Nullstelle im Intervall $[x_1, x_2]$.

Zum Beweis benötigt man die Vollständigkeit von $\mathbb{R}$, ja, der Satz ist äquivalent zur Vollständigkeit von $\mathbb{R}$, was wir hier nicht beweisen. Wir bilden eine Intervallschachtelung $[a_n, b_n]$ und beginnen mit $a_1 = x_1$ und $b_1 = x_2$. Wir betrachten den Mittelpunkt c_1 des Intervalls $[a_1, b_1]$. Ist die Funktion f an der Stelle c_1 positiv, wählen wir als neues Intervall $[a_2, b_2]$ die rechte Hälfte des Intervalls $[a_1, b_1]$, setzen also $a_2 = c_1$ und $b_2 = b_1$. Ist f an der Stelle c_1 negativ, wählen wir als neues Intervall die linke Hälfte, setzen also $a_2 = a_1$ und $b_2 = c_1$.

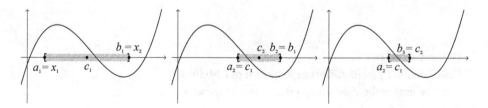

So fahren wir fort und erhalten eine Folge ineinandergeschachtelter abgeschlossener Intervalle $[a_n, b_n]$, deren Länge fortgesetzt halbiert wird, also gegen null geht. Die linken Intervallgrenzen sind immer positiv, die rechten immer negativ.

Nach der Intervallschachtelungseigenschaft der reellen Zahlen (Abschn. 5.3.1) gibt es genau eine Zahl x, die in allen Intervallen enthalten ist. An der Stelle x kann die Funktion weder positiv noch negativ sein (warum?), x ist also Nullstelle von f.

5.3.4 Differenzierbarkeit

Hat der Funktionsgraph, der eine Funktion f darstellt, an einer Stelle x_0 zwar keinen Sprung, aber einen **Knick,** d. h., ändert er an der Stelle sprungartig seine Richtung, so ist die Funktion zwar stetig, aber nicht **differenzierbar.** Positiv ausgedrückt bedeutet Differenzierbarkeit: Es gibt (genau) eine Gerade, die den Richtungsverlauf der Kurve an dieser Stelle charakterisiert. Sie wird **Tangente** genannt. Um die Tangente zu bestimmen, muss man ihre Steigung kennen. Dazu betrachtet man Sekanten durch den Kurvenpunkt $(x_0 | f(x_0))$ und Nachbarpunkte $(x_0 + h | f(x_0 + h))$ in der Nähe (davor für $h < 0$ oder danach für $h > 0$). Die Steigung solch einer Sekante ist der sogenannte **Differenzenquotient**

$$\frac{f(x_0 + h) - f(x_0)}{h}.$$

Beim Grenzübergang für h gegen null ergibt sich die Steigung der Tangente an der Stelle x_0. Diesen Grenzübergang bezeichnet man als Differenzieren und die Steigung als Ableitung $f'(x_0)$ der Funktion f an der Stelle x_0.

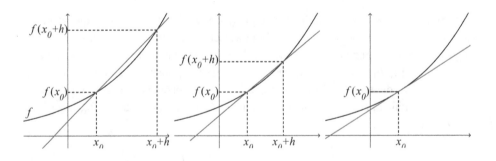

Differenzierbarkeit
Eine Funktion f heißt **differenzierbar an der Stelle x_0,**
wenn es eine reelle Zahl $f'(x_0)$ gibt, sodass Folgendes gilt:

Wie immer man sich der Stelle x_0 nähert, nähert sich der Differenzenquotient

$$\frac{f(x_0 + h) - f(x_0)}{h}$$

stets derselben Zahl, nämlich $f'(x_0)$.

$$\text{Formal}: f'(x_0) = \lim_{h \to 0} \frac{f(x_0 + h) - f(x_0)}{h}$$

Die Zahl $f'(x_0)$ heißt **Ableitung von f an der Stelle x_0**.

Ist eine Funktion f an allen Stellen differenzierbar, dann sagt man kurz: f ist differenzierbar.

Anders als bei der Stetigkeit ist mit der Differenzierbarkeit die Berechnung eines Wertes $f'(x_0)$ (der Steigung der Tangente) verbunden und damit die Zuordnung dieses Wertes zu der Stelle, wo man die Differenzierbarkeit untersucht. Diese Zuordnung bezeichnet man auch mit dem Verb **„ableiten"**; ein vergleichbares Verb gibt es zur Stetigkeit nicht.

Die Differenzierbarkeit ist wie die Stetigkeit ursprünglich eine **lokale Eigenschaft,** d. h. eine Eigenschaft, die eine Funktion an einer Stelle x_0 abhängig vom Verhalten der Funktion in der Umgebung der Stelle besitzt. Erst wenn f in allen Punkten differenzierbar ist, wird aus der lokalen Eigenschaft eine **globale Eigenschaft.** Man erhält in diesem Fall eine neue Funktion f', die man **Ableitungsfunktion** von f nennt. So ist zum Beispiel die Kosinusfunktion die Ableitungsfunktion der Sinusfunktion (Abschn. 1.4.4).

Eine an einer Stelle x_0 differenzierbare Funktion kann dort keinen Sprung haben; denn hätte sie einen Sprung, läge die Differenz $f(x_0 + h) - f(x_0)$ in der Nähe von x_0 zumindest auf einer Seite immer über einem von Null verschiedenen festen Wert. Dann würde der Differenzenquotient für h gegen null über alle Grenzen wachsen, statt zu konvergieren. Also gilt:

Differenzierbarkeit und Stetigkeit

Ist eine Funktion f an einer Stelle x_0 differenzierbar, dann ist sie dort auch stetig.

Die Umkehrung gilt nicht.

Aus der Definition der Differenzierbarkeit liest man unmittelbar ab: Eine konstante Funktion hat an jeder Stelle x_0 die Ableitung null; denn im Zähler des Differenzenquotienten ist $f(x_0 + h)$ gleich $f(x_0)$.

Auch die Umkehrung dieser Aussage ist richtig, wie man sich leicht an folgendem Modell klarmachen kann. Den Weg-Zeit-Verlauf einer Autofahrt kann man durch eine Funktion f beschreiben. Der Kilometerzähler gibt den Kilometerstand $f(x)$ zum Zeitpunkt x, der Tacho die Momentangeschwindigkeit $f'(x)$ an. Zeigt der Tacho immer null an, bewegt man sich nicht von der Stelle: Der Kilometerstand bleibt konstant. Allgemein gesprochen heißt das: Ist die Ableitung einer Funktion f überall null, dann ist die Funktion konstant. Diese Aussage wird oft benutzt, um die Konstanz einer Funktion zu zeigen (Abschn. 3.2.2).

Konstante Funktion
Eine Funktion, die überall die Ableitung null hat, ist konstant.

Der exakte Nachweis dieser Aussage ist keineswegs so elementar, wie der Sachverhalt vermuten lässt. Er ist eine Folge des wohl wichtigsten Satzes der elementaren Analysis, des Mittelwertsatzes. Auch er lässt sich am Weg-Zeit-Verlauf einer Autofahrt veranschaulichen. Gestartet wird zum Zeitpunkt a beim Kilometerstand $f(a)$. Die Ankunft erfolgt zum Zeitpunkt b beim Kilometerstand $f(b)$. Die Durchschnittsgeschwindigkeit, mit der man gefahren ist, wird berechnet durch

$$\frac{f(b) - f(a)}{b - a}.$$

Auf dem Tacho liest man zu jedem Zeitpunkt x zwischen a und b die Momentangeschwindigkeit $f'(x)$ ab. Offensichtlich muss der Tacho zu mindestens einem Zeitpunkt zwischen a und b die Durchschnittsgeschwindigkeit angezeigt haben. Das bedeutet: Es gibt einen Zeitpunkt x_0 zwischen a und b, für den gilt:

$$f'(x_0) = \frac{f(b) - f(a)}{b - a}$$

Mittelwertsatz der Differentialrechnung
Ist f eine Funktion, die an allen Stellen zwischen a und b differenzierbar[2] ist, dann gibt es (mindestens) eine Stelle x_0 mit $a < x_0 < b$, sodass gilt:

$$f'(x_0) = \frac{f(b) - f(a)}{b - a}$$

Um die Ableitung einer zusammengesetzten Funktion auf die Ableitungen einfacher Funktionen zurückführen, werden die Ableitungsregeln angewandt.

---

[2]Der Beweis benötigt als Voraussetzung nur, dass die Funktion f in allen Punkten des abgeschlossenen Intervalls $[a, b]$ stetig und in allen Punkten x mit $a < x < b$ differenzierbar ist.

Ableitungsregeln

Summenregel $(f+g)'(x) = f'(x) + g'(x)$

Produktregel $(f \cdot g)'(x) = f'(x) \cdot g(x) + f(x) \cdot g'(x)$

Quotientenregel $\left(\dfrac{f}{g}\right)'(x) = \dfrac{f'(x) \cdot g(x) - f(x) \cdot g'(x)}{(g(x))^2}$

Kettenregel   Für $h(x) = g(f(x))$ ist $h'(x) = g'(f(x)) \cdot f'(x)$.

Potenzregel   Für $f(x) = x^n$ ist $f'(x) = n \cdot x^{n-1}$.

Literatur

Al-Kashi: ar-Risala al-Muhitiya (dt. Der Lehrbrief über den Kreisumfang) (1424)

Archimedes: Über Spiralen. In: Archimedes' Werke. Mit modernen Bezeichnungen hg. und mit einer Einleitung versehen von Thomas L. Heath. Deutsch von Fritz Kliem. O. Häring, Berlin (1914)

Archimedes: Kreismessung, übersetzt von F. Rudio. In: Archimedes, Werke, übersetzt und mit Anmerkungen versehen von Arthur Czwalina. Wissenschaftliche Buchgesellschaft, Darmstadt (1972)

Arndt, J., Haenel, C.: π – Algorithmen, Computer, Arithmetik. Springer, Berlin (2000)

Blatner, D.: The Joy of π. Penguin Books, London (1997). (Deutsch: π – Magie einer Zahl. Rororo Sachbuch 2001)

Cantor, M.: Vorlesungen über Geschichte der Mathematik II. Teubner, Leipzig (1892)

Cardano, G.: Artis magnae sive de regulis algebraicis liber unus. Petreius, Nürnberg (1545)

Delahaye, J.P.: π – Die Story. Birkhäuser, Basel (1999)

Descartes, R.: Circuli Quadratio. In: Adam, C., Tannery, P. (Hrsg.) Œuvre de René Descartes, Bd. X, L. Cerf, Paris (1908)

Devlin, K.J.: Devlin's Angle. Kolumne im Oktober 2004 auf. https://web.stanford.edu/~kdevlin/

Ebbinghaus, H.-D., et al.: Zahlen, 3. Aufl. Springer, Berlin (1992)

Eisenlohr, A.: Ein mathematisches Handbuch der alten Aegypter. Hinrichs, Leipzig (1877). (Papyrus Rhind des British Museum)

Euler, L.: Introductio in Analysin Infinitorum. MM Bousquet, Lausannae (1748)

Euler, L.: Vollständige Anleitung zur Algebra. In: Weber, H. (Hrsg.) Erster Theil. Von den verschiedenen Rechnungs-Arten, Verhältnissen und Proportionen. St. Petersburg 1770. Teubner, Leipzig (1911)

Freistetter, F.: Freistetters Formelwelt. Kolumne vom 04.06.2017 auf. https://www.spektrum.de/kolumne/die-schoenste-formel-der-welt/

Gauss, C.F.: Werke, Bd. II. Königliche Gesellschaft der Wissenschaften, Göttingen (1876)

Hischer, H.: Viertausend Jahre Mittelwertbildung – Eine fundamentale Idee der Mathematik und didaktische Implikationen. Math. Didact. **25**(2), 3–51 (2002)

Hoffmann, F.: Die Aufgabe 10 des Moskauer mathematischen Papyrus. Z ägyptische Spr Altertumskunde **123**, 19–40 (1996)

Leibniz, G.W.: Mathematische Schriften. In: Gebhardt, C.I. (Hrsg.) Bd. V. Georg Olms, Hildesheim (1971)

Loomis, E.S.: The pythagorean proposition: Its demonstration analyzed and classified and bibliography of sources for data of the four kinds of 'Proofs'. National Council of Teachers of Mathematics, Washington, DC (1968)

Sieber, H.: Kletts mathematisches Tafelwerk, Ausgabe A. Klett, Stuttgart (1960)

© Springer Fachmedien Wiesbaden GmbH, ein Teil von Springer Nature 2020
H.-D. Rinkens und K. Krüger, *Die schönste Gleichung aller Zeiten*,
https://doi.org/10.1007/978-3-658-28466-4

Toennissen, F.: Das Geheimnis der transzendenten Zahlen, Eine etwas andere Einführung in die Mathematik. Spektrum, Texas (2010)

Vieta, F.: Variorum de Rebus Mathematicis Responsorum Liber VII. Georg Olms Verlag, Hildesheim (1593)

Stichwortverzeichnis